ATLAS DER NATURWUNDER

100 faszinierende
Naturmonumente
aus aller Welt

Aus dem Englischen von
Dr. Eva Dempewolf

Bassermann

INHALT

Der Text dieses Buches entspricht den Regeln der neuen deutschen Rechtschreibung.

ISBN 3-8094-1820-X

Originaltitel: Natural Wonders of the World

Umschlaggestaltung: Atelier Versen, Bad Aibling
Umschlagfotos: Vorderseite: iconica/Angelo Cavalli; Rückseite: iconica/Steffen Thalemann, Joanna McCarthy und Frans Lemmens
Lektorat und Satz: VerlagsService Dr. Helmut Neuberger & Karl Schaumann GmbH

Druck: Neografia a.s., Martin

Printed in Slovakia

817 2635 4453 6271

S. 1: Viktoriafälle, Simbabwe (Tony Stone/Ian Murphy).

S. 2/3: The Mittens, Monument Valley, USA (Bruce Coleman Ltd./Jules Cowan).

S. 4/5: Guilin-Bergland, China (PowerStock)

NATURWUNDER DER ERDE

Unsere Erde umkreist zusammen mit acht anderen Planeten die Sonne – nur einen unter mehreren Millionen Sternen unserer Galaxie, der Milchstraße. Millionen von Galaxien aber bilden erst das Universum. Was also könnte es auf unserer Welt schon so Besonderes geben?

Den Blick stets nach vorn und aufwärts gerichtet, hat die Menschheit inzwischen begonnen, den Weltraum zu erkunden. Doch auch in einer Zeit rasanten technischen Fortschritts dürfen wir nicht vergessen, daß es noch gar nicht so lange her ist, daß ganze Kontinente unserer Erde noch unerforscht lagen, und daß der Meeresboden bis heute zahllose ungelöste Rätsel birgt. Schon beim ersten Durchblättern dieses Buches werden Sie viele faszinierende Landschaften und Orte von einmaliger Schönheit entdecken sowie Teile der dort existierenden außergewöhnlichen Flora und Fauna. Vom Grand Canyon, jener schier unermeßlich tiefen Schlucht in der Wüste von Arizona, über das Ross-Schelfeis, den größten Eisberg der Erde, bis hin zu dem zauberhaften Schauspiel der Polarlichter, winziger Sonnenpartikel, die mit der Erdatmosphäre reagieren und das nächtliche Firmament erhellen – so reich ist unsere Erde an Wunderwerken der Natur, daß es unmöglich wäre, sie alle aufzuführen.
Deshalb muß sich dieses Buch auch darauf beschränken, nur einige wenige aus dieser großen Vielfalt vorzustellen. Doch es gibt viele mehr – große und kleine, spektakuläre und auf den ersten Blick unscheinbare, im Reich der Tier- und Pflanzenwelt und der Minerale –, die nicht gezeigt werden konnten, und sicherlich manche, die noch nicht einmal entdeckt sind.
Viele Naturwunder sind akut in Gefahr zu verschwinden oder sich bis zur Unkenntlichkeit zu verändern. Einige dieser Verwandlungen werden von der Natur

selbst diktiert - Teile des Vulkans Krakatau versanken Ende des letzten Jahrhunderts für immer im Meer, während die Hawaii-Inseln beständig wachsen. Doch während der Mensch solchen Naturgewalten machtlos gegenübersteht, ist er für andere Eingriffe in seine Umwelt sehr wohl verantwortlich und kann Veränderungen nicht nur beschleunigen, sondern auch bedingen und herrliche Landschaften und Naturwunder der Erde für immer schädigen oder vernichten. Der Regenwald Amazoniens etwa - nur eines von vielen traurigen Beispielen - wird mit alarmierender Geschwindigkeit gerodet oder niedergebrannt. Da wir mit giftigen Emissionen die schützende Ozonschicht zerstören, ändert sich unser gesamtes Klima, was sogar die polaren Eiskappen beeinflußt. Und der Baikalsee in Rußland, der tiefste See der Welt, verdankt seine Berühmtheit heute weniger seiner natürlicher Schönheit und seiner einzigartigen Tierwelt, sondern dem erschreckenden Ausmaß der Umweltverschmutzung.

Jahrhundertelang für naturgegeben Angesehenes beginnt sich zu ändern, und zwar immer häufiger auch indirekt: So sind die meisten Tierarten nicht etwa deshalb vom Aussterben bedroht, weil sie zu sehr gejagt würden, sondern weil wir ihren Lebensraum vernichten. Die gesamte Menschheit, Staaten und Gemeinden, aber auch jeder einzelne muß sich darüber im klaren sein, wie sich sein Verhalten auf die Umwelt auswirkt, und auch die Folgen für alle kommenden Generationen bedenken.

Millionen von Menschen haben die herrlichen Urlandschaften und Naturwunder unserer Erde bereits mit eigenen Augen gesehen. Wenn wir bewußt und verständnisvoll mit ihnen umgehen und uns um ihre Erhaltung bemühen, werden noch viele weitere Millionen an diesem phantastischen Reichtum teilhaben können. »Wüsten, Wildnis, Wasserfälle« lädt Sie auf eine Reise zu den wunderbarsten natürlichen Schätzen unserer Erde ein. Denn ganz gleich wie viele Planeten im Universum existieren: In ihrer Schönheit sind Orte wie Yosemite, Galapagos und die Frasassi-Höhlen einmalig – auf dieser Welt und in allen anderen.

JOHN BAXTER
PETER CLARKSON
ELIZABETH CRUWYS
BEAU RIFFENBURGH

NATURWUNDER UNSERER ERDE

ter
Lena-Delta
USSCHNITT
Baikalsee
Hochland von Tibet
Gelber Fluß
Fudschijama
Waldland von Szetschuan
Thermalquellen von Beppu
Himalaja
Guilin-Bergland
Sundarbans
Golf von Bengalen
Marianengraben
Ostafrikanischer Graben
Ruwenzori Massiv
Nakuru-See
Kongo
Kilimandscharo
Nogorongoro-Krater
Krakatau
Aldabra-Atoll
Keli Mutu
Komoren-Quastenflosser
Viktoria-Fälle
Great Barrier Reef
Madagaskar
Wüste Namib
Ayers Rock und Mount Olga
Minerale und Edelmetalle
Coober Pedy
Tafelberg
Schnabeltiere
Rotorua
Island
Tasmanien
Gletscher der Neuseeländischen Alpen
Fair Isle
Fjorde des Nordens
Giant's Causeway
Great Glen
Wadenzee
Puszcza Bialowieza
The Burren
Hautes Fagnes
White Cliffs
Bayerischer Wald
Hohe Tauern
Erdpyramiden
Matterhorn
Gorge du Verdon
Donau-Delta
Cévennes NP
Frasassi-Höhlen
Picos de Europa
Camargue
Meteora
Meseta
Vesuv
Pamukkale
Totes Meer
Nil

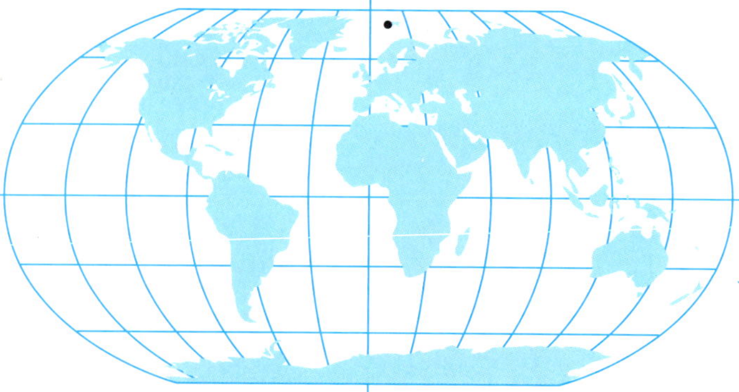

Norwegen

NORDLICHTER

Farbenprächtige, tanzende Lichter erhellen im Winter das nächtliche Firmament des hohen Nordens.

Manchmal ist die *aurora borealis*, so der wissenschaftliche Name dieses Polarlichts, in ganz Skandinavien, ja sogar in Norddeutschland sichtbar, doch die spektakulärsten Lichter erscheinen stets in Polnähe. Beliebter Ort zur Beobachtung dieses Naturphänomens ist die Insel Spitzbergen vor der nordnorwegischen Küste. Die *aurora australis* bestaunt man am besten von Antarktika aus.

Regenbogen

Ein weiteres Naturwunder unserer Atmosphäre ist der Regenbogen. Obwohl zu seiner Entstehung nur die richtige Kombination aus Sonne und Regen ausreicht, hat er bei vielen alten Kulturen mystische Bedeutung. Seine Farbbrillanz hängt von der Größe der Regentropfen ab. Hinter einem stark leuchtenden Regenbogen erscheint zuweilen ein zweiter Neben-Regenbogen mit umgekehrter Farbfolge. Der Regenbogen befindet sich stets an der der Sonne abgewandten Seite und ist bei hochstehender Sonne flach, bei tieferem Sonnenstand hoch gewölbt. Bewegt sich der Betrachter, bricht sich das Sonnenlicht an verschiedenen Wassertropfen, und der Regenbogen verändert sich.

Rechts: Schimmernder Lichtzauber tanzt am Nachthimmel über einem nordnorwegischen Fischerdorf.

Oben: Ein Regenbogen spannt sich zwischen Wolken und Ozean.

Am winterlichen Himmel über der Arktistundra veranstalten Irrlichter ein faszinierendes Schauspiel. Erscheinungen wie diese lassen sich auch in Südpolnähe beobachten, am schönsten von Antarktika aus in klaren Winternächten. Aber auch in gemäßigteren Breiten erhellen diese Lichter zuweilen das nächtliche Firmament. Im Mittelalter deuteten europäische Chronisten sie als kämpfende Riesen oder sahen in ihnen flammende, vom Himmel geschleuderte Lanzen. Nordlichter sind in Schottland häufig zu bestaunen, vor allem im April, und sogar in Nordflorida sieht man sie etwa viermal im Jahr. In ihrer ganzen Pracht allerdings erscheinen die Lichter nur in Nähe der Magnetpole – in Nordkanada etwa oder der Antarktis.

Nord- und Südlicht – *aurora borealis* bzw. *aurora australis* – werden von der Sonne verursacht und finden weit über der Erde statt.

Von Zeit zu Zeit ereignen sich Sonnenstürme oder solare Eruptionen, bei denen immense Energien freigesetzt werden, die Sonnenpartikel mit Lichtgeschwindigkeit durch den Raum schicken. Da diese Teilchen vom Magnetfeld der Erde abgelenkt werden, stoßen sie in der Atmosphäre mit anderen Partikeln zusammen, denen sie ihre elektrische Ladung übertragen. Dadurch »strahlen« die Partikel und verursachen ihr »überirdisches« Leuchten. In den Polregionen treten diese Erscheinungen deshalb besonders häufig auf, weil das Magnetfeld in Äquatorialnähe auftreffende Sonnenpartikel in Richtung auf die Pole ablenkt.

Eine Aurora zu bestaunen, ist ein unvergleichliches Erlebnis. Riesige Lichtbögen wabern oder zucken über den Himmel; ihr Farbspektrum reicht von Weißviolett bis zu Gelbgrün- und Orangetönen. Zuweilen spannen sie einen himmelweiten Vorhang – die Vermessung eines Nordlichts ergab eine Länge von fast 5000 Kilometern und eine Höhe von mehr als 160 Kilometern.

Es gibt viele verschiedene Arten von Polarlichtern, was vermutlich damit zusammenhängt, in welchem Teil der Atmosphäre sie sich ereignen. Die am häufigsten zu beobachtenden Bögen treten in einer Höhe zwischen 65 und 105 Kilometern auf, die sogenannten Vorhänge ab etwa 110 Kilometern. Die am weitesten entfernten »Licht-Shows« dürften rund tausend Kilometer über der Erde stattfinden. Auch nimmt man an, daß die rötlich gefärbten Lichter weiter oben entstehen, wo in der dünneren Atmosphäre weniger Partikel zusammenstoßen. Treffen mehr Sonnenwind-Teilchen aufeinander, wird das Licht violett, und in niedrigen Höhen meist grün.

Allen wissenschaftlichen Erklärungen zum Trotz bleiben diese Lichter von einer mystischen Aura umgeben und zählen zu den gewaltigsten Naturschauspielen unserer Erde.

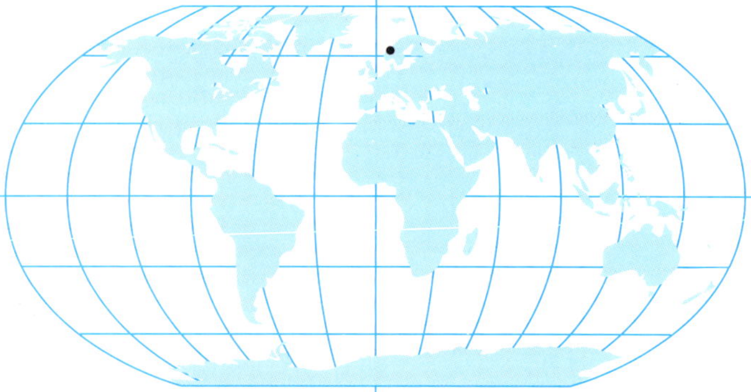

Norwegen

DIE FJORDE DES NORDENS

Die Fjorde, die tiefe Rinnen in die norwegische Küste schneiden, sind Orte von majestätischer Schönheit.

Zwischen Stavanger im Süden und der Grenze zu Rußland schneiden sich ungezählte Fjorde in die norwegische Küste ein. Bergen, im Zentrum gelegen und auf dem Luft- und Seeweg gut erreichbar, bietet sich als Ausgangsort zur Erkundung der spektakulären Fjordlandschaft an. Sognefjord, der größte Fjord Europas, ist zugleich einer der landschaftlich schönsten und historisch bedeutendsten des Landes.

Rechts: Atemberaubend steil ragen die hohen Felswände des Geirangerfjord aus dem spiegelglatten Wasser.

In einem kleinen Boot, rechts und links die mächtigen, steingrauen Felswände eines norwegischen Fjords, werden selbst dem nüchternsten Besucher die Legenden von Walhalla und den düsteren nordischen Gottheiten verständlich. Bei Nebel fällt es leicht, sich in diesen unheimlichen Gewässern auch die langen Wikingerboote vorzustellen, die, von gleichmäßigem Ruderschlag getrieben, ihre Besatzung zu fernen, freundlicheren Gestaden bringen sollten.

Ursprünglich einfach das norwegische Wort für Meeresbucht, haben Geologen den Begriff »Fjord« aufgegriffen, und heute bezeichnet man so weltweit alle langgestreckten, tief ins Landinnere hineinreichenden und von hohen Felswänden flankierten Meeresarme.

Der Sognefjord gilt als der größte und landschaftlich schönste aller norwegischen Fjorde.

Die skandinavischen Fjorde entstanden, als eiszeitliche Gletscher sich ihren Weg durch das Land bahnten und tiefe Täler ausschürften. Am blanken Stein der Felswände sieht man noch heute die Spuren der mächtigen Eisströme. Daß die Fjorde zur Mündung hin seichter werden, hängt damit zusammen, daß die Gletscher hier nicht mehr genügend Kraft hatten, das Grundgestein auszufurchen. Nicht alle Geologen geben sich allerdings mit der Erklärung zufrieden, daß allein Eismassen die Fjorde kerbten. Einige besonders tiefe Meeresarme sind einfach zu tief – ihr Boden weit unter dem Meer –, um auf diese Art entstanden zu sein.

Fjorde führen landeinwärts zu jenen Stellen, wo einst riesige Eismassen lagerten. Von dem Eis, das vor rund 10 000 Jahren ganz Skandinavien bedeckte, findet man in Norwegen heute nur noch minimale Reste, etwa den Jostedals-Gletscher, nördlich des Sognefjord. Unter dem gewaltigen Druck der mächtigen Eisschicht schob sich das Eis in Gletscherzungen auf das Meer zu – ein Vorgang, der heute beim Søndre Strømfjord an der Westküste Grönlands zu beobachten ist, wo ein Gletscher bis ins Meer hinausfließt und dort gigantische blaugrüne Eisberge abstößt.

In Norwegen bedingen die Fjorde, daß der Verkehr in den betreffenden Küstenregionen fast gänzlich auf den Wasserweg beschränkt ist. Siedlungen, die vielleicht sogar in Sichtweite voneinander liegen, können auf dem Landweg Hunderte von Kilometern entfernt sein. Früher waren einige Dörfer sogar ausschließlich übers Wasser erreichbar, da die steilen Felswände den Bau dauerhafter Straßen verhinderten.

Sognefjord – König der Fjorde

Der Sognefjord ist der größte Fjord Norwegens. Fast senkrecht überragen die blanken Felswände den Wasserspiegel um mehr als 600 Meter, und an der tiefsten Stelle des Fjords fällt das Lot über 1200 Meter. Selten über fünf Kilometer breit, erstreckt er sich 180 Kilometer weit ins Land hinein und weist viele Seitenarme auf. Einer davon, der Naeroyfjord, ist so schmal, daß man glaubt, einen Tunnel vor sich zu haben. Der imposante Fjord führt durch öde, verlassene Landschaften zum höchsten Gebirge Norwegens. Fast auf der gesamten Länge von hohen, drohenden Felsen flankiert, scheint er immer in einem geheimnisvollen Zwielicht zu liegen.

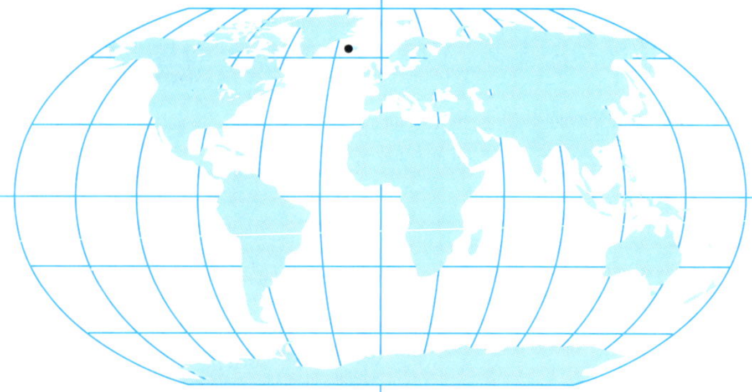

ISLAND – INSEL AUS FEUER UND EIS

Eismassen und Feuerberge in beständigem Kampf um die Vorherrschaft.

Island liegt im Nordatlantik zwischen Grönland und Schottland knapp unter dem nördl. Polarkreis. Von den USA und Dänemark aus bestehen Flugverbindungen, aber man kann auch auf dem Wasserweg anreisen. Als Transportmittel im Landesinneren bieten sich allradbetriebene Geländewagen oder die traditionellen Islandponys an.

Zahlen – Fakten

Island ist 102 797 qm^2 groß, davon liegen ca. 11,5 Prozent unter einer ewigen Eisschicht.
1992 lebten 262 202 Menschen auf Island, dessen höchste Erhebung mit 2119 m der Hvannadalshnùkur auf Öraefajökull im Süden ist. Bei Hraunhafnartangi, am nördlichsten Punkt der Insel, stößt Island an den Nördlichen Polarkreis. Bei den großen Spalteneruptionen von Eldgià (896) und Laki (1783) ergossen sich aus Bruchstellen riesige Mengen basaltischer Lava – ein typisches Phänomen bei Eruptionen in der Zentralspalte des Mittelatlantischen Rückens, die sich pro Jahr ca. 2 cm verbreitert. Zwei weitere Vulkanausbrüche jüngeren Datums: Surtsey, eine neue Insel, die 1963 vor der Südküste auftauchte, und Heimaey, dessen Eruption 1974 die Fischergemeinden der Westmännerinseln bedrohte.

Die imposante Wasserfontäne des Geysirs Strokkur in der Geothermalzone Haukadalur im Süden Islands.

Island ist ein Land ohnegleichen. In seiner Hauptstadt Reykjavík gibt es kaum Ziegelbauten, die Dächer bestehen meist aus Wellblech, und aus irgendwelchen Erdspalten strömt stets heißer Dampf. Das alles hängt damit zusammen, daß Island eine Vulkaninsel ohne natürliches Baumaterial und das Land selbst in steter Umformung begriffen ist – da es wegen seiner Lage am Mittelatlantischen Rücken permanenter Dehnung ausgesetzt ist, während Grönland und Schottland immer weiter auseinanderdriften.

Der Atlantik begann vor rund 180 Millionen Jahren zu entstehen; vor etwa sechzig Millionen Jahren löste sich Grönland von Schottland, und Nordirland, Nordwestschottland und Südostgrönland erhoben sich aus dem Meer. Das älteste in Island gefundene Gestein ist keine sechzig Millionen Jahre alt. Seit dieser Zeit wächst die Insel beständig, da sich Lavaschicht auf Lavaschicht der zum Teil heute noch aktiven Vulkane türmt. Trotz der unterirdischen Hitze Islands lag die Insel während der letzten Eiszeit unter einem mächtigen Eispanzer, dessen Reste die heutigen Eisfelder und Gletscher bilden.

Überall stößt man auf Zeichen vulkanischer Aktivität – angefangen bei den imposanten Vulkanen wie Hekla (großer Ausbruch 1947, ein kleinerer folgte 1991) bis hin zu erloschenen Kratern mit faszinierenden Seen und Geothermalzonen. Das Spektrum dieser heißen Quellen reicht von kochenden, schwefelhaltigen Schlammtümpeln, die die Erinnerung an Dantes Inferno wachrufen, bis hin zu kristallklaren, türkisblauen Quellen und Geysiren. Der Stori Geysir (Großer Geysir), der allen Springquellen der Erde seinen Namen verliehen hat, wird heute jedoch nur noch selten aktiv. Der geologische Reichtum der Insel liegt in ihren heißen Quellen, die seit alters geschätzt werden. Heute werden alle Gebäude in Reykjavík geothermisch beheizt, und in Hveragerdi, nicht weit von der Hauptstadt entfernt, gedeihen in thermal geheizten Treibhäusern Tomaten und Bananen.

Nennenswerte Vegetation findet man nur in der südlichen Küstenebene, wo auch die meisten isländischen Bauern leben. Das Bild des Landesinneren, einer öden Mondlandschaft, wird von tristen Braun- und Grautönen bestimmt. Die einzigen »Bäume« sind winzige, verkrüppelte Birken und Weiden.

Blick über die Lavawüste Hverfjall im Norden Islands auf den typischen gelbbraunen Schlamm der heißen Quellen von Namaskard.

Islands Gletscherlandschaft

Der Vatnajökull, Islands gewaltigster Plateaugletscher, liegt über einer Reihe von Geothermalquellen. Eine davon speist Grimsvötn, einen einzigartigen See, dessen Oberfläche kaum jemals seine Eisdecke verliert. Der Fluß Jökulsá á Fjöllum entspringt unter dem Nordteil des Gletschers, wo heiße Quellen einen Kamin zum darüberliegenden See freihalten. 1983 ließ ein Expeditionstrupp Kanus durch den Kamin nach unten und paddelte durch den Eistunnel bis zum offenen Fluß und weiter zum Nordatlantik.
Am kleineren Langjökull kalbt der Gletscher Eisberge in einen großen See.

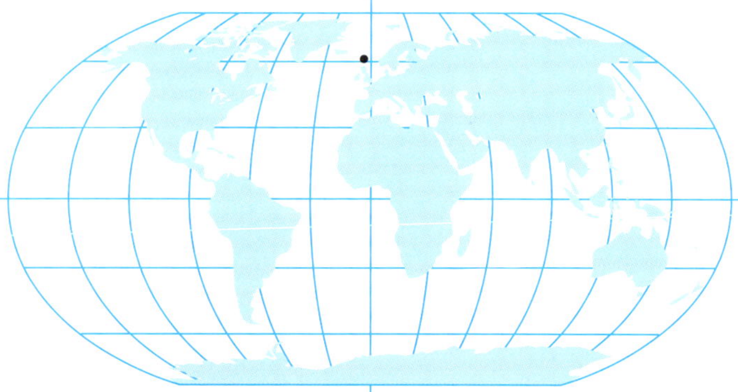

Schottland

FAIR ISLE

Im abgelegensten Teil Großbritanniens finden Millionen von Vögeln sichere Brutstätten.

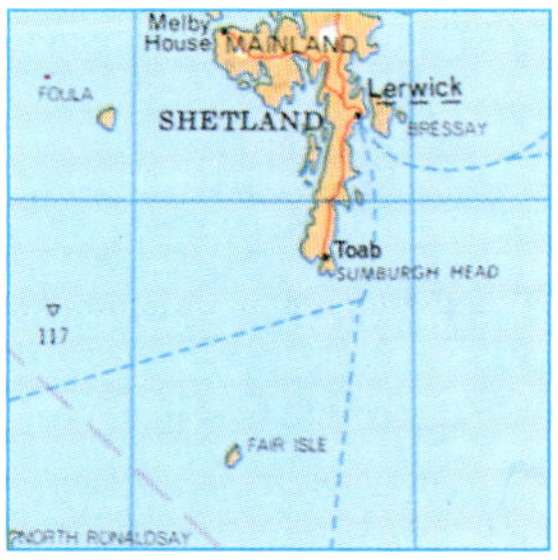

Dieses einsame Eiland erreicht man nur von den Shetlandinseln aus, entweder mit dem Flugzeug oder nach einer gut zweieinhalbstündigen Fahrt mit der regelmäßig verkehrenden Fähre.

Fair Isle liegt auf halbem Wege zwischen Sumburgh Head, dem südlichsten Punkt der Shetlands, und der Orkneyinsel North Ronaldsay. Die roten Sandsteinklippen des Eilands ragen an der Grenze zwischen Nordsee und Atlantik aus dem Meer. Aufgrund der starken, entgegengesetzten Strömungen der beiden Meere herrscht hier zumeist rauhe bis stürmische See.

Mit einer Länge von 4,8 Kilometern und der größten Breite von 2,4 Kilometern, ist Fair Isle kaum acht Quadratkilometer groß. Entlang der Küstenlinie fallen die Klippen steil zum Meer hin ab – an der Ostseite mehr als 120 Meter, an der Westküste sogar über 150 Meter tief.

Vogelfreunde kennen Fair Isle als Rastplatz jener riesigen Zugvogelschwärme, die der Ostatlantik-Route folgen. Vielen Vögeln dient das Eiland als Zwischenstation, während sich andere hier alljährlich zum Brüten einfinden. Forscher haben über 340 Arten gezählt – mehr als die Hälfte aller jemals in Großbritannien gesichteten Spezies.

Die bemerkenswerteste unter den nur 35 als einheimisch oder regelmäßige Sommergäste

Seltene Gäste

Neben den gefiederten Gästen, die Fair Isle regelmäßig aufsuchen, verirren sich von Zeit zu Zeit auch ungewöhnliche Besucher auf die Insel: Einzeln oder in kleinen Schwärmen machen vom Kurs abgetriebene Arten wie Wiedehopf, Blaukehlchen und Ortolan gerne auf dem winzigen Eiland Station.

Rechts: In einem besonders stürmischen Teil der britischen Gewässer liegt Fair Isle auf halbem Wege zwischen den Shetland- und den Orkneyinseln.

Gegenüber: Rund 20 000 Papageitaucher-Pärchen kommen alljährlich nach Fair Isle, um hier zu brüten.

klassifizierten Arten dürfte der endemische Fair-Island-Zaunkönig, *Troglodytes troglodytes fridariensis*, sein, der nur hier vorkommt.

Viele Vögel besuchen Fair Isle sowohl im Frühjahr, auf dem Weg zu ihren weiter nördlich gelegenen Brutgebieten, als auch im Herbst, auf dem Rückflug nach Mittel- oder Südeuropa oder Nordafrika. Regelmäßige Gäste kommen aus Grönland, Island, den Faröer-Inseln und Nordamerika, aber auch aus Skandinavien, Rußland und der Arktis. Rotschwänzchen und Grasmücken beispielsweise brüten in Skandinavien und fliegen dann mit Zwischenstop auf Fair Isle in ihr Winterquartier nach Afrika.

Der Frühjahrszug Richtung Norden dauert nur wenige Wochen, binnen derer unzählige Vögel auf Fair Isle haltmachen, bevor sie zu ihren Nistplätzen weiterfliegen. Zuerst treffen die Arten ein, die in Großbritannien oder Nordeuropa überwintert haben – Feldlerche, Austernfischer und Kiebitz. Dann folgen hier brütende Spezies wie Papageitaucher, Trottellummen und Heringsmöwen, gefolgt von anderen in Skandinavien nistenden Vögeln wie Rotschwänzchen, Braunkehlchen und Trauerschnäpper, die die kalte Jahreszeit in Afrika überbrückt haben.

Die Insel ist rund ums Jahr belebt, da die letzten Vögel Fair Isle in Richtung Norden verlassen, wenn die ersten auf dem Rückflug befindlichen bereits wieder eintreffen. Vögel wie Steinwälzer und Wasserläufer brüten früh im Jahr in der Arktis, wo der Sommer sehr kurz ist und schlechtes Wetter sie häufig schon im Juli zur Rückkehr in wärmere Gefilde treibt. Der Vogelzug in Richtung Süden verläuft gemächlicher; die Dringlichkeit der Brutsaison ist dem Bedürfnis nach Erholung und der Speicherung von Futterreserven für den Winter gewichen.

Auf Beobachtungsposten

Seit Anfang des 20. Jahrhunderts werden auf Fair Isle Zugvögel beobachtet. William Eagle Clark, Kustos des Royal Scottish Museum, erkannte als erster die Bedeutung der Insel und weckte in Einheimischen wie Jerome Wilson das Interesse an wissenschaftlicher Arbeit mit Vögeln. Von Eagle Clark mit der Zählung der Tiere beauftragt, dürfte Wilson der erste professionelle »Bird-Watcher« gewesen sein. 1948 erwarb George Waterston das Eiland und richtete eine Station zur Beobachtung des Vogelzugs ein. Heute besteht die Arbeit des Instituts zum Teil darin, tägliche Zählungen vorzunehmen und viele gefiederte Gäste mit Ringen zu versehen.

Vogelkolonien

Die Klippen von Fair Isle sind nicht nur Rastplatz für Zugvögel, sondern locken auch eine Vielzahl von Seevögeln an, die hier ungestört brüten können. Allsommerlich nisten hier mehr als 27 000 Eissturmvogel-Pärchen (5 Prozent der gesamten britischen Population), 1100 Krähenscharben-Pärchen (3 Prozent), 105 Schmarotzerraubmöwen-Pärchen (3 Prozent) und 19 500 Dreizehenmöwen-Pärchen (4 Prozent). Dazu kommen vier Alk-Arten: 332 300 Trottellummen (3 Prozent), 5100 Tordalken (3,5 Prozent), 380 Gryllteisten und 20 000 Papageitaucher (3 Prozent). Und als ob das nicht ausreichte, die Klippen zu bevölkern, landen hier außerdem sehr viele Tölpel, Sturmschwalben, Skuas, Silbermöwen und Mantelmöwen sowie in geringeren Zahlen auch Küstenseeschwalben und Flußseeschwalben.

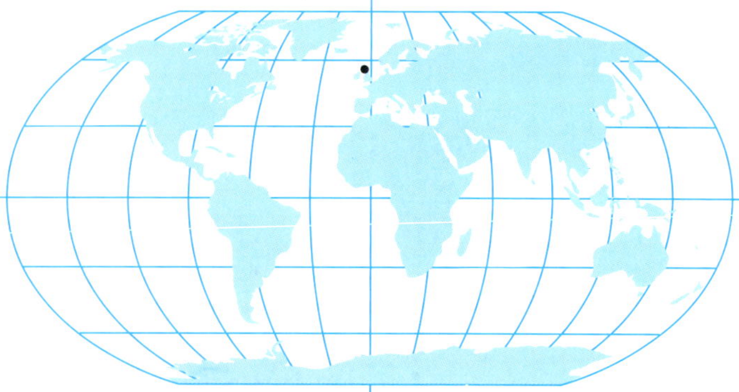

Schottland

DER GREAT GLEN

Natürliche Grabensenke und von Menschenhand geschaffene Wasserstraße.

Der Great Glen (Großes Tal) erstreckt sich von Inverness im Nordosten Schottlands bis Fort William im Südwesten. Beide Städte sind an das Eisenbahnnetz angeschlossen. Der Zug nach Fort William ist zwar langsam und verkehrt nur unregelmäßig, durchquert aber eine der landschaftlich schönsten Regionen Schottlands, die ansonsten unermüdlichen Wanderern vorbehalten bleibt. Von Urquhart Castle aus bietet sich ein prächtiger Blick über den Great Glen.

Schon ein kurzer Blick auf die Landkarte von Schottland zeigt, daß eine Seenkette das Land in südwestlicher Richtung zwischen dem Moray Firth und dem Firth of Lorn gleichsam in zwei Hälften teilt. Südlich und östlich liegen die Grampian Mountains sowie alle größeren schottischen Ortschaften, nördlich und westlich nur die spärlich besiedelten North West Highlands. Diese Bruchlinie, Great Glen genannt, setzt sich entlang der Nordwestküste des Moray Firth fort.

Wie alle geologischen Verwerfungen – so werden uralte Schwachstellen in der Erdkruste genannt – verläuft sie fast ganz gerade, ist dabei jedoch ein klassisches Beispiel für die eher seltene Horizontalverschiebung: Rund hundert Kilometer hat sich die Nordseite hier gegenüber der Südseite verschoben. Zeugnis von dieser Bewegung der Gesteinsschollen gibt, um nur ein Beispiel zu nennen, ein Vergleich des Foyers Granite an der Südflanke des Bruchs bei Inverness mit dem Strontian

Der Caledonian Canal

Die Vorzüge der natürlichen Lage erkennend, verbanden viktorianische Ingenieure die Lochs des Great Glen durch eine Reihe von Kanälen mit dem Meeresarm Moray Firth und teilten damit Schottland in zwei Hälften. Der neu entstandene Kaledonische Kanal ermöglichte es kleineren Schiffen, von der West- zur Ostküste Schottlands zu segeln, ohne die sturmgepeitschte See zwischen den Inneren und Äußeren Hebriden passieren zu müssen.

Loch Ness, hier von Südwesten bei Fort Augustus aus gesehen, liegt in der Talsohle des Great Glen.

Granite westlich von Fort William an der Nordseite.

Von den Nordhängen des Ben Nevis, dem höchsten Berg Großbritanniens, verläuft die gigantische Gebirgsschlucht in nordöstliche Richtung. An klaren Tagen schimmert das Sonnenlicht auf der eindrucksvollen Seenkette: Loch Ness, Loch Oich, Loch Lochy und schließlich, ganz im Südwesten, der zum Meer hin offene Loch Linnhe.

Die Bruchlinie des Great Glen ist auch vom wissenschaftlichen Standpunkt aus interessant. Drehen wir die geologische Uhr zweihundert Millionen Jahre zurück, lassen sich die den Nordatlantik begrenzenden Kontinente wie Teile eines gigantischen Puzzles zusammenfügen: Nordamerika und Grönland passen nahezu perfekt an die Westküste Nordeuropas. Neufundland liegt nun im Westen Irlands, und der Great Glen ist nichts anderes als die Verlängerung der Bruchlinie, die diese beiden Schollen trennt.

Die Kräfte, die solche Bewegungen auslösten, müssen gewaltig gewesen sein. All das fand vor sehr langer Zeit statt und dürfte, ähnlich wie bei der San-Andreas-Verwerfung in Kalifornien, mit einer Reihe massiver Erdbeben einhergegangen sein. Zum Glück für die Schotten liegen die großen Beben lange zurück, doch lassen sich mittels empfindlicher Seismographen auch heute noch Bewegungen am Great Glen messen; 1816, 1888, 1890 und 1891 wurden in der Umgebung von Inverness heftige Erdstöße verzeichnet.

Der Great Glen bildet eine natürliche Trennungslinie zwischen Nordschottland und dem Rest des Landes.

Das Ungeheuer von Loch Ness

Der wahre Ruhm des Great Glen ist weder durch geologische noch durch geographische Besonderheiten bedingt, sondern ganz anderer Natur: »Nessie«, das Ungeheuer von Loch Ness. Monsterforscher aus aller Welt verbringen Stunden, Tage und Wochen damit, auf den See zu stieren und das tiefe, ausgesprochen trübe Gewässer nach dem sagenumwobenen Geschöpf zu durchkämmen.
Als Entdecker des mysteriösen Wesens gilt ein Mönch des 8. Jahrhunderts, und viele Hundert Besucher wollen Nessie seither mit eigenen Augen gesehen haben. Die überzeugendste Fotografie entstand unweit von Urquhart Castle – sofern man außer acht läßt, daß das Bild ebensogut einen im Wasser treibenden Baumstamm zeigen könnte. Aus den vielen Augenzeugenberichten haben sich einige Wissenschaftler ein Bild des Ungeheuers zusammengebastelt, demzufolge Nessie ein übriggebliebenes Exemplar des ausgestorbenen Plesiosaurus sein könnte. Sie argumentieren, daß Loch Ness bis zur letzten Eiszeit mit der Nordsee verbunden war und Nessie oder seine Eltern damals vom offenen Meer abgeschnitten wurden. Der Loch ist sehr tief, das Wasser dunkel und trüb, und eine Vielzahl von Höhlen bieten optimales Versteck – es kann also noch lange dauern, bis die Wahrheit über Nessie ans Tageslicht kommt.

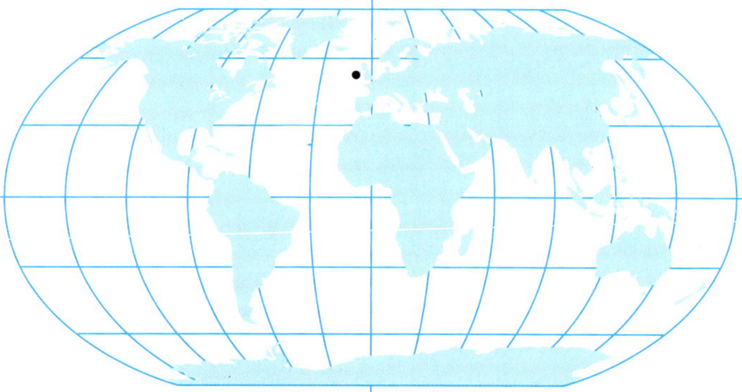

Nordirland

GIANT'S CAUSEWAY

Eine gigantische Steintreppe, die ins offene Meer führt.

Von Belfast (rund 80 km) und Londonderry (etwa 55 km) führen gut ausgebaute Straßen zur Grafschaft Antrim und dem Giant's Causeway. Nach Staffa zu gelangen, ist wesentlich schwieriger; nur selten verkehren Boote von Oban, rund 150 km nördlich von Glasgow gelegen, zu der kleinen Insel.

In der Frühzeit des Nordatlantik befanden sich auch die Küsten der erst jüngst auseinandergedrifteten Kontinente Nordamerika und Europa noch im Entstehungsstadium und erhielten immer wieder neue Gestalt. Die Westküste Grönlands entfernte sich vor etwa achtzig Millionen Jahren von Kanada, doch die Südostseite war noch fest mit der heute gegenüberliegenden Nordwestküste der Britischen Inseln verbunden. Erst zwanzig Millio-

Fingalshöhle

Polygonale Basaltsäulen gibt es nicht nur in Nordirland. Weitere besonders schöne Beispiele findet man etwa auf den Inneren Hebriden vor der Westküste Schottlands. Auf der von einem Ring schlanker Steinpfeiler umgebenen Insel Staffa hat das Meer eine riesige Höhle aus dem Basalt gewaschen, die nach einem sagenumwobenen Riesen Fingal's Cave genannt wird. Die Grotte taucht in ungezählten Gedichten und Novellen auf und inspirierte den Komponisten Felix Mendelssohn, der das Eiland 1829 besuchte, zu der Komposition seiner berühmten Ouvertüre »Die Hebriden«.

Paßgenau aneinandergesetzt, ragen die sechseckigen Basaltsäulen des Giant's Causeway an der Nordküste der Grafschaft Antrim ins Meer hinaus.

nen Jahre später begannen sich auch diese Schollen voneinander zu lösen, und durch Vulkantätigkeit entstanden die heutigen Inseln Skye, Rhum, Mull und Arran sowie Ardnamurchan Point am schottischen Festland und im südlich gelegenen Irland Slieve Gullion, Carlingford und Mourne. Diese feuerspeienden Berge haben sicher einen grandiosen Anblick geboten, doch das eindrucksvollste Monument aus jenen Tagen stellen sicherlich die bizarren Basaltformationen dar. Basalt ist eine besonders heiße Lava, die bergab Geschwindigkeiten von mehr als fünfzig Stundenkilometern erreicht. Derart flüssiges Gestein verteilt sich rasch auch über große Flächen und läßt dort die für vulkanische Regionen typischen Gesteinsformationen entstehen. Ähnliche Bildungen findet man beispielsweise im Hochland von Dekhan in Indien, wo sich vor vierzig Millionen Jahren rund 700 000 Kubikkilometer Lava über das Land ergossen.

Heiße Flüssigkeiten ziehen sich beim Erkalten zusammen. Beim Auskühlen flüssigen Gesteins kommt es häufig zur Ausbildung regelmäßiger Muster, gewöhnlich in hexagonaler Form – ähnlich wie bei den Schrumpfungsrissen in der Lehmkruste ausgetrockneter Teiche oder Tümpel. Der wesentliche Unterschied zu diesen besteht darin, daß sich hier die Risse bis zum Grund der Gesteinsschicht fortsetzen und so den Basalt in jene charakteristischen Säulen teilen, die nur durch hauchdünne Spalten getrennt sind. In der Regel beträgt der Durchmesser der Steinpfeiler knapp fünfzig Zentimeter, es kommen aber auch größere und kleinere vor. Beim Giant's Causeway ist diese bizarre Gesteinsformation besonders ausgeprägt – eine mächtige Straße für Riesen.

Wie gigantische Orgelpfeifen, von einer mächtigen Lavaschicht überlagert, wirken die Basaltsäulen von Staffa, einem Eiland der Inneren Hebriden.

Der »Damm des Riesen«

Glaubt man der Legende, so ist der »Damm« das Werk des irischen Riesen Finn Mac Coll, der die Basaltsäulen in den Meeresboden rammte, um trockenen Fußes nach Schottland zu gelangen und dort gegen den verfeindeten Riesen Finn Gall zu kämpfen. Nach Beendigung seiner Straßenbauarbeiten war Finn Mac Coll so erschöpft, daß er sich erst einmal ausruhen mußte. Mittlerweile spazierte Finn Gall nach Irland hinüber, um seinen Rivalen abzuschätzen. Als er dort den schlafenden Riesen fand, den er irrtümlich für Mac Colls Baby hielt, trat Finn Gall eilends und voller Panik – wie groß mochte dann erst der Vater des Babys sein? – den Rückzug nach Schottland an und zerstörte dabei hinter sich den Damm. Aus diesem Grund sind an der Küste von Antrim heute nur mehr Reste der »Straße« zu bestaunen.

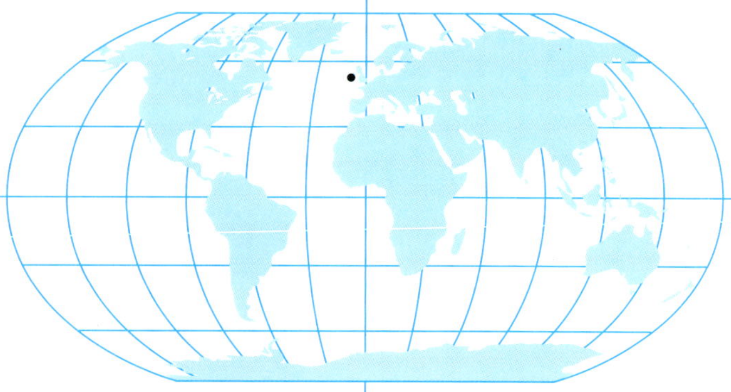

Irland

THE BURREN

Eine wildromantische Urlandschaft im Südwesten Irlands, die aus 300 Metern Höhe sanft zum Meer hin abfällt.

Die Karstlandschaft The Burren liegt knapp 200 Straßenkilometer westlich von Dublin, ist aber auch auf dem Luftweg zu erreichen: Der Flughafen von Shannon befindet sich rund 50 km südlich.

Die Küste des Burrenlandes

Neben der einzigartig reizvollen, zu Recht weltberühmten Flora des Burren gedeiht in diesem Teil Südwestirlands auch an der Küste eine faszinierende Vielfalt von Pflanzen. Im Laufe der Jahrtausende haben die Wellen des Atlantik windgeschützte Becken aus dem weichen Kalkstein gewaschen, und da das Wasser durch Ausläufer des Golfstroms erwärmt wird, konnten sich in der Brandungszone auch normalerweise nur im mediterranen Raum heimische Tier- und Pflanzenarten ansiedeln. Eine davon ist der Steinseeigel, in dessen kurzen, violetten Stacheln sich häufig abgestorbene Algen verfangen, die ihn nahezu perfekt tarnen. Steinseeigel graben sich schützende Höhlen und hinterlassen deshalb beim Weiterziehen oder nach ihrem Tod auffällige Kerbspuren im Fels.

Gegenüber: Der wildromantische Burren zählt zu den bedeutendsten Karstgebieten Europas.

Oben: Die Silberwurz (Dryas octopetala), *eine beliebte Steingartenpflanze, wächst auf den Kalkfelsen des Burren wild.*

The Burren – der Name bedeutet auf Gälisch »Felsiges Land« – erstreckt sich über eine Fläche von knapp 400 Quadratkilometern und zählt zu berühmtesten Karstlandschaften Europas. Die im Kalkstein erhaltenen Fossilien unzähliger mariner Urlebewesen belegen, daß der Ursprung des Burren, den gewaltige Kräfte vor 250 Millionen Jahren über den Wasserspiegel hoben, auf dem Grund eines tropischen Meeres zu suchen ist.

Auf den ersten Blick mag der Burren an eine eher trostlose, steinig-karge Mondlandschaft erinnern, doch bei näherer Betrachtung entdeckt man in den Ritzen und Sprüngen unerwartet viel Leben. Die milde, feuchte Witterung – durchschnittlich fallen 2030 mm Regen im Jahr – schafft optimale Bedingungen für die Flora der Region.

Die Vielfalt der Vegetation ist einzigartig: Mediterrane Spezies wachsen zwischen arktischen und alpinen Pflanzen, und selbst Blumen, die in ihrer eigentlichen Heimat nur kärglich sprießen, gedeihen hier im Überfluß. Die zarten, weißen Blüten der immergrünen Silberwurz (arktisch-alpinen Ursprungs) recken sich neben den leuchtend rotvioletten Blüten des Storchschnabels der Sonne entgegen. Dazwischen treiben prachtvolle Orchideen. Gerade das Nebeneinander so vieler unterschiedlicher Pflanzen fasziniert den Botaniker, wachsen hier doch an der Küste beheimatete Grasnelken auf engstem Raum mit Steinbrecharten, die gewöhnlich in Hochgebirgslage vorkommen. Darüber hinaus findet man im Burrenland zahlreiche andernorts bereits ausgestorbene Spezies wie das Sumpf-Veilchen mit seinen zarten, bläulich weißen Blüten, das Strauchige Fingerkraut und die parasitische Thymian-Sommerwurz.

Der östliche Teil des Burren ist mit stehenden Gewässern durchsetzt, den Marlloughs und Turloughs (Lough = irisch für »See«). Die Turloughs bildeten sich auf wasserdurchlässigem Kalkstein und trocknen deshalb allsommerlich aus, füllen sich dann während der herbstlichen Regengüsse aber wieder und behalten ihren Wasservorrat bis zum Frühjahr. Sie sind die Heimat einer hochspezialisierten Flora; Schilfrohr dominiert über weite Flächen, am Ufer wuchern Riedgräser, und die Felsen, die das zurückweichende Wasser freigelegt hat, sind mit einem fast schwarzen Moos überzogen. Die Marlloughs, auf weniger wasserdurchlässigem Kalkstein gelegen, behalten ihr Wasser das ganze Jahr über, was zu einem hohen Gehalt an Kalziumkarbonat führt, der mit dem verfügbaren Phosphat reagiert und als kreidige Schicht, dem namengebenden »marl« (= Mergel), ausfällt. Da diese Nährstoffe dem Phytoplankton (im Wasser schwebende pflanzlichen Organismen) folglich nicht mehr zur Verfügung stehen, sind diese Seen klar und von charakteristischem Blau. Wurzeltreibende Pflanzen sowie wuchernden Armleuchteralgen und verwandte Arten gedeihen aber auch hier.

Zu der reichen Flora des Burren gesellt sich eine ebenso bemerkenswerte Fauna; so sind von den dreißig endemischen Schmetterlingsarten 26 im Burrenland zu finden; den Perlmutterfalter kann man nur hier bewundern.

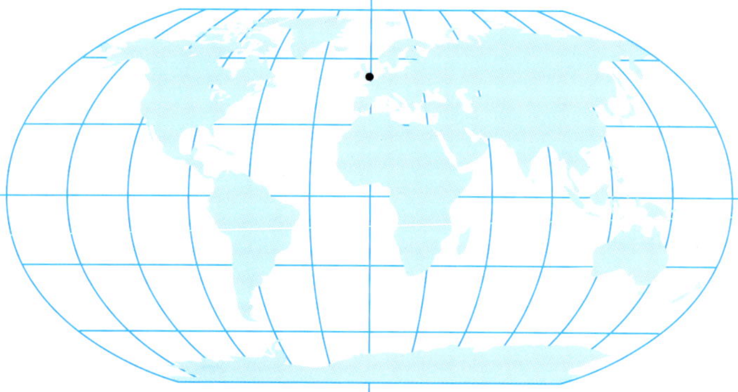

England

WHITE CLIFFS OF DOVER

Die leuchtend weißen Kreidefelsen sind seit Jahrhunderten unverkennbares Wahrzeichen von Dover.

Dover liegt rund 130 km von London entfernt. Wer nicht mit der Fähre nach England übersetzt, um dort als erstes die Klippen zu bestaunen, kann von Dover aus an einer Bootstour teilnehmen. Die Kreidelandschaft der Downs ist ein beliebtes Wandergebiet; Küstenpfade bieten herrliche Panoramen über das Meer und die Klippen.

Das strahlende Weiß der Klippen von Dover war jahrhundertelang das erste, was Besucher der Britischen Inseln von England zu sehen bekamen. Nur 34 Kilometer von Frankreich entfernt, genoß Dover schon früh große strategische Bedeutung. Dover Castle, 114 Meter über dem Meeresspiegel auf den weißen Kreidefelsen errichtet, zählt zu den eindrucksvollsten Festungen der Welt. Fast tausend Jahre lang war es Aufgabe dieser mehrfach umgebauten und erweiterten Burg, vom Festland übersetzende Angreifer abzuwehren.

Fast die gesamte Südküste Englands besteht aus Kreidefelsen wie jenen von Beachy Head in Ostsussex, wo die South Downs ans Meer grenzen, doch hat keine andere Formation so viele Dichter und Maler inspiriert wie die weißen Klippen von Dover.

Die außergewöhnliche Farbenpracht und Vielfalt der kalkliebenden Blumen der Klippenlandschaft wurde schon im Elisabethanischen Zeitalter bewundert, und fast alle Arten, die William Turner, der »Vater der englischen Botanik« 1548 beschrieb, gedeihen hier noch immer. Eine der bekanntesten ist wohl der Strandkohl mit seinen leuchtend gelben Blüten und den großen, fleischigen Blättern, aber auch Meerfenchel und verschiedene wilde Orchideenarten, die aus-

schließlich auf kalkhaltigem Boden gedeihen, erfreuen den Wanderer, der die Klippenpfade rund um Dover erkundet.

Die Klippen selbst, vorwiegend aus Kreide, formten sich gegen Ende der Kreidezeit, der jüngsten Periode des Erdmittelalters, als Milliarden winziger Lebewesen mit kalziumreichen Schalen starben und auf den Meeresboden sanken, wo die Mikrofossilien mächtige Lagen bildeten. Der entstandene weiche, weiße Kalkstein – die Kreide – fiel dann den Erosionskräften von Wind und Wellen anheim.

Der geologische Prozeß, der den Bruch des Kalksteins und die Bildung der Weißen Kreidefelsen von Dover verursachte, verlief nach einem typischen Schema: Es beginnt damit, daß in Spalten und Risse eindringendes Salzwasser bereits vorhandene Schwachstellen des Gesteins angreift und der Erosion neue Wege ebnet. Da das Wasser je nach Außentemperatur sein Volumen ändert, sprengt es weitere Risse in den Fels, in die Pflanzen und Bäume dann ihre kräftigen Wurzeln schieben.

Im zweiten Stadium der Klippenbildung pressen donnernde Brecher Meerwasser in die Felsspalten, und zwar mit solcher Gewalt, daß der Fels buchstäblich abgesprengt wird. Auch die Sogwirkung des zurückziehenden Wassers fordert ihren Tribut, und häufig transportieren die Wellen kleine Steinchen, die das Gestein abschleifen und es langsam, aber sicher abtragen und aushöhlen. Schließlich stürzen die darüberliegenden Kreideschichten ein, und übrig bleibt die fast senkrechte Klippenfront. Die Erosion schafft auch andere spektakuläre Formationen wie Felssäulen oder -nadeln, die immer dann entstehen, wenn Landspitzen von der Brandung abgeschnitten werden.

Dieselben Kräfte, die die berühmten Klippen von Dover formten, traten auch auf der anderen Seite des Ärmelkanals bei Le Havre, Frankreich, auf, wo sie u.a. die Kreidenadel L'Aiguille hinterließen, die siebzig Meter hoch aus dem Meer emporragt.

Die Wildpflanzen der Kreidelandschaft locken eine Vielzahl von Insekten an, vor allem Tag- und Nachtfalter sowie die größte britische Grashüpferart, im Volksmund »Warzenbeißer« genannt.

Die Klippen

In vielen Teilen der Erde haben die Erosionskräfte des Meeres spektakuläre Klippenlanschaften geschaffen. Eine der berühmtesten liegt im Port Campbell Nationalpark in Victoria, Australien, wo mächtige Brandungswellen gegen hohe Kalksteinfelsen donnern. Auf dreißig Kilometer Länge ist die Küste hier mit faszinierenden geologischen Formationen bestückt, darunter ein Doppelbogen mit dem Namen »London Bridge«. Der Great Blowhole ist ein fast hundert Meter langer natürlicher Tunnel, der in einer vierzig Meter großen Quelle endet. Manchmal drängt eine Welle durch den Tunnel und verursacht in der Quelle geysirartige Eruptionen.
Klippen können auch im Landesinneren entstehen, wie die Bandiagara-Cliffs in Mali, nahe Timbuktu, entfernt zeigen. Hier bilden die Klippen den Rand eines das afrikanische Tiefland überragenden Sandsteinplateaus. Der Sandstein, der vor 600 Millionen Jahren auf dem Meeresboden entstand, wurde später durch Erdkrustenbewegungen aufgeworfen, und seine Ränder formen die heutigen Klippen. Stellenweise über 500 Meter hoch, sind sie die Folge unterirdischer Flüsse, deren steinerne Decken erosionsbedingt unter dem eigenen Gewicht einstürzten.

Die Kreidefelsen von Dover, einst »Schlüssel zu England« genannt, begrüßen den Schiffsreisenden schon von weitem.

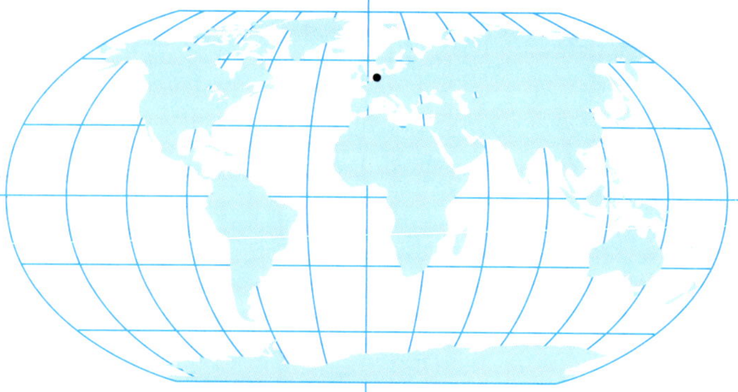

Niederlande

WADDENZEE

Ein Wattenmeer in der Nordsee, Paradies für Millionen von Zugvögeln, die hier Station machen.

Waddenzee ist ein komplexes Feuchtgebiet, das sich am südlichen Rand der Nordsee erstreckt – von Helder in den Niederlanden bis zur Halbinsel Skallingen in Dänemark. Entlang der Küste und auf den vorgelagerten Inseln liegen viele kleine Hafenortschaften, zwischen denen zahlreiche Fährverbindungen bestehen. Die meisten Inseln kann man nur zu Fuß erkunden.

Die Waddenzee, die sich fast 500 Kilometer weit von Den Helder in den Niederlanden bis zur dänische Halbinsel Skalligen erstreckt, zählt zu den bedeutendsten und fruchtbarsten Feuchtgebieten Europas. Die Wassertiefe beträgt durchschnittlich nur zwei bis drei Meter, und die weiten Wattlandschaften, von der Nordsee nur durch eine Kette vorgelagerter Inseln getrennt, umfassen eine Fläche von rund 10 100 Quadratkilometern. Inzwischen ist die ökologische Bedeutung des Feuchtgebietes als Lebensraum seltener Arten international anerkannt, und die Regierungen der Niederlande, Deutschlands und Dänemarks sind um konstruktive Zusammenarbeit bemüht.

Die Waddenzee ist vor allem als Sammelpunkt unzähliger Zugvögel bekannt: Über fünfzig Wasser- und Watvogelarten überwintern im Wattenmeer oder machen zweimal jährlich auf ihrer weiten Reise gen Norden oder Süden hier Zwischenstation. Mehr als zehn Millionen Tiere, die aus so fernen Regionen wie Kanada, Grönland, Island und Sibirien kommen, fressen sich an den fetten Würmern und Mollusken, die hier im Sand

Muscheln

Vögel sind nicht die einzigen Tiere, die vom reichen Nahrungsangebot der Waddenzee profitieren. Seit langem züchtet der Mensch hier eine Reihe von Schalentieren. Herzmuscheln, die dicht unter der Sandoberfläche leben, wurden traditionell per Hand mit einer Art Rechen gesammelt – eine mühsame Arbeit, die den Bestand der Gattung sicherte. Die modernen »Erntemaschinen« jedoch haben dazu geführt, daß auch die Waddenzee-Herzmuschel heute zu jenen Arten gehört, die durch menschliches Tun vom Aussterben bedroht sind.

Rechts: Zu Lande, zu Wasser und in der Luft herrscht reger Betrieb, wenn Alpenstrandläufer und Isländische Strandläufer in Waddenzee Station machen.

Gegenüber: Salzsümpfe helfen die Küstenlinie zu sichern, da sie angeschwemmte Sedimente abfangen.

und Sumpf leben, neue Kraftreserven an. Neben Ringel-, Kurzschnabel- und Weißwangengänsen tummeln sich in den tiefgelegenen Regionen hinter den Deichen Wild- und Pfeif- und Spießenten, während sich Austernfänger, Alpenstrandläufer, Eiderenten und Isländische Strandläufer an der reichen Wattfauna gütlich tun. Viele Vögel verbringen hier auch den Sommer und brüten auf einer der vielen einsamen Inseln. Einige besonders seltene Arten sind Löffler, Seeregenpfeifer, Wiesenweihe und Säbelschnäbler.

Zu den Vogelschwärmen kommen mehr als einhundert Fischarten sowie Seehunde und Kegelrobben, die sich zumindest einen Teil des Jahres in den seichten Wassern und auf den Sandbänken aufhalten. Einige Nordsee-Fischarten, die später in den Netzen riesiger Fischkutter landen, verbringen ihre Jugend in diesen futterreichen Gewässern – bis zu achtzig Prozent der Schollen, fünfzig Prozent der Seezungen und unzählige Heringe.

Die südliche Nordseeküste ist akut bedroht, und in den letzten hundert Jahren hat der Bau von Hafenanlagen und Deichen zum Schutz gegen Überschwemmungen dazu geführt, daß ein beträchtlicher Teil des ursprünglichen Feuchtgebietes verlorenging. Doch noch darf die Waddenzee als größte Wattlandschaft Europas bezeichnet werden.

An den Ufern fast aller großer Flüsse, die in die Waddenzee münden – Ems, Weser und Elbe etwa –, stehen große Industrieanlagen, die das kostbare Naß weit über Gebühr verschmutzen. Im Rahmen des Abkommens zum Schutz der Waddenzee wurden die erlaubten Abwassermengen nun erstmals reduziert, und Naturschützer hoffen, daß diese Tendenz Schule macht und weiter fortgesetzt wird.

Flora des Wattenmeers

Auch die Salzmarschen, Lagunen und Dünen dieses Küstenstrichs sind von Interesse. Zu der vielfältigen Flora dieses Lebensraums gehören Pionierpflanzen wie der Queller, die am Rand der Salzsümpfe gedeihen, und einige Orchideen- und Enzianarten ebenso wie das wunderschöne Parnass-Gras mit seinen herzförmigen Blättern und den zart nach Honig duftenden weißen Blüten.

Seehunde

Wie im gesamten Nordseeraum ist die Seehundpopulation auch in der Waddenzee stark zurückgegangen. Nachdem die Jagd auf die verspielten Geschöpfe verboten worden war und weniger Giftstoffe ins Meer verklappt wurden, zählte man Anfang der achtziger Jahre noch rund 10 000 Tiere – ca. drei Prozent der weltweiten Population. 1988 raffte ein Staupe-Virus jedoch rund um die Nordsee unzählige Seehunde dahin; allein im Gebiet von Waddenzee wurden rund 7000 tote Tiere gemeldet. Wissenschaftler sehen einen direkten Zusammenhang zwischen dem Ausmaß der Epidemie und der wachsenden Umweltverschmutzung: Künstliche Düngemittel und schwer abbaubare, hochgiftige Pestizide sammeln sich im Gewebe von Tieren (nicht nur Seehunden!), schwächen ihr Immunsystem und machen sie wesentlich anfälliger für Infektionen aller Art. Inzwischen beginnt sich die Seehundpopulation der Nordsee allmählich wieder zu erholen. Vergessen wir dennoch nicht, wie leicht der Mensch durch Unachtsamkeit das natürliche Gleichgewicht verletzen kann!

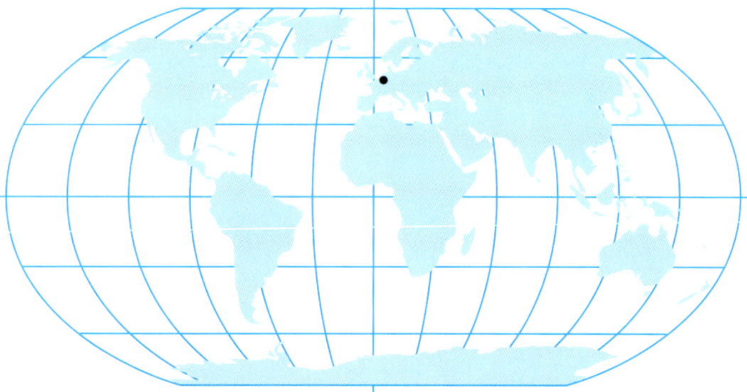

Belgien

HAUTES FAGNES

Bemerkenswertes Naturschutzgebiet auf einem Hochplateau in den Ardennen.

Hautes Fagnes liegt in den Ardennen unweit der deutschen Grenze und nahe bei der Stadt Eupen. Von Liège aus fährt man gut 50 km bis zu dem Naturschutzgebiet.

Oben: Die Schwarze Krähenbeere gehört zur Familie der Heidekrautgewächse.

Gegenüber: Die zarte Sumpflilie, eine typische Pflanze feuchtsaurer Torfmoore, gilt als giftig.

Als sich vor etwa 10 000 Jahren die massiven Eispanzer der letzten Eiszeit nach Norden zurückzogen, hinterließen sie eine Sumpf- und Moorlandschaft, in der sich nach und nach Eichen, Erlen, Linden, Haselsträucher und Buchen ansiedelten. Später stießen die ersten Menschen in diese Urwälder vor, fällten Bäume und nutzten das Holz als Heiz- und Baumaterial sowie zur Herstellung von Holzkohle. Bald war ein Großteil des Urwalds vernichtet und so auch zahlreiche Tierarten verschwunden. Einstmals in der Region heimische Säugetiere wie Biber, Wolf, Elch und Braunbär wird man heute vergeblich in diesem Gebiet suchen. Lediglich die unzugänglichsten Stellen blieben mehr oder weniger unberührt – die Hautes Fagnes in Belgien sind eine davon.

Das relativ kleine, knapp vierzig Quadratkilometer große Naturschutzgebiet umfaßt ein Hochmoor mit natürlichen Eichen- und Buchenhainen sowie von Menschenhand angepflanzte Fichtenwälder. Das gesamte Areal liegt auf einer Höhe von 550 Metern ü. d. M. und erhält mit einer durchschnittlichen Niederschlagsmenge von 1397 mm mehr als doppelt soviel Regen wie das restliche Belgien. Auch die Temperaturen liegen wesentlich unter denen des übrigen Landes und bescheren Haute Fagnes reichlich Schnee sowie starken Frost.

Stellenweise bis zu sieben Meter dick, birgt die Torfschicht des Moores die Geschichte der Fauna der Region seit der letzten Eiszeit – Baumstämme, aber auch Pollen längst ausgestorbener Pflanzen haben im Moor die Zeiten überdauert. Heute bestimmen bekannte Gras- und Beerenarten wie Blaubeere, Preiselbeere, Schwarze Krähenbeere und Sumpfheidelbeere und andere Heidekrautgewächse das Bild der Landschaft, doch findet man auch seltenere Pflanzen wie Sumpflilie und Weiße Schnabelsimse sowie Arten wie Lungenenzian und Rosmarinheide, die gewöhnlich nur in nördlicheren Breiten gedeihen.

In den Sumpfgebieten fühlen sich viele Insektenarten wohl; reich vertreten sind die Spinnentiere. Ihre kunstvollen Netze, in denen morgens glitzernde Tautropfen hängen, lohnen das frühe Aufstehen.

Stark geschrumpft, zählt das Waldgebiet heute dennoch immerhin zu den letzten Refugien, in denen Tiere wie Rothirsch, Reh, Wildschwein und die überaus seltene Wildkatze noch frei und geschützt leben können.

Für selten gewordene Vogelarten wie Birkhuhn, Raubwürger, Waldbaumläufer und Gartenbaumläufer sowie den Schwarz- und den Mittelspecht ist Haute Fagnes ein bedeutendes Brutgebiet. Auch eine Reihe vom Aussterben bedrohter Greifvögel, darunter Rauhfußkauz und Waldohreule, Bussard, Kornweihe und Habicht, haben sich in dieses abgelegene Revier zurückgezogen.

Oben: Ein Spinnennetz im frühen Morgenlicht.

Spinnennetze

Die feinsten Netze sind die Radnetze: kunstvolle geometrische Insektenfallen aus hauchdünnen, seidigen Fäden, die normalerweise täglich neu gesponnen werden. Als erstes sondert die Spinne dazu einen feinen Faden ab, der vom Wind an einen nahe gelegenen Halm oder Ast getragen wird. Hat sich dieser Grundfaden dort verfangen, verstärkt ihn die Spinne durch mehrfaches Hin- und Herlaufen. Anschließend läßt sie sich von seiner Mitte aus auf einen anderen Zweig oder den Boden fallen und befestigt dort den nächsten Radialfaden – die erste »Speiche« des Rades. Sind alle von der Nabe ausgehenden Radialfäden aufgespannt, trägt die Spinne von innen nach außen einen weiteren Faden als vorübergehende Hilfsspirale auf und zieht zuletzt – von außen nach innen – die klebrige und viel feinere Fangspirale auf. Je nachdem, wie viele Beutetiere sich in dem Netz verfangen, ist die Spinne den ganzen Tag mit dessen Reparatur beschäftigt. Wie sie es schafft, nicht in ihren eigenen Klebefäden hängenzubleiben, ist bis heute ihr Geheimnis.

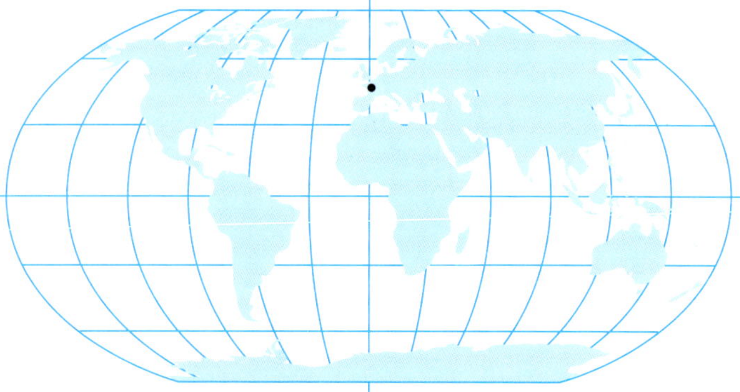

Frankreich

CEVENNEN-NATIONALPARK

Waldbedeckte Granitfelsen, tiefe Schluchten und die Kalksteinplateaus der Causses verbinden sich zu einer Naturlandschaft von einzigartiger Schönheit.

Der Cevennen-Nationalpark liegt im südlichen Teil des Zentralmassivs zwischen Mende, Alès und Millau. Von Montpellier und der Camargue aus erreicht man das Gebiet in ca. zwei Autostunden.

Nur scheinbares Chaos

Ebenso wie die ihnen eng verwandten Bienen bilden auch Ameisen höchst komplexe Staaten. Die Anzahl der in einem Nest lebenden Tiere schwankt zwischen mehreren Hundert und vielen Tausend, doch stets erfüllt jedes Individuum eine bestimmte Funktion. Nestbau, Brutpflege und Verteidigung erledigen die Arbeiterinnen. Nur ein einziges fruchtbares Weibchen, die Königin, legt Eier. Bei den Arbeiterinnen, die den größten Teil des Ameisenvolkes ausmachen, lassen sich auch äußerliche Unterschiede zwischen »Soldaten«, Innen- und Außenarbeitern und dem Brutpflegepersonal erkennen. Männliche Ameisen spielen im täglichen Leben keine Rolle und sterben schon wenige Wochen nach der Begattung. Ameisennester haben sehr unterschiedliche Gestalt, von unterirdischen Höhlen bis hin zu hohen Kuppelbauten aus Blättern und Zweigen. Allen Arten gemein ist jedoch das – instinktbedingt – perfekt funktionierende Gemeinwesen, bei dem sich das Individuum völlig dem Ganzen unterordnet.

Rechts: Die Bergwiesen und -wälder der Cevennen sind noch weitgehend unberührt.

Die Winter in den Cevennen sind unwirtlich, bitterkalt und schneereich, und obwohl Schafhirten aus den umliegenden Tälern seit jeher ihre Herden auf die hiesigen Sommerweiden treiben, ist die Region ausgesprochen spärlich besiedelt. Jahrhundertelange Weide- und Waldwirtschaft haben auch hier ihre Spuren hinterlassen, doch zählt dieser Landstrich noch immer zu den wenigen naturbelassenen Landschaften Frankreichs. Die höchsten Erhebungen des rund 3300 Quadratkilometer großen Nationalparks und Biosphärenreservats sind Mont Lozère (1700 Meter ü. d. M.), Mont Aigoual (1545 Meter) und der Mont Bouges mit 1400 Metern; die Kalkhochfläche der Causse Mejean erstreckt sich zwischen 1000 und 1200 Metern.

Die Nutzung als Weideland sowie extensive Rodungen zugunsten der Holzkohleindustrie haben die Waldfläche auf ein Viertel ihrer einstigen Größe schrumpfen lassen. Immerhin konnte ein Teil der Eichen-, Edelkastanien- und Buchenwälder gerettet werden, und in den letzten Jahren hat man auch mit der Wiederaufforstung weiter Gebiete begonnen. Gepflanzt werden vorwiegend Nadelhölzer.

Diese Vielfalt an Lebensräumen spiegelt sich in einer artenreichen Flora und Fauna wider. Im Frühjahr breiten wilde Narzissen, Lilien und Arnika einen farbenprächtigen Blütenteppich über die Landschaft. Pflanzenfreunde schätzen die Gegend vor allem der Orchideen wegen – mehr als vierzig Arten sind hier heimisch, darunter der seltene und geschützte Frauenschuh mit seinen prachtvollen rotbraunen und goldgelben Blüten. Auch die Causses legen ein leuchtendes Kleid an, wenn Zwergnarzissen, wilde Tulpen, Küchenschellen und andere Wildblumen die Strahlen der Frühlingssonne willkommen heißen.

Wie bei allen komplexen Ökosystemen herrscht auch hier ein empfindliches Gleichgewicht zwischen Tier- und Pflanzenwelt. Im verrottenden Laub der Waldböden existiert eine Vielzahl wirbelloser Kleinstlebewesen, die das abgestorbene Pflanzenmaterial aufbe-

reiten und in natürlichen Dünger verwandeln. Sie wiederum bilden die Hauptnahrung für Fleischfresser. Auf den einsamen Lichtungen der Wälder fühlen sich größere Pflanzenfresser wie Wildschwein und Hirsch wohl.

Die Vielfalt von Lebensräumen und Nahrung zeigt sich auch in der Vogelwelt. Mehrere Spechtarten, Wendehälse, Gacketrappen, Alpenkrähen, Steinrötel, Auer- und Birkhühner leben hier neben bedrohten Greifvogelarten wie Wanderfalke, Korn- und Wiesenweihe, Steinadler und Uhu. Der Gänsegeier, einst in diesen Bergen zu Hause, wurde vor einigen Jahren wieder angesiedelt, und auch der Biber, der in Frankreich nahezu ausgerottet war, konnte wieder Fuß fassen.

Dennoch droht manchen Tierarten akute Gefahr. Wendehals und Grünspecht sind nur zwei davon; ihr Rückgang hängt unmittelbar mit dem Verschwinden ihrer Hauptnahrungsquelle, der Ameisen, zusammen. Kunstdünger und Abwässer vergiften die Ameisen. Deren Abnahme führt dazu, daß andere Vögel wie zum Beispiel die Spechtmeise und auch kleine Säuger weniger Nisthöhlen vorfinden. Gehen diese Arten zurück, bedeutet das wiederum weniger Beute für Greifvögel. Eine gefährliche Kettenreaktion also.

Oben: In dieser bemerkenswerten Landschaft gedeihen mehr als vierzig Orchideenarten.

Orchideen

Die überwiegende Mehrzahl der weltweit rund 30 000 Orchideenarten gedeiht in den feuchtwarmen Tropen. Orchideen treiben wunderschöne, häufig prachtvoll gefärbte und gezeichnete Blüten, und viele sind auf die Befruchtung durch eine bestimmte Insekten- oder Vogelart spezialisiert. Um zur Keimung gelangen zu können, benötigen die winzigen Samen der Pflanze die Hilfe von Pilzen, die die zur weiteren Entwicklung erforderlichen Nährstoffe liefern.

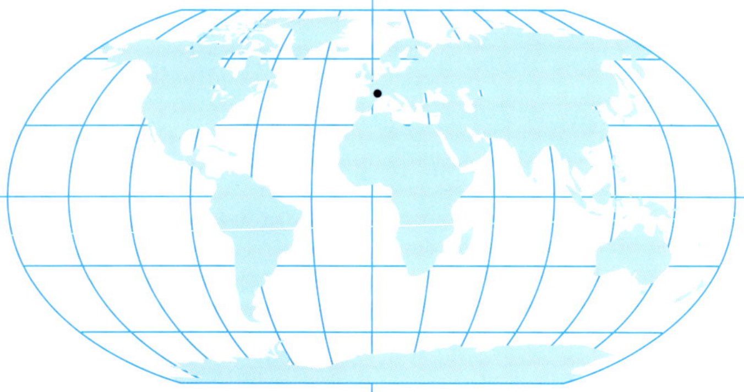

Frankreich

DIE CAMARGUE

Eine riesige Sumpflandschaft an der südfranzösischen Mittelmeerküste.

Die Camargue liegt am Rhônedelta an der Südküste Frankreichs am Golf des Saintes-Maries. Der nächste internationale Flughafen ist die am Ostrand der Camargue gelegene Hafenstadt Marseille, die mit den anderen größeren Ortschaften der Region – Arles, Avignon und Montpellier – über ein gut ausgebautes Straßen- und Eisenbahnnetz verbunden ist.

Salzkrebse

Nur wenige Tierarten können in stark salzhaltigen Gewässern überleben. Dort allerdings treten sie dann meist in großen Populationen auf und sind häufig extrem anpassungsfähig. Der Salzkrebs (*Artemia salina*) bildet dazu keine Ausnahme. Kaum 15 mm groß, fühlt sich das Krebschen in nur schwach salzigem Wasser ebenso wohl wie in der sechsfachen Konzentration von Meerwasser und kann aufgrund dieser Anpassungsfähigkeit sowohl Überflutungen durch Süßwasser als auch extreme Dürreperioden überstehen. Die Haut des Salzkrebses ist für Salze und Wasser undurchlässig, das mit der Nahrung aufgenommene Salz scheidet er wieder aus.

Rechts: Das Marschland ist nicht nur ein Paradies für viele Vögel, sondern ernährt auch andere Geschöpfe wie die berühmten Camarguepferde, die in halbwilden Herden durch die Landschaft streifen.

Die Camargue, eine fast 1500 Quadratkilometer große Lagunen- und Sumpfzone im Süden Frankreichs, zählt zu den letzten Naturlandschaften ihrer Art in Europa. Bis ins 19. Jahrhundert hinein waren die meisten Mittelmeerküsten von Feuchtgebieten durchsetzt. Dann begann man mit ihrer Trockenlegung – hauptsächlich zur Gewinnung von Agrarland, aber auch um die Brutgebiete der Moskitos zu vernichten und damit die Malaria auszurotten. Die Camargue hat diese Entwicklung einigermaßen intakt überstanden, obwohl der Mensch auch hier die Landschaft – vorwiegend durch die Anlage von Salinen – wesentlich veränderte. 1970 wurde die Region in einen Naturpark umgewandelt und 1977 zum Biosphärenreservat ernannt.

Heute bietet die Camargue ein abwechslungsreiches Mosaik aus Stränden, Sanddünen, Riedflächen, Brackwasserseen, waldgesäumten Flußläufen, Weideland – und den weitläufigen Salzgärten der Salinen. Diese Vielfalt an Lebensräumen, verbunden mit der geographischen Lage, macht die Camargue zu einer wichtigen Zwischenstation für Zugvögel; man hat mehr als 300 Arten gezählt. Zweimal jährlich sammeln Millionen von Enten, Gänsen und Watvögeln hier neue Kräfte zum Weiterflug in weit entfernte Regionen. Neben diesen nur kurz verweilenden Gästen gibt es jedoch auch viele, die den ganzen Sommer bleiben und hier brüten. Zu diesen gehören der Seeregenpfeifer, Stelzenläufer, Tauchente, Triele und Säbelschnäbler sowie eine Brachschwalbenart, die nirgendwo sonst in Frankreich nistet. Die erhaltenen Süßwasser-Riedflächen bieten anderen Vögeln ideale Brutkonditionen: Hier trifft man Rohrdommeln, Zwergdommeln, Purpurreiher, Rallenreiher, Seidenreiher, Kuhreiher und verschiedene Grasmücken sowie die majestätische Sumpfweihe, die ihre Kreise dicht über dem Rohr zieht.

Was die Camargue für viele Vögel so besonders attraktiv macht, ist die Tatsache, daß Sammel- und Futterplätze hier dicht nebeneinanderliegen. Die Enten beispielsweise verbringen einen Großteil des Tages auf den Sicherheit bietenden Brackwasserseen und fliegen nur frühmorgens und spätabends in das nahe gelegene Sumpfgebiet, um sich dort sattzufressen. Da jedoch immer mehr dieser Feuchtzonen in private Hände übergehen und somit häufig zum Jagdgebiet werden, ist die Zahl der Vögel, die in der Camargue über-

Links: Im Salin de Giraud wird Salz in großen Mengen abgebaut.

Salzgewinnung

Eine der einfachsten Gewinnungsmethoden von Meersalz ist die Verdunstung von Meerwasser. In den Salzgärten der Camargue wird Meerwasser durch ein System flacher Becken gepumpt und so von Mal zu Mal konzentrierter. Im hintersten Becken schließlich verdunsten auch die letzten Wasserreste, und übrig bleibt kristallines Salz. Von den Salinen profitieren auch viele Vögel, die dort zuverlässig gleichbleibende Konditionen zum Nisten und Brüten vorfinden. Hier hat sich der (sanfte) menschliche Eingriff in die Natur einmal vorteilhaft ausgewirkt, denn vermutlich verdankt es die Camargue nur diesen Salzgewinnungsanlagen, daß sich seltene Wasservögel wie Flamingo und Reiher hier niedergelassen haben.

wintern, in den letzten zehn Jahren um fünfzig Prozent gesunken.

Der ungewöhnlich hohe Salzgehalt gerade auf dem Gebiet der Salinen schafft optimale Lebensbedingungen für den Salzkrebs, den so manche Vogelart als Delikatesse schätzt.

Auf dem Speisezettel der Flamingos stehen sie ganz oben. Stolz weisen die zuständigen Behörden auf die seit 1944 beständig wachsende Zahl dieser prächtigen Vögel hin, die zur Paarung, aber auch zum Überwintern alljährlich in die Camargue kommen (1991 waren es über 24 000). Geschützte Nistmöglichkeiten und reiche Futterstellen haben dies ermöglicht.

Ebenso berühmt wie für die Vogelschwärme ist die Camargue wegen ihrer schwarzen Rinder und der weißen Pferde, die halbwild in kleinen Herden durch die Landschaft streifen. Diese herrlichen Kreaturen durch eine seichte Lagune galoppieren zu sehen, ist ein unvergeßlicher Anblick.

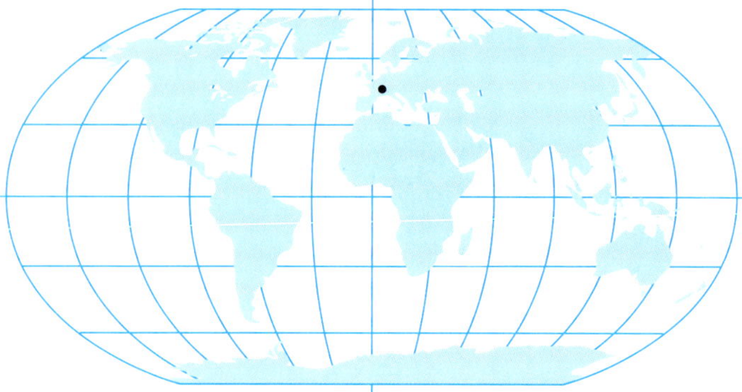

Frankreich

GORGE DU VERDON

Eine eindrucksvolle Schlucht im Herzen von Südfrankreich.

Die Gorge du Verdon liegt am Oberlauf des Flusses Verdon in den Alpes-de-Haute-Provence in Südostfrankreich. Der Verdon mündet später in die Durance, die ihrerseits in der Nähe von Avignon mit der Rhône zusammentrifft. Von Marseille aus fährt man zu der Schlucht etwa 130 km, von Toulon sind es nur knapp 100 km.

Rechts: Blick auf die Gorge du Verdon, im Hintergrund der Lac de St Croix. Auch von der kurvenreichen Straße, die man in die steile Felswand der Schlucht gehauen hat, bieten sich herrliche Panoramen.

Der Verdon entspringt am Südwestrand der Alpen in den Höhenzügen der Provence und fließt rund fünfzig Kilometer auf die Küste zu, bevor er sich für weitere fünfzig Kilometer nach Westen wendet, um in die Durance zu münden, die hinter Avignon mit der Rhône zusammenfließt. Die Gorge du Verdon liegt an der Stelle, an der der Fluß nach Westen abbiegt und die Strömungsgeschwindigkeit rapide zunimmt. Schon bald werden die Felswände der Schlucht steiler, an manchen Stellen ragen sie fast senkrecht auf.

Der Canyon selbst ist knapp zwanzig Kilometer lang, erreicht auf dieser kurzen Strecke

Erst im Vergleich mit den Tretbooten wird die wahre Höhe der gefährlich steil aufragenden Kalksteinfelsen erkennbar.

jedoch eine Tiefe von mehr als 700 Metern und ist damit die sowohl längste als auch tiefste Schlucht Frankreichs. An einigen Stellen ist die Gorge sehr schmal – die Felswände liegen hier keine 200 Meter auseinander. Ein Weg führt tief in die Klamm hinein (nur für schwindelfreie, erfahrene Wanderer). Von hier aus bietet sich der wohl grandioseste Anblick der Schlucht – die blanken Felswände über und die reißenden Wasser des Verdon unter sich, gewinnt man einen Eindruck von den mächtigen Urgewalten der Natur. Weniger sportliche Naturen kommen von der Corniche Sublime aus in den Genuß spektakulärer Panoramen. Auf ihr und auch auf der in die Felswand gehauenen Straße finden sie die schönsten Aussichtspunkte markiert. Besonders imposant wirkt der Gegensatz zwischen den zerklüfteten Kalksteinfelsen und dem Grün der bewaldeten Hänge.

Die Schlucht schneidet durch mehrere Gesteinsschichten, und die Karstlandschaft weist viele Höhlen auf. Es fällt schwer sich vorzustellen, daß Kalkstein auf dem Meeresboden geformt wurde – aus den Überresten zahlloser mariner Kleinstlebewesen, deren Schalen und Panzer den Hauptteil des Gesteins bilden. All das jedoch gehört zur Geschichte der Schlucht, denn in gleichem Maße, in dem der hiesige Kalkstein angehoben wurde (während derselben geologischen Aufwölbung, die die Alpen entstehen ließ), schnitt sich der Fluß sein Bett, das heute die Schlucht ausmacht. Die vielen Höhlen der Region lassen zudem vermuten, daß Erosion die Bildung der Schlucht beschleunigte, doch deutet nichts darauf hin, daß es sich bei der Gorge du Verdon um einen ursprünglich unterirdischen Flußlauf handelt, dessen Decke unter dem eigenen Gewicht einstürzte.

Entstehung einer Schlucht

Schluchten werden auf verschiedene Art geformt, doch besteht ein wesentlicher Unterschied zwischen der Bildung einer Schlucht und der eines gewöhnlichen Flußtales. Zunächst einmal muß der Fluß seinen Weg durch das Gestein schneller bahnen als die Felswände erodieren, und er muß auch über genügend Kraft verfügen, alle Sedimente mit sich fortzuspülen. Dazu ist ein starkes Gefälle nötig. Auch wenn Nebenflüsse einmünden, verwittern die Talseiten, und es entsteht ein »normales« Tal.

In Trockengebieten erfolgt die Wasserversorgung oft durch vereinzelte, heftige Regengüsse, bei denen binnen kurzer Zeit gewaltige Wassermassen herabstürzen – optimale Bedingungen zur Bildung einer Schlucht. Doch sobald der Sturm vorbei ist, versickert das Wasser rasch, so daß die Talseiten nicht verwittern und sehr steil bleiben. Viele mächtige Schluchten entstanden in Gegenden, wo sich das Land mit etwa derselben Geschwindigkeit hob, die ein Fluß braucht, um sein Bett zu vertiefen. Ein klassisches Beispiel hierfür ist der Grand Canyon.

In Kalksteinformationen formen sich Schluchten häufig dadurch, daß die durch Erosion instabil gewordene Decke eines unterirdischen Flusses einstürzt.

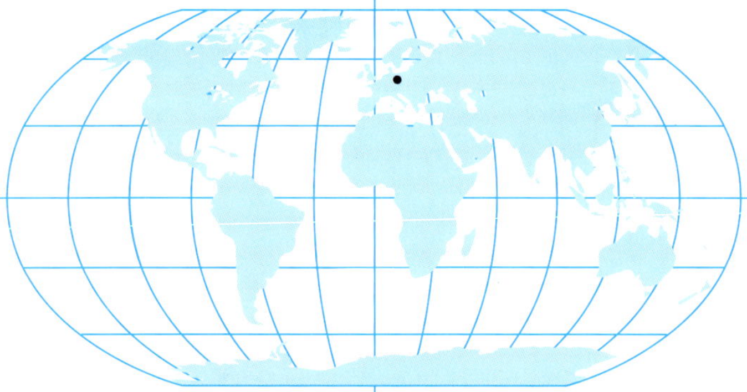

Deutschland/Tschechien

BAYERISCHER WALD

Das weitläufigste Waldgebiet im Herzen Europas wird wieder zum Urwald.

Von Grafenau aus fährt man 50 km bis zur Südgrenze des Nationalparks. Der Zutritt ist frei für jedermann, und ein dichtes Netz von Wanderwegen und kleineren Straßen erschließt das gesamte Waldgebiet.

Fleischfressende Pflanzen

Sonnentaugewächse kommen vor allem in Hoch- und Flachmooren vor, wo der Boden wenig Nährstoffe enthält. Die Blätter der langsam wachsenden, insektenfressenden Pflanzen tragen am oberen Rand klebrige, rötlich-durchsichtige Härchen. Gerät ein unvorsichtiges Insekt an diese Tentakeln, schließen sich die Blätter und halten das Beutetier fest. Von den Blättern abgesonderte Enzyme helfen das Tier verdauen, so daß die Pflanze seine Nährstoffe aufnehmen kann.

Oben: Ein erwachsener Rauhfußkauz späht von seinem Nistloch in einem hohlen Baumstamm nach Beute.

Gegenüber: Morgenstimmung in einem alten Fichtenbestand des Nationalparks Böhmerwald.

Einst war ganz Mitteleuropa von riesigen Laub- und Nadelwäldern bedeckt, unterbrochen von Flüssen und Seen; nur Torfmoore und Sumpfzonen bildeten offene Flächen. In den höheren Regionen dominierten Fichten, weil sie dem strengen Frost und riesigen Schneemassen am besten gewachsen waren. Der Bayerische Wald, mit einer Fläche von 2020 Quadratkilometern nur kleiner Überrest jenes Waldgebietes, zieht sich heute entlang der deutsch-tschechischen Grenze.

Obwohl in den letzten 150 Jahre bewirtschaftet und zudem Nutzholzlieferant, sind einige Teile des ursprünglichen Waldes erhalten – die meisten dank ihrer Abgeschiedenheit, in jüngerer Zeit jedoch auch aufgrund strikter Schutzmaßnahmen, denn 1969 wurde der Nationalpark Bayerischer Wald ins Leben gerufen. Mehr als 98 Prozent des 130 Quadratkilometer großen Parks sind bewaldet. Gemeinsam mit dem Nationalpark Böhmerwald, der auf tschechischem Gebiet eine Fläche von 1680 Quadratkilometern einnimmt, kann somit ein beträchtlicher Teil des Bayerischen Waldes als geschützt gelten. Langsam erholt er sich von den menschlichen Eingriffen; es werden keine Bäume mehr gefällt, begradigte Flüsse suchen sich wieder eigene Wege, die Entwässerungsgräben füllen sich mit organischen Abfällen, und allmählich beginnen sich auch die über lange Zeit hinweg trockengelegten Hochmoore zu erholen.

Der Nationalpark Bayerischer Wald liegt hauptsächlich auf Granit und Gneis, überdeckt von einer saueren Bodenschicht, die vorwiegend Nadelhölzer trägt. In den oberen Regionen – die höchsten Erhebungen erreichen mehr als 1400 Meter ü. d. M. – herrscht Fichtenbestand vor, der auf tiefer gelegenen Hängen in Mischwald mit Tannen, Ahorn, Ulmen, Eschen, Buchen, Linden und Eiben übergeht. Auch der Bodenbewuchs ist hier vielfältiger. Während in Hochlagen nur Heidelbeeren und spärliche immergrüne Zwergsträucher gedeihen, findet man hier üppige Farne und Blütenpflanzen wie Waldmeister, Türkenbund, Vierblättrige Einbeere und den extrem seltenen Ungarischen Enzian.

Durch den Wald schlängeln sich unzählige Bäche, die zuweilen in kleinen Wasserfällen die Hänge hinabstürzen und die Hochmoore im Talboden speisen. Zu der reichen Flora an ihren Ufern zählen die auffällige Gänsedistel mit ihren blauvioletten Blüten, die gelbe Gemswurz und der Hahnenfuß. In den morastigen Talböden dominieren Fichten und Gelber Wegdorn neben anderen feuchtigkeitsliebenden Pflanzen wie Schachtelhalm und Einblättrigem Zweiblatt. In den weithin moosbedeckten Hochmooren gedeihen auch Bergkiefer, Schwarze Krähenbeere, Preiselbeere und der fleischfressende Sonnentau.

Wald und Moorflächen sind ein Paradies für Tiere. Rothirsche durchstreifen das Gebiet, seltener sind Luchs, Fischotter und Baummarder. In den Baumwipfeln sowie am Waldboden herrscht reger Betrieb, denn zu der gefiederten Fauna des Waldes gehören Auer- und Haselhuhn, Zwergschnäpper und vier Spechtarten – Weißrücken-, Dreizehen-, Bunt- und Schwarzspecht. Zahlreiche Greifvögel, darunter Wespenbussard, Habicht, Rauhfuß- und Sperlingskauz, haben in der alten Waldregion überlebt, in diesem Gebiet ausgerottete Arten wie Uhu, Habichtskauz und Rabe werden wieder eingebürgert.

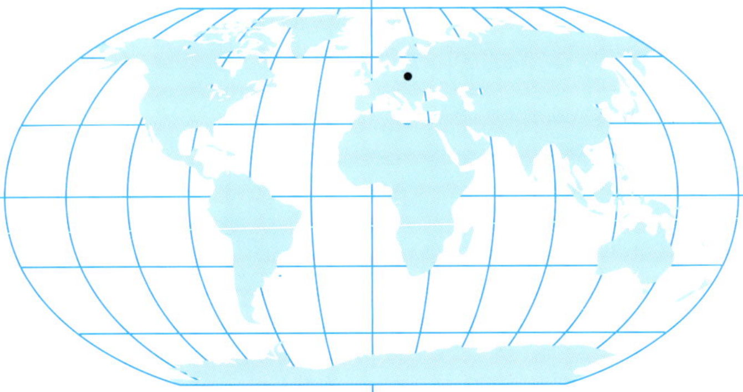

Polen

PUSZCZA-BIALOWIEZA

Ein unberührtes Stück Natur, der letzte wirkliche Urwald Europas.

Die Wälder von Bialowieza liegen rund 225 km östlich von Warschau und sind sowohl mit dem Auto als auch mit dem Zug erreichbar. Allerdings ist ein Großteil des Urwalds aufgrund seiner Abgeschiedenheit, der Dichte des Baumbestandes und Geländeunebenheiten ganz und gar unzugänglich.

Buchenwälder

In vielen Teilen Europas (wenn auch nicht in Bialowieza), vor allem auf fetten, nicht zu feuchten Böden, bestimmten einst Buchen das Bild der Laub- und Mischwälder. Viele Buchenwälder wurden gerodet, und auch in den restlichen Beständen werden vorwiegend Buchen geschlagen, da ihr schweres, hartes Holz sehr geschätzt wird. Buchen formen ein geschlossenes Blätterdach, und da sie kaum zwei Prozent Licht durchlassen, gedeiht auf dem Waldboden nur spärliche Vegetation. Die dicke Schicht Buchenlaub, das außerordentlich langsam verrottet, schränkt das Wachstum kleinerer Pflanzen ebenfalls ein.

Rechts: Durch die lichten Baumkronen des Mischwaldes gelangt viel Sonnenlicht auf den Waldboden, wo Farne und andere Pflanzen üppig gedeihen.

Riesige Wälder bedeckten einst den größten Teil des osteuropäischen Flach- und Berglands. Dann führte das Vordringen des Menschen zu einer drastischen Reduzierung dieser Urlandschaften: Der Waldbestand wurde abgeholzt, um Platz für Ackerland, Siedlungsbau und Industrie zu schaffen.

Obwohl die Wälder von Bialowieza eine Fläche von über 1200 Quadratkilometern bedecken, stellen sie doch nur noch einen winzigen Überrest jenes riesigen Urwalds dar, der einst diese Region bedeckte. Im Herzen dieses Restwaldes liegt der rund 53 Quadratkilometer große Bialowieza-Nationalpark, dessen Natur vor allem deshalb intakt geblieben ist, weil er jahrhundertelang als königliches Jagdrevier (zuletzt des russischen Zaren) geführt wurde und das Betreten zum Holzsammeln oder Jagen untersagt war. Heute steht er unter dem Schutz der polnischen Regierung und – als Biosphärenreservat – der UNO.

Das alte Waldgebiet ist die Heimat einer mannigfaltigen Flora – mehr als 26 Baumarten gedeihen hier, vorwiegend Kiefern, Fichten, Eschen, Weißbuchen, Erlen, Eichen, Birken, Linden und Espen; die sonst in Europa verbreiteten Buche und Eibe fehlen merkwürdigerweise. Arten aus allen Ecken des Kontinents prägen das Bild des Waldes: nordische Lappland-Weiden wachsen neben südeuropäischen Weißtannen, Steineichen aus Westeuropa und Zwergbirken, die nor-

Oben: *Der Wisent zählt zu den bedrohten Tierarten, doch erholt sich sein Bestand ganz allmählich.*

malerweise nur weit im Osten gedeihen. Insgesamt gibt es mehr als 700 Blütenpflanzen sowie ungezählte Moose, Farne und Flechten.

Der Wald ist mindestens 5000 Jahre alt, und einige Teile waren niemals menschlichen Eingriffen ausgesetzt. Natürliche Lichtungen – Torfmoore, Marschland und Wiesen – bereichern die Waldlandschaft. Diese Vielfalt an Lebensräumen spiegelt sich in der artenreichen Flora und Fauna Bialowiezas wider.

Für einige gefährdete Tiere wie Braunbär, Wolf, Luchs, Elch und Wildschwein sowie Otter und Biber bildet der Urwald eines der letzten Refugien. Auch Wisent und Tarpan (ein kleines Wildpferd) durchstreifen den Forst. Sie alle können nur überleben, weil ihr Lebensraum strengen Schutz genießt.

Mehr als 160 Vogelarten brüten hier, von Spechten, Fliegenschnäppern und Tannenhäher über Bekassinen und Grasmücken, die die Moor- und Sumpfgebiete bevölkern, bis hin zu mächtigen Greifvögeln: Mehrere Adlerarten, Wiesenweihen und neun Kauzarten ziehen auf der Suche nach Beutetieren ihre Kreise über dem Wald.

Jenseits der Grenze zu Weißrußland wurde ein 870 Quadratkilometer großes Areal ebenfalls zum Schutzgebiet erklärt. Damit sind die Chancen, die letzten Reste der ursprünglichen europäischen Flora und Fauna für zukünftige Generationen erhalten zu können, ein wenig gestiegen.

Der Wisent

Wie das meiste Großwild war einst auch der Wisent in Europa weit verbreitet. Große Herden zogen durch die weitläufigen Waldgebiete bis die systematische Zerstörung ihres Lebensraumes dazu führte, daß die Anzahl dieser majestätischen Tiere drastisch zurückging. Schon im 17. Jahrhundert waren sie akut vom Aussterben bedroht. Nur an zwei Orten fanden die mächtigen Wildrinder eine letzte Zuflucht: In Bialowieza und im Russischen Kaukasus. Dennoch war 1918 auch der letzte in Freiheit lebende Bialowieza-Wisent tot. In Gefangenschaft hatten einige Tiere überlebt, und engagierten Zoologen gelang es, ihre Zahl durch planmäßige Züchtung wieder so ansteigen zu lassen, daß 1939 eine kleine Herde freigelassen werden konnte. Heute leben in Bialowieza wieder rund 260 der Urrinder, und der Bestand im Kaukasus wird auf etwa 200 Tiere geschätzt. Natürlich ist das Fortleben des Wisents damit keineswegs gesichert, doch da ihr Lebensraum inzwischen unter Naturschutz steht, blicken Umweltschützer optimistisch in die Zukunft.

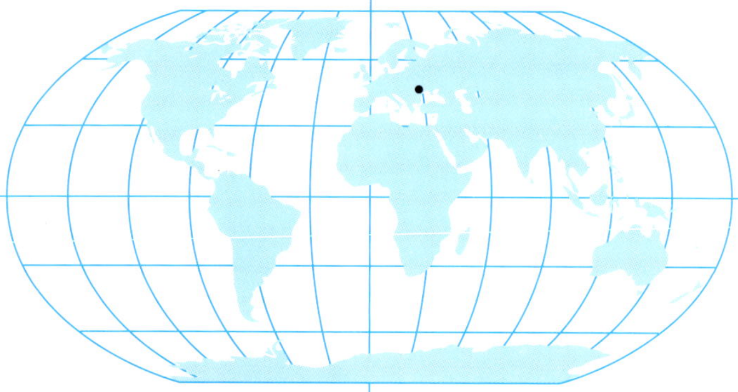

Rumänien

DAS DONAU-DELTA

Das größte fast unberührte natürliche Feuchtgebiet Europas.

Bedeutendste und größte Stadt der Region ist Tulcea, rund 350 km nordöstlich von Bukarest gelegen. Bootsfahrten auf der Donau werden als Tagestouren, aber auch als längere Flußkreuzfahrten angeboten.

Riedbetten – biologische Filter

In der Vergangenheit wurden Teile des Deltas als Schiffahrtsstraßen ausgebaggert und andere, weitläufige Areale trockengelegt, um das fruchtbare Schwemmland für die Landwirtschaft zu nutzen. Diese Maßnahmen wurden und werden ohne Rücksicht darauf durchgeführt, daß dadurch das ökologische Gleichgewicht des gesamten Deltas in Gefahr gerät. So gingen beispielsweise weitläufige Riedflächen verloren, die nicht nur Lebensraum für eine Vielzahl von Vögeln boten und große Mengen Rohmaterial für Rieddächer und die Papierherstellung lieferten, sondern auch eine natürliche Filteranlage darstellten. Schilfgras gedeiht an ständig oder zumindest periodisch überfluteten Stellen und treibt Jahr um Jahr neu aus einer dichten Matte unterirdischer Wurzelstöcke (Rhizome). Verwelkt das Gras, ziehen sich wertvolle Minerale in die nährstoffspeichernden Wurzeln zurück, um das Wachstum im folgenden Jahr zu fördern. Das abgestorbene Pflanzenmaterial und die Rhizome filtern viele Giftstoffe aus dem Wasser der Donau, bevor sie in das Schwarze Meer mündet.

Die Donau, der (hinter der Wolga) zweitlängste Fluß Europas, entspringt im Schwarzwald, durchfließt Österreich, die Slowakei, Ungarn, das ehemalige Jugoslawien und Bulgarien, bevor sie Rumänien erreicht. Das Einzugsgebiet der Donau umfaßt eine mehr als 805 000 Quadratkilometer große Fläche, und das Delta, wo der Fluß in das Schwarze Meer mündet, bedeckt noch einmal rund 6000 Quadratkilometer – ein gigantisches Mosaik mit Seen, Schilfland, Wiesen und uralten Eichenwäldern.

Das riesige Feuchtgebiet an der Grenze zwischen Rumänien und der Ukraine wurde von der UNESCO als Biosphären-Reservat ausgewiesen und ist vor allem für seinen Vogelreichtum berühmt. Von den mehr als 280 Arten brüten hier gut 180, und der Rest, der aus so entfernten Gegenden wie der Arktis, China, Sibirien und dem Mittelmeerraum kommt, nutzt das Delta als Winterquartier oder als Zwischenstation. Viele Arten sind inzwischen weltweit bedroht, was die ökologische Bedeutung des Deltas als sicheres Nistgebiet noch verstärkt. Für vier Vogelarten, die fast nur noch hier vorkommen, gilt das ganz besonders. Es sind dies die Zwergscharbe mit noch rund 12 000 Brutpaaren, die Rothalsgans, deren gesamte Population hier überwintert, der äußerst seltene Krauskopfpelikan mit 150 Paaren (rund einem Zehntel der Gesamtpopulation) und der Rosapelikan.

Jahrhundertelang war die Donau wichtiger Verkehrsweg und Handelsstraße, und fast ebensolange lebten Mensch und Natur in relativer Harmonie. Erst in jüngerer Zeit leidet das Mündungsgebiet gravierend unter den Folgen moderner Zivilisation, vor allem der Umweltverschmutzung. Im Delta und den angrenzenden Küstenregionen leben zahlreiche Fischarten, die zunehmend abgefischt werden. Mehr als die Hälfte aller in Rumänien gefangenen Süßwasserfische stammt aus dem Donau-Delta, vorwiegend sind es Karpfen und der Kaviarlieferant Stör. Ein weiteres Problem stellt die Trockenlegung immer größerer Flächen dar, die nicht nur das Aussterben bestimmter Fischarten nach sich zieht, sondern auch steigende Umweltverschmutzung (durch Kunstdünger etc.) bedeutet, was wiederum vielen Fischen den Garaus bereitet. Die 1989 gewählte Regierung handelt glücklicherweise umweltbewußter und hat Schritte eingeleitet, die schlimmsten der angerichteten Schäden rückgängig zu machen und eines der letzten großen ökologisch weitgehend noch intakten Feuchtgebiete zu erhalten.

Oben: Rosapelikane im Flug.

Links: Schilfrohr ist ein für Wirtschaft und Umwelt wichtiger Rohstoff der Region.

Pelikane

Pelikane, große und schwerfällig wirkende Vögel, sind perfekt an das Leben am Wasser angepaßt. Ihr charakteristisches Merkmal ist der riesige, spitze Schnabel mit einem stark dehnbaren Hautsack, mit dem Fische aus dem Wasser geschöpft werden. Die in Kolonien lebenden Pelikane sind geschickte Fischfänger. In den Riedbetten des Donau-Deltas nisten beide hier heimischen Arten. Der Krauskopfpelikan, ein prachtvoller, silbrig-weißer Vogel, steht heute auf der Liste weltweit bedrohter Tierarten. Er ist ein Opfer seines Jagdgeschicks: Gerade im Mittleren Osten haben Fischer ganze Brutkolonien ausgerottet, weil sie die Vögel als direkte Konkurrenten im Nahrungskampf ansehen.

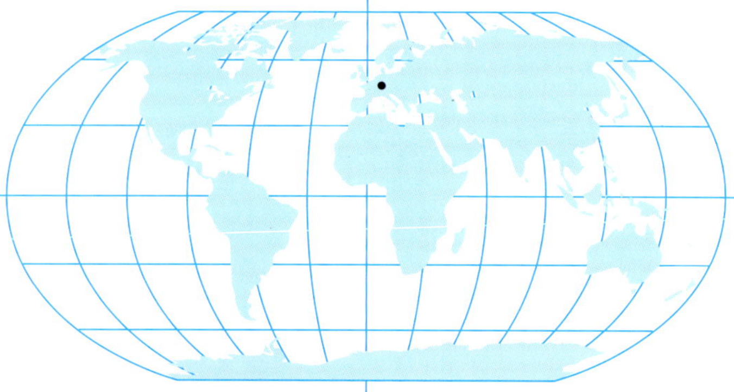

Österreich

HOHE TAUERN

Ein majestätischer Gebirgsrücken im Westen der Alpenrepublik.

Die Gebirgskette der Hohen Tauern durchzieht die Bundesländer Tirol, Salzburg und Kärnten. Die nächst gelegenen Städte sind Innsbruck im Westen und Salzburg im Norden.

Hohe Tauern Nationalpark

Die Ministerpräsidenten der Länder Tirol, Salzburg und Kärnten beschlossen 1971, ihrer herrlichen Gebirgslandschaft besonderen Schutz angedeihen zu lassen. Wenige Jahre später wurde ein 1230 Quadratkilometer großes Areal, das die Hauptgipfel der Region einschließt, zum Nationalpark erklärt. Mittlerweile bestehen Pläne, diesen um weitere 700 Quadratkilometer zu vergrößern, doch sind diese bislang am Widerstand anderer Interessengruppen gescheitert. Zur Erhaltung der Tier- und Pflanzenwelt sowie besonders interessanter geologischer Formationen hat man einige Teile des Parks in gesonderte Schutzzonen verwandelt.

Rechts: Die eisige Schönheit des Großglockner zieht Alpinisten wie ein Magnet an.

Ganz rechts: Der Pasterze-Gletscher fließt durch ein von Eisströmen ausgekerbtes Tal am Großglockner.

Da die Ostalpen rund 65 Prozent des österreichischen Staatsgebietes einnehmen, ist die Fläche, die für Landwirtschaft und Bebauung zur Verfügung steht, entsprechend begrenzt. Unter dem Namen Hohe Tauern werden die höchsten Gipfel der Österreichischen Alpen sowie die Südseite der Talschaft Pinzgau zusammengefaßt. Der Gebirgskamm selbst besteht aus Venediger-, Granatspitz- und Glocknergruppe. Venediger und Glockner sind Hochgebirge mit riesigen Gletschern, dazwischen liegt der etwas niedrigere und weniger vereiste Bergrücken der Granatspitzgruppe. Weitläufigere Schnee- und Eisfelder findet man in Österreich nur noch in den Ötztaler Alpen.

Höchste Erhebung der Venedigergruppe ist der Großvenediger, ein 3674 Meter hoher, majestätischer Berg, dessen eisbedeckte Gipfelpyramide aus einer Schneelandschaft aufragt. Die Erstbesteigung glückte 1841 Ignaz von Kürsinger, der zusammen mit vierzig anderen – einer für heutige Verhältnisse ungewöhnlichen großen Expedition – den allerdings relativ leichten Aufstieg wagte.

Die Granatspitzgruppe mit dem Großen Muntanitz (3232 m) als höchstem Gipfel trägt eine geringere Eis- und Schneedecke. Sie ist bei Bergsteigern beliebt und bietet herrliche Panoramablicke über die gesamte Region und die angrenzende Venediger- und Glocknergruppe.

Das Glocknermassiv gilt als Kronjuwel der Österreichischen Alpen. Obwohl es eine geringere Fläche einnimmt als die Venedigergruppe, stellt es diese unzweifelhaft in den Schatten. Schon der erste Eindruck ist geradezu überwältigend. Der Großglockner, stolze 3797 Meter hoch, scheint sämtliche Nachbargipfel zu überragen; schmale Felsgrate stürzen vom Gipfel herab, und beide Flanken bestehen aus steilen, von Gletscherspalten durchzogenen Eishängen mit Eis-Fällen, die wie in Marmor gehauene Katarakte in der Sonne schimmern. Etwas tiefer umfließt die Pasterze, der mit zehn Kilometern längste Talgletscher der Ostalpen, den Berg wie ein mächtiger Burggraben. Im Jahr 1800 erstmals bestiegen, stellt der Großglockner bis heute eine Herausforderung für Bergsteiger dar.

Am eindrucksvollsten erschließen sich die Alpen dem Bergsteiger, doch gibt es gerade in den Hohen Tauern exzellente Panoramastraßen, die auch weniger sportlichen Naturen die Grandiosität der Berge offenbaren. Eine prachtvolle Aussicht über den Großvenediger bietet die Straße, die von Lienz an der Südseite des Massivs nach Mittersill führt, kurz vor der Einfahrt in den Felber-Tauern-Tunnel. In Mittersill können Sie dem Pinzgau-Tal nach Bruck folgen, wo Sie auf die Großglocknerstraße gelangen, die bei Hochtor den Gebirgskamm überschreitet, um sich wieder nach Lienz hinabzuschlängeln (180 Kilometer lange Rundfahrt). Von den Hauptstraßen zweigen immer wieder kleinere ab. Von der Großglockner-Hochalpenstraße geht nördlich von Heiligenblut der Weg zur Franz-Josefs-Höhe (am Pasterze-Gletscher), die viele für den schönsten Platz der Region halten.

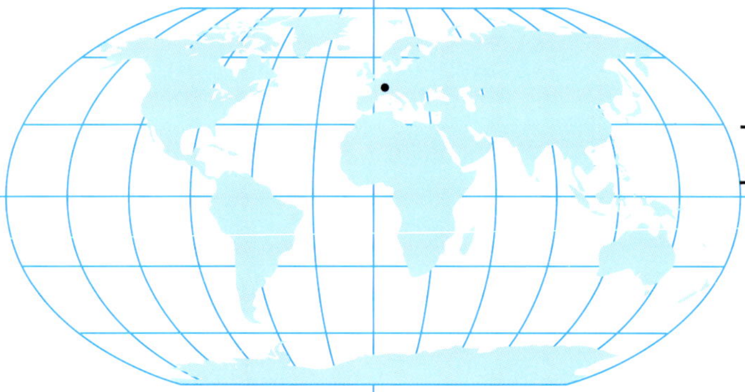

Schweiz/Italien

DAS MATTERHORN

Die zerklüftete vierkantige Felspyramide des »Bergs der Berge« überragt die meisten Alpengipfel.

An der Grenze zwischen Italien und der Schweiz gelegen, ist das Matterhorn von beiden Ländern aus gut erreichbar. Auf der Schweizer Seite führt die Straße an der Rhône entlang, die später in den Genfer See mündet. Auf der italienischen Seite beginnen die Straßen in Turin und Aosta. Am Matterhorn angekommen, hat man die Wahl zwischen verschiedenen Bergbahnen.

Die Italiener nennen ihn Monte Cervino, in Frankreich ist er als Mont Cervin bekannt. Aber wie auch immer der regionale Name – das Matterhorn selbst ist unverkennbar.

Das Matterhorn (in Frankreich Mont Cervin genannt), ist zwar nicht der höchste Gipfel der Alpen, aber der mit Sicherheit eindrucksvollste.

Die Pyramidenform des 4480 Meter hohen Berges ist Folge eiszeitlicher Gletschertätigkeit. Die Felswände erwiesen sich als derart schwierig, daß der Aufstieg erst 1865 gelang. Die Südwand blieb sogar bis 1931 unbezwungen. Für die Gestalt des Matterhorns waren Kargletscher verantwortlich, die soviel von dem harten Gestein abtrugen, bis nur der Zacken übrigblieb; der Mount Everest im Himalaya erhielt seine Form auf ähnliche Art.

Die Alpen sind das bedeutendste Gebirge Europas und zugleich Quellgebiet vieler großer Flüsse und mächtiger Ströme.

Die Alpen entstanden, als die Afrikanische Platte (ein Teil der Erdkruste) nordwärts driftete und mit der Eurasischen zusammenstieß. Dieser Prozeß begann vor 180 Millionen Jahren und erreichte vor 40 Millionen Jahren seinen Höhepunkt, als die Erdkruste zusammengeschoben wurde und sich zu jenem mächtigen Gebirge auffaltete, das wir heute Alpen nennen. Das Herz des Massivs besteht aus harten Gesteinen wie Granit und Gneis, während weichere Gesteinsarten wie Sandstein und Schiefer die äußeren Schichten bilden. Der Gebirgszug erstreckt sich bogenförmig über 1200 Kilometer von Italien über Frankreich, die Schweiz, Deutschland, Österreich und das ehemalige Jugoslawien bis nach Albanien. Die mächtigsten Ströme Europas – Rhein, Rhône und Donau – entspringen in diesem Massiv, und berühmte Seen wie Lago Maggiore und Comer See sind ehemalige Gletschertäler, die sich seit der letzten Eiszeit mit Wasser gefüllt haben.

Am 14. Juli 1865 erreichte der englische Bergsteiger Edward Whymper mit seiner Seilschaft den Gipfel des Matterhorn. Sie waren von der Schweizer Seite über einen Grat aufgestiegen. Nur drei Tage später gelang es einer italienischen Expedition unter Führung von Giovanni Carrel, den Berg von der italienischen Seite aus zu bezwingen. Angeblich behaupteten sie später, Whympers Gruppe habe sie mit Steinen beworfen, um als Erstbesteiger zu gelten, was der Engländer selbstverständlich heftig bestritt. Dank künstlicher Tritthilfen können heute auch Amateur-Kraxler das Matterhorn besteigen und den Blick vom Gipfel genießen.

Hermann Perren, ein Bergführer aus Zermatt, stürzte unglücklicherweise mit 68 Jahren in den Tod – nachdem er den Berg mehr als 140mal bezwungen und sein Ziel – 150 Aufstiege – schon fast erreicht hatte.

Alpengipfel

In den Alpen liegen viele berühmte Berge, das Matterhorn ist einer der bekanntesten. Mit 3993 Metern ragt der Montblanc (auf französischem Staatsgebiet) als höchster Gipfel hervor. Die Jungfrau dagegen gilt als einer der schönsten. Der Eiger verdankt seine Berühmtheit dem schwierigen Aufstieg: Erst 1935 gelang es, seine über 1500 Meter hohe Nordwand zu bezwingen. Die Zugspitze, höchste Erhebung der Bayerischen Alpen, ist bei Bergsteigern und Skifahrern gleichermaßen beliebt. Von Garmisch-Partenkirchen, 1936 Schauplatz der Olympischen Winterspiele, verkehrt eine Zahnradbahn zum Gipfel.

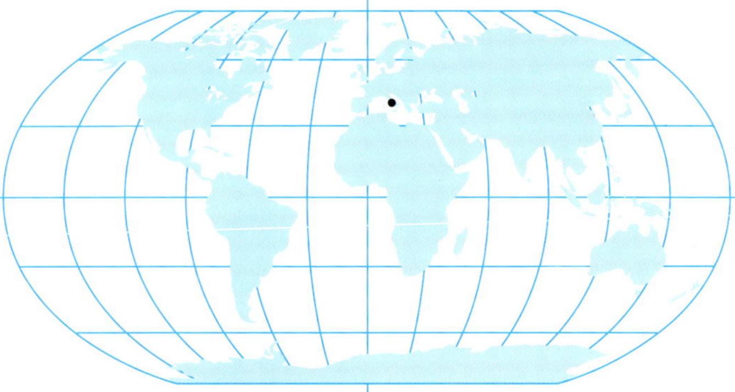

Italien

DER VESUV

Aus dem Krater des Feuerbergs über der Bucht von Neapel quellen Dampf- und Rauchwolken.

Pompeji und Herculaneum (Ercolano) erreicht man von der Stadt über gut ausgeschilderte Straßen.

Spuren der Vergangenheit

Seit im 17. Jahrhundert erste Überreste von Pompeji entdeckt wurden, hat das Interesse an der einst blühenden Römersiedlung nicht nachgelassen. Die Ausgrabungsarbeiten informieren über den Vulkanausbruch, der den Ort verschlang, und geben auch Hinweise darauf, wie man vor 2000 Jahren lebte. Schwangere Frauen, Kleinkinder und alte Männer hat man gefunden, von der glühenden Lava konserviert. Wissenschaftlern gelang es, allein anhand der Skelette zwischen reichen, wohlgenährten Patriziern und anderen, vermutlich Sklaven, zu unterscheiden. Die Knochenstruktur letzterer läßt auf schlechte Ernährung schließen, und Abnutzungserscheinungen an Armen und Wirbelsäule weisen darauf hin, daß sie schwere körperliche Arbeit erledigten.
Auch Gebrauchsgegenstände des täglichen Lebens haben unter den Ascheschichten die Jahrhunderte überdauert – bunt bemalte Knöpfe, eine Krippe, ein schöner Holzschrank, ein Bett, eine Mangel, eine marmorne Badewanne und sogar ein Boot.

Rechts: Der Krater des Vesuv sitzt in der eingestürzten Caldera eines älteren Vulkans.

Am 24. August des Jahres 79 n. Chr. gegen ein Uhr mittags vernahmen die Bewohner der römischen Siedlungen am Fuße des Vesuv ein ohrenbetäubendes Donnern. Zeitgenössische Berichte deuten darauf hin, daß sich die Menschen zwar fürchteten, sich in ihren Häusern jedoch sicher wähnten. Die nachfolgende Explosion aber verwandelte Gesteinsschmelze in Bimsstein und Asche, die als dichter Regen über die blühenden Orte herabfiel. Gegen Mitternacht verstärkte sich die Vulkantätigkeit, und in Herculaneum, einige Kilometer westlich, begannen die ersten Familien aus ihren Wohnungen zu fliehen – in die einzig mögliche Richtung, aufs offene Meer hinaus. Plötzlich erschütterte eine gigantische Explosion den Vulkan, und eine riesige Aschewolke bewegte sich auf den Ort zu, gefolgt von einer feurigen Zunge glühender Lava. Vollständig erhaltene Skelette in den Häusern in Hafennähe lassen vermuten, daß den Menschen kaum Zeit blieb, die Gefahr zu erkennen. Einige starben in enger Umarmung, andere wurden auf der Flucht vom Ascheregen eingeholt und erstickten. Weitere Explosionen begruben die Stadt unter mächtigen Asche- und Gesteinsmassen, die erst im Rahmen der Ausgrabungsarbeiten langsam wieder abgetragen werden.

Die Einwohner der benachbarten Stadt Pompeji ereilte das Schicksal erst am folgenden Tag, als der Vesuv erneut ausbrach und mächtige Wolken todbringender Asche und Gase ausspie. Schätzungsweise 2000 Menschen fanden an diesem Tag in Pompeji den Tod – eine Zahl, die jedoch beständig nach oben korrigiert wird, da die Archäologen bei neuen Ausgrabungen immer mehr Skelette entdecken.

Mit 1277 Metern ist der Vesuv nicht einmal halb so hoch wie der Ätna, aufgrund seiner zähflüssigen Lava aber weit »explosiver«. Schwefeldämpfe steigen unentwegt aus dem riesigen Hauptkrater, und das Gestein ist an einigen Stellen in Gipfelnähe heiß genug, um darauf Eier zu braten. Der Ausbruch im Jahr 79 n. Chr. führte zum Einsturz eines älteren Kraters. Es bildete sich ein kesselartiger Krater (Caldera), in dem ein neuer Kegel entstand. Die vorerst letzte größere Eruption ereignete sich 1944. Der Aufstieg zum Kraterrand könnte den Eindruck erwecken, daß der feuerspeiende Berg ruht – doch die ausgestoßenen Rauchwolken und das Absinken der umliegenden Städte erinnern daran, daß er jederzeit erneut explodieren kann.

Der Ätna

Verglichen mit dem Vesuv ist der Ätna (auf Sizilien) ein ausgesprochen gutmütiger feuerspeiender Berg. Obwohl er 122 n.Chr. die Stadt Catania zerstörte und 1979 erneut ausbrach, forderte er nie ein Menschenleben und richtete nicht den Bruchteil der Verwüstungen an. Dies hängt nicht zuletzt damit zusammen, daß es sich um zwei verschiedene Vulkantypen handelt: Während das Magma unter dem Ätna sehr dünnflüssig ist, und die Gase leicht entweichen können, schließt die zähflüssige Lava unter dem Vesuv diese Gase ein – was zu der vernichtenden Katastrophe des Jahres 79 n.Chr. führte.

Der 600 000 Jahre alte Ätna ist der größte Vulkan Europas. Um 3322 Meter überragt er die Ostküste Siziliens. Eine Reihe von Eruptionen haben ihre Spuren auf dem Berg hinterlassen: Sekundärkegel, Schlote und diverse Nebenkrater.

Der Ätna, auf Sizilien, ist der größte aktive Vulkan Europas. Rund neun Monate im Jahr liegt er unter einer weißen Schneedecke.

Italien

DIE FRASASSI-HÖHLEN

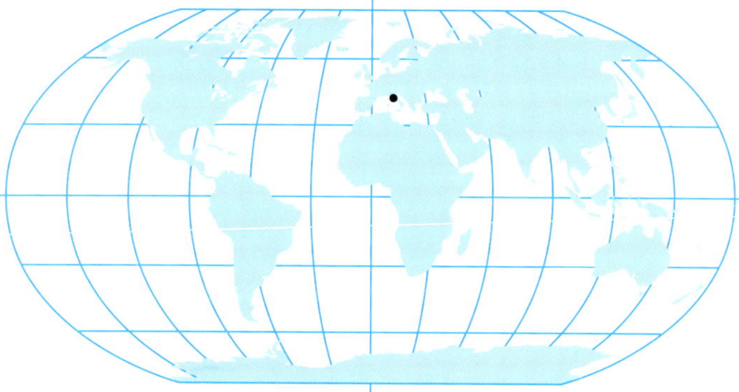

Die Frasassi-Höhlen liegen in Mittelitalien in der Nähe des Flusses Esino und nur wenige Kilometer von der Adriaküste entfernt. Die nächste größere Stadt ist Ancona im Nordosten der Grotten, aber auch von Florenz aus sind es nur rund 150 km – und die Straßen ausgezeichnet.

Märchenhaftes Grottenlabyrinth in den Kalksteinhügeln Mittelitaliens mit spektakulären Tropfsteinformationen.

Ein Höhlenforscher-Team aus Ancona machte 1971 in den Kalksteinhügeln des Apennin eine phantastische Entdeckung: Das riesige Grottensystem in der Frasassi-Schlucht (Gola di Frasassi) war bei Speläologen und Touristen schon vorher bekannt, doch diese Gruppe hatte das Glück, durch Zufall in die prachtvollste aller Frasassi-Höhlen zu geraten, die Große Windhöhle (Grotta Grande del Vento), die nicht nur aus einem einzelnen Hohlraum besteht, sondern zu einem Labyrinth von fast 13 Kilometern Länge gehört. Dieses umfaßt neben mehreren gigantischen, kathedralartigen Höhlen auch viele kleinere Grotten von nicht minder bezaubernder Schönheit. Zu den eindrucksvoll-

Rechts: Der außergewöhnliche Tropfsteinschmuck einer unterirdischen Wunderwelt, die nicht ohne Grund weltberühmt ist.

sten zählt der sogenannte Kerzensaal (Sala delle Candeline), ein Raum mit Tausenden cremeweißen Stalaktiten. Ein weiterer Glanzpunkt ist die Sala dell' Infinito, wo Stalaktiten und Stalagmiten zu majestätischen Tropfsteinsäulen zusammengewachsen sind. Die filigranen Formationen erinnern an das Schnitzwerk gotischer Architektur; man gewinnt den Eindruck, daß diese zarten Gebilde unmöglich die Decke zu tragen vermögen.

Das Höhlensystem bezaubert durch einzigartige Schönheit. Auf dem Weg durch die Grotten entfaltet sich vor dem Auge des Besuchers eine unglaubliche Vielfalt geologischer Formationen: von zerbrechlichen Vorhangspitzen aus glasiertem Gestein, durch die das Licht hindurchscheint, bis zu mächtigen Zinnen, die wie die Zähne eines gigantischen Drachen anmuten. In vielen Höhlen, wo das Sickerwasser neben Kalziumkarbonat auch andere Minerale transportiert, schimmern einige phantastische Formationen in märchenhaft-zarten Farben wie eisgrün oder blaßrosa.

Ein völlig anderes, aber nicht minder spektakuläres Bild bietet sich in der Fledermaushöhle (Grotta delle Nottole), wo Tausende dieser winzigen Nachttiere mit dem Kopf nach unten von der Decke hängen oder lautlos durch die Luft gleiten. Bei Einbruch der Dämmerung herrscht am Eingang dieser Grotte hektische Betriebsamkeit, wenn die zahllosen Fledermäuse ihre Ruhestätte verlassen, um in der Dunkelheit der Nacht auf Insektenjagd zu gehen. Fledermäuse sehen sehr schlecht und lokalisieren ihre Beute mit Hilfe eines komplizierten Sonarsystems, dessen Geheimnisse bis heute noch nicht gänzlich erforscht sind.

Die Frasassi-Höhlen liegen in einer typischen Karstlandschaft, wo der Esino und sein Nebenfluß Sentito tiefe Canyons in den weichen Sandstein des Apennin geschnitten haben. Das Wasser der beiden Flüsse hat auch einen Teil der Höhlen geformt, im Laufe vieler Jahrtausende unterirdische Tunnel ausgewaschen und Hohlräume geschaffen.

Sickerwasser, das durch die Decke in eine Höhle gelangt und dort zum Boden tropft, läßt bizarre Tropfsteine wachsen.

Stalagtiten und Stalagmiten

Tropfsteine, die wie Eiszapfen von der Decke hängen, heißen Stalagtiten, während die vom Boden aufragenden Stalagmiten genannt werden. Tropfsteinformationen findet man in Karstlandschaften. Sie entstehen, wenn das leicht saure Regenwasser Schwachstellen im weichen Kalkstein auflöst und das mit Mineralen des Gesteins gesättigte Wasser durch die Decke einer Höhle tropft, dabei verdunstet und die Kristalle ablagert. Zuerst bilden die Kristalle eine Sinterröhre, an der Wasser entlangläuft und an den Rändern abtropft. Je mehr Sickerwasser eindringt, desto mehr Kalzitkristalle lagern sich ab, und schließlich kommt es zur Formung eines Stalagtiten. Wenn das Tropfwasser auf den Boden der Höhle trifft, sammeln sich auch dort Kalzitkristalle und türmen sich mit der Zeit zu Stalagmiten. Zuweilen wachsen Stalagtiten und Stalagmiten zu Tropfsteinsäulen oder Stalagnaten zusammen, doch dauert die Bildung einer solchen Formation Jahrtausende, wenn nicht gar Jahrmillionen.

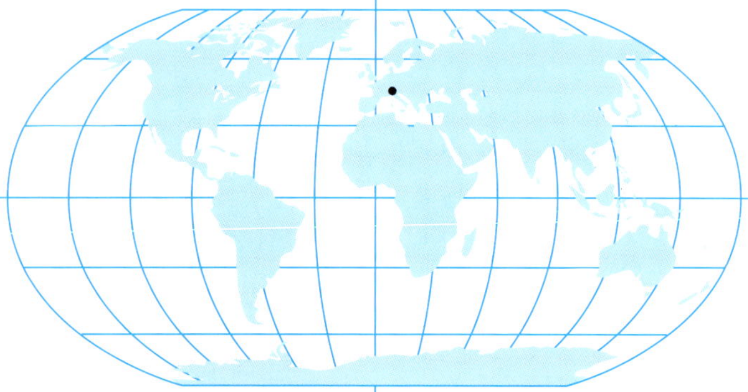

Italien

ERDPYRAMIDEN AM RITTEN

Fragile Überreste der letzten Eiszeit.

Die Hochfläche des Ritten (italien. Renon) liegt in Südtirol nordöstlich von Bozen (Bolzano) und ist auch mit dem Zug gut zu erreichen. Landschaftlich besonders schöne Strecken in der näheren Umgebung gibt es viele, hier sei nur die herrliche Panoramastraße erwähnt, die am Gardasee entlangführt.

Trentino-Südtirol

Die Erdpyramiden sind keineswegs die einzige Attraktion dieser wunderschönen Gebirgslandschaft. Das Gebiet Trentino-Südtirol (italien. Trentino-Alto Adige) ist zu 44 Prozent von dichten Wäldern bedeckt. Auf den niederen Hängen herrschen Eichen und Kastanien vor, in den höheren Tälern dominieren dann Buchen und Nadelhölzer, die noch weiter oben in Erlen- und Kiefernwälder übergehen, die ihrerseits bis zur Baumgrenze hinaufreichen. Zahlreiche Wildpflanzen setzen im Frühjahr farbige Akzente, und zur einheimischen Fauna gehören Reh, Rothirsch, Gemse und Steinbock.

Rechts: Die sonderbaren Erdpyramiden, Überreste eiszeitlichen Moränenschutts, scheinen die Form der Bäume widerzuspiegeln.

Die Erwähnung der Alpen weckt allgemein die Vorstellung dunkler Felswände und schneebedeckter Gipfel über eisigen Gletschermassen. Doch in Südtirol bieten die Alpen ein ganz anderes Bild: Hier ragen die Dolomiten blank und steil, häufig gar mit Überhängen, wie die Zähne riesiger Drachen in den Himmel. Bergsteiger schätzen diese Region im Norden Italiens: Die Berge sind nicht zu hoch, vielfach der Sonne zugewandt und frei von Gletschern. Bozen liegt im Westen der Marmoladagruppe, einem 3342 Meter hohen, mächtigen Gebirgsstock mit prachtvollen Gipfeln. Im Nordosten der Stadt erstreckt sich die weite, grüne Hochfläche des Ritten (italien. Renon). Er besteht im Gegensatz zu dem körnigen Sedimentgestein Dolomit der Dolomiten aus hartem Fels mit großen Einzelkristallen. Die höchste Erhebung des Plateaus ist das Rittnerhorn (2260 m), das einen herrlichen Panoramablick über die Dolomiten bietet. An klaren Tagen ist sogar der Großglockner zu sehen.

Senkrechte Felswände aus Dolomit-Kalkstein prägen das Bild der Italienischen Dolomiten.

Die ungewöhnlichste Attraktion dieser Landschaft findet man in weniger exponierten Lagen. Unweit des malerischen Dorfes Lengmoos im Finsterbach-Tal nämlich, zum Teil zwischen den Bäumen der bewaldeten Hänge verborgen, befinden sich die berühmten Erdpyramiden. Diese auffälligen Formationen stehen wie schlanke, hochgewachsene Gestalten zwischen den Bäumen, und viele tragen als »Hut« eine größere oder kleine Gesteinsplatte, den sogenannten Deckstein. Die Erklärung für dieses merkwürdige geomorphologische Phänomen findet man in der Eiszeit, als die ganze Region stark vergletschert war.

Die im Rückzug befindlichen Gletscher hinterließen Moränen (vom Eis mitgetragene Gesteinsfragmente, die nach der Eisschmelze liegenblieben) und Geschiebe- oder Blocklehm, der, wie der Name andeutet, auch größere Steinblöcke enthalten kann, vorwiegend jedoch aus feinkörnigem Lehm besteht. Wird dieser Blocklehm der Witterung ausgesetzt, kann der Regen das weiche Material fortspülen – außer an den Stellen, wo ein Block oder Deckstein die Abtragung des weicheren Gesteins verzögert. Irgendwann jedoch wird die Kuppe zu schmal, um den Deckstein noch länger zu tragen. Dann fällt er herunter, und die Erdpyramide beginnt zu verwittern – bis vielleicht der nächste Gesteinsblock zum Vorschein kommt und sie wieder eine Weile gegen den Regen ab-

Erdpyramiden und Badlands

Die wüstenähnliche, zerklüftete Landschaft der Badlands in Nordamerika, aus vielen Wildwestfilmen bekannt, entstand allein durch die Erosionskräfte von Regenwasser in einer ansonsten trockenen Region. Zur Bildung von Mesas (Tafelbergen) und – in kleinerem Maßstab – Erdpyramiden kommt es, wenn in einer Formation vorwiegend weicher Gesteine härtere Decksteine die unteren, weniger widerstandsfähigen Schichten vor Verwitterung schützen. Bei den nadel-, säulen- oder kegelartigen Erdpyramiden übernimmt meist ein einzelner dicker Gesteinsblock die Funktion als Deckstein. Ähnliche Formationen wie am Ritten in Südtirol gibt es auch in Val d' Herens in Frankreich an einem Rhônezufluß. Hier stehen die Felssäulen in nahezu geraden Reihen und erinnern an künstlich errichtete Pfeiler. Ein anderes Beispiel findet sich in der Türkei im Tal von Göreme, rund 250 Kilometer südöstlich von Ankara, wo das weiche Grundgestein aus Tuff (Asche vom Vulkan Argaeus), die darüberliegende Schutzschicht dagegen aus den Resten eines einstigen Lavastroms besteht. Der weiche Tuff ist leicht zu bearbeiten, und kappadozische Mönche haben Hunderte von Kirchen aus den Felskuppen gehauen und mit bunten Fresken geschmückt.

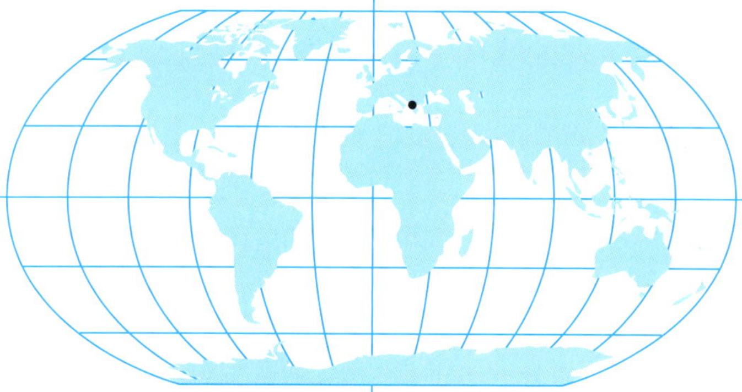

Griechenland

METÉORA

Mächtige, schroffe Felstürme im Herzen Griechenlands.

Meteóra liegt nördlich der kleinen Stadt Kalabaka in der thessalischen Ebene auf der Ostseite des Pindos-Gebirges. Von Athen, südöstlich gelegen, fährt man rund 270 km; nach Thessaloniki, im Nordosten, sind es etwa 160 km.

Die Stadt Kalabaka liegt am Fuße des Pindos-Gebirges am Rand des breiten Peneus-Tals. Die Hänge – teils bewaldet, teils blanker Fels – steigen erst sanft an, werden dann steiler und verschwimmen schließlich im flirrenden Dunst der Hitze. Wandert der Blick jedoch nach Norden, fesseln die Metéora-Felsen sofort die Aufmerksamkeit.

Aufstieg zum Gipfel

Der anstrengende Aufstieg zur Kuppe eines der Steinriesen lohnt sich der herrlichen Aussicht wegen, die weit über das Tal des Flusses Peneus reicht. Die unteren Hänge sind zum Großteil bewaldet, die eigentlichen Felsen aber bieten keinerlei Schutz vor der gleißenden südlichen Sonne. Es empfiehlt sich also, während der relativen Kühle des frühen Morgens aufzusteigen, wenn übrigens auch die Sicht am klarsten ist.

Wie gigantische, Stein gewordene Wachtposten überblicken die Felsriesen von Metéora die thessalische Ebene.

Die Kuppen dieser Steinriesen liegen bis zu 549 Meter über dem Talboden und die teils glatten, teils zerklüfteten Felswände ragen fast senkrecht empor. Abgerundete Simse, Felsnasen, vertikale Rinnen und Spalten geben einen Hinweis auf die Entstehung der ebenso seltsamen wie faszinierenden Monolithen, die aus horizontal abgelagerten Sandsteinen und Konglomeraten bestehen, die ursprünglich ein weitflächiges Gebiet bedeckten. Da die verschiedenen Gesteinsschichten unterschiedlich stark verwitterten, kam es zur Ausbildung von Felsvorsprüngen und Spalten. Nachfolgende Verdichtung und Diagenese (hier: Verfestigung, eines Sedimentgesteins durch Druck und Temperatur) resultierten in vertikalen Spalten und boten der Verwitterung so natürliche Angriffsflächen. Während der Diagenese dringt kalzium- oder silikatgesättigtes Wasser in den Stein ein und lagert dort Minerale ab, die die Sandkörner oder Kiesel im Konglomerat aneinanderzementieren, so daß das Gestein an Härte gewinnt. Obwohl man annehmen sollte, daß ein und dieselbe Gesteinsart innerhalb einer Region auch diesselben Eigenschaften aufweist, ist dies in Wahrheit nur selten der Fall – eine Tatsache, die Geologen frustriert, dafür aber vielfältige und faszinierende Landschaften hervorbringt.

An einigen Stellen dieser Region war die Spaltenbildung derart ausgeprägt, daß die Erosion leichtes Spiel hatte, während andere Gesteinsteile besser zusammenzementiert waren und den zerstörerischen Kräften von Wind und Wetter besser widerstanden. Diese harten Felsteile wurden dann im Laufe der Jahrtausende zu den Steinriesen, die wir heute in Metéora bestaunen.

Die Metéora-Klöster

Besucher der Region können sich an der Schönheit der Landschaft erfreuen und die phantastischen Werke bewundern, die die Naturgewalten hier geschaffen haben. Darüber hinaus aber gibt es noch etwas zu bestaunen – die Klöster nämlich, die griechische Mönche hoch oben auf deren Kuppen errichtet haben. Auf den ersten Blick scheint es unmöglich, die Gipfel dieser Felssäulen ohne professionelle Bergsteiger-Ausrüstung zu erklimmen, doch den unerschrockenen, an harte Arbeit gewöhnten Mönchen des 14. und 15. Jahrhunderts gelang es, dort oben sogar Klöster und Kirchen zu errichten. Zu beobachten, wie sie das Baumaterial nach oben zogen, und wie die Gebäude dann langsam Gestalt annahmen, muß ein faszinierendes Schauspiel gewesen sein. Nach Fertigstellung ihrer luftigen Klause zogen die Mönche dann ihre Leitern ein und fanden die ersehnte Ruhe und Einsamkeit; hier oben würde sie so schnell niemand stören. Der Niedergang der Klöster setzte im 19. Jahrhundert ein, und heute trifft man hier weit mehr Touristen als Mönche an. Der Aufstieg ist allerdings auch wesentlich ungefährlicher geworden; Treppen und Rampen haben die alte, höchst wackelige Konstruktion aus Leitern ersetzt.

Unten: Das Kloster Aghios Trias thront in nahezu unerreichbarer Schutzlage auf der hohen Felskuppe.

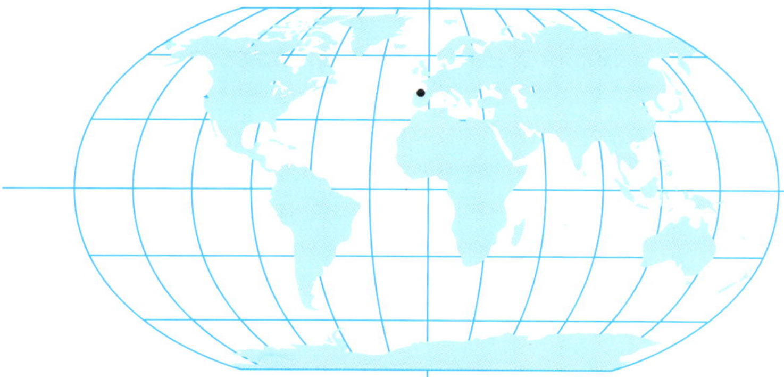

Spanien

PICOS DE EUROPA

Sie bilden den Höhepunkt des Kantabrischen Gebirges, das sich parallel zur Nordküste Spaniens von den Pyrenäen bis hinunter nach Portugal zieht.

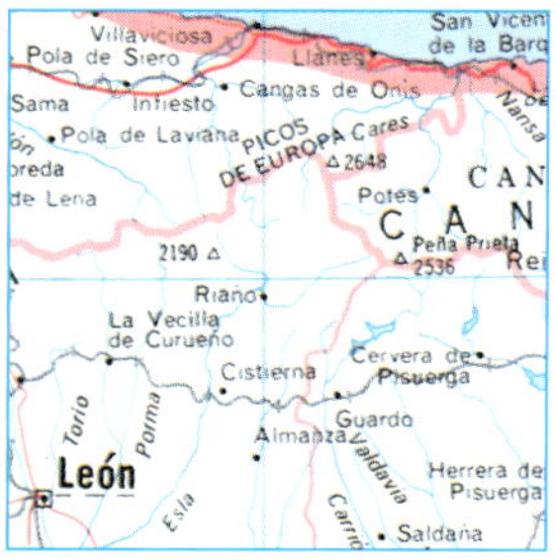

Das Gebirgsmassiv der Picos de Europa, in dem Dreieck zwischen der Hafenstadt Santander, Oviedo und León gelegen, wird durch eine Vielzahl malerischer Straßen erschlossen, die zu kleinen, verschlafenen Dörfern führen.

Der Nationalpark Picos de Europa umfaßt knapp achtzig Quadratkilometer zerklüftete Gebirgslandschaft mit Bergwiesen und altem Waldbestand. Die höchsten Gipfel des steilwandigen Kalksteinmassivs sind der Naronso del Bulnes mit 2515 Metern und der Torre Cerreda mit 2647 Metern. Von Dezember bis Mai, häufig auch länger, ruht die ganze Region unter einer dicken Schneedecke, doch sobald im späten Frühling das Tauwetter einsetzt, verwandeln sich die Wiesen in ein farbenprächtiges, herrlich duftendes Blütenmeer.

Die Bewirtschaftungsmethoden haben sich hier seit Jahrtausenden kaum verändert, und es kamen weder künstlicher Dünger noch Insektenvernichtungsmittel zum Einsatz. Für die Weidewiesen der unteren Regionen wurde ein Teil der natürlichen Vegetation – Mischwald mit Eichen und Buchen – gerodet. Doch in den übrigen Waldflächen der Picos de Europa sowie des westlich angrenzenden Nationalparks Corvadonga und des im Osten anschließenden Naturreservates Saja haben mittlerweile seltene oder gar vom Aussterben bedrohte Tierarten eine letzte Zuflucht gefunden: Iberischer Wolf und Braunbär, die beiden akut gefährdeten Spezies, dazu Wildkatze, Ginsterkatze, Otter, Baummarder und Wildschwein haben hier ihr

Schmetterlinge in den Picos

Aufgrund von Monokulturen, Herbi- und Pestiziden ist die Artenvielfalt der Schmetterlinge in landwirtschaftlich genutzten Gebieten stark zurückgegangen. Eines der letzten Schmetterlingsparadiese ist das Massiv der Picos de Europa, in dem heute noch mehr als 130 Arten leben – darunter viele wunderschöne, einige äußerst seltene und andere, zum Beispiel Gavarnie-Bläuling und Kreide-Bläuling, die man nirgendwo sonst auf der Erde findet. Ganze Wolken kleiner Schmetterlinge wie Feuer- und Zipfelfalter legen sich wie pastellfarbener Nebel über die Blumenwiesen, und es gibt nichts Zauberhafteres als die großen, prachtvollen Schwalbenschwänze.

Oben: Seine auffällige Zeichnung hat den männlichen Apollofalter sehr zu seinem Schaden zu einem beliebten Sammlerobjekt gemacht.

Rechts: Herbststimmung in den Picos de Europa.

Revier. Und auf den Geröllhalden der gebirgigen Regionen stellen die leichtfüßigen Gemsen ihre Geschicklichkeit unter Beweis.

Außergewöhnlich artenreich ist auch die Vogelwelt der Picos. Seltene Greifvögel wie Schmutz- und Gänsegeier, Schlangen-, Stein- und Zwergadler sowie Bussard, Wiesenweihe, Kornweihe und Milan ziehen majestätisch ihre Kreise über den Bergen. An kleineren Vogelarten verdienen Grasmücken, Rotschwänzchen und Alpenkrähen Erwähnung.

Die florale Vielfalt der Bergwiesen sucht in ganz Nordeuropa ihresgleichen. Möglicherweise deshalb, weil dominante Arten fehlen, gedeihen in diesem begrenzten Gebiet über 550 Blütenpflanzen. Diese Mannigfaltigkeit hängt auch mit der vernünftigen, über Jahrhunderte fast gleichgebliebenen Bewirtschaftung, mit den abwechslungsreichen geologischen Formationen und den unterschiedlichen Höhenlagen der Bergwiesen zusammen. Neben weitverbreiteten Blumen wie Hahnenkamm, Enzian und Narzissen findet der Pflanzenfreund hier Raritäten wie Türkenbund, und mit etwas Glück auch eine oder gar mehrere Orchideen, denn in den Picos gedeihen u. a. Puppenorchis, Spinnen-, Hummel- und Fliegen-Ragwurz.

Heilpflanzen

Gegen fast alle Leiden ist ein Kraut gewachsen, und viele dieser Heilkräuter sind im Grunde ganz gewöhnliche Wald- und Wiesenpflanzen. Die Wurzeln der Natternwurz zum Beispiel können bei Darmproblemen helfen, während die Blätter der Duftenden Schlüsselblume ausgesprochen reich an Vitamin C sind. Ein Aufguß aus Malvenblüten lindert verschiedene Atembeschwerden, und Tannenkleeblüten lassen offene Wunden rascher heilen und besser vernarben.

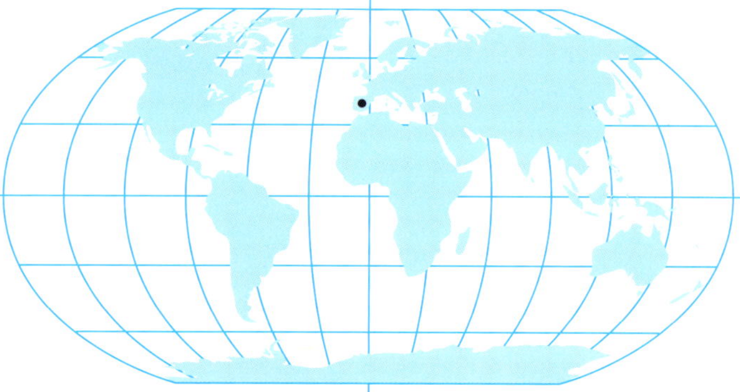

Spanien

DIE MESETA

Ein uraltes Tafelland im Herzen Spaniens.

Die ausgedehnte Hochebene der Meseta nimmt einen Großteil Zentralspaniens ein. Die alte Hauptstadt Madrid, fast genau im Zentrum der Meseta gelegen, bietet sich als idealer Ausgangsort für Exkursionen in die nähere und weitere Umgebung an.

Südlich der Pyrenäen beginnt die Iberische Halbinsel mit Spanien, Portugal und, an der Südspitze und ganz Nordafrika zugewandt, dem winzigen Gibraltar. Den größten Teil dieser riesigen Halbinsel nimmt ein uraltes Tafelland ein, dessen extrem harte Gesteinsmassen sogar jenen Kräften widerstanden, die den afrikanischen Kontinent auf Südeuropa zuschoben. Nördlich der Meseta drängte die Kontinentaldrift das Gestein zu einer Gebirgskette – den Pyrenäen – zusammen, während die Felsenhalbinsel von Gibraltar bereits ein Stück der Platte ist, die nordwärts auf den südlichen Teil Spaniens aufgeschoben wurde.

Die Meseta ist kein völlig ebenes Plateau, da Flüsse im Laufe der Jahrmillionen tiefe Täler auskerbten und man in dieser Region

Rechts: Die verwitterten Kalktafeln von El Torcal de Antequera wirken wie Häusertürme einer versteinerten Stadt.

auch einige Gebirgsmassive findet – darunter Spaniens höchsten Gipfel, den Mulhacén (3482 m) in der Sierra Nevada. Im Durchschnitt liegt die Meseda auf 900–1200 Metern ü. d. M., doch auch im zentralen Hochland ragen einige Gipfel empor; die höchsten sind der Pico de Almazor (2592 m) in der Sierra de Gredos und der Pico Peñalara (2468 m) in der Sierra de Guadarrama, beide auf der Nordseite des Rio Tajo, westlich bzw. nördlich von Madrid. Hauptströme der Region sind der Ebro, der im Norden ostwärts fließt und bei Tortosa ins Mittelmeer mündet, sowie Tajo und Guadalquivir, die Lissabon respektive Sevilla passieren und beide in den Atlantik entwässern.

Ein Großteil der Meseta besteht aus dem harten kristallinen Gestein des Urgebirges, doch existieren auch Kalksteinregionen, von denen zwei grandiose Naturdenkmäler bieten: Gut 150 Kilometer östlich von Madrid liegt Ciudad Encantada, die »Verzauberte Stadt«, ein rund zweihundert Hektar großes geologisches Phänomen, dessen Felslabyrinth aus der Entfernung an die Skyline einer Großstadt erinnert. Das leicht saure Regenwasser greift jeden Kalkstein an, doch das hiesige Gestein ist eine Mischung aus reinem Kalkstein (Kalziumkarbonat) und Dolomit (Magnesium-Kalziumkarbonat). Da die Erosionskräfte mit reinem Kalkstein ein leichteres Spiel haben als mit Dolomit, entstanden jene bizarren Formationen, die wie dem Verfall anheimgefallene Gebäude wirken.

Torcal de Antequera in der Sierra Nevada, etwa dreißig Kilometer nördlich von Malaga, ist ein Kalksteinplateau, das gleichfalls zu merkwürdigen Formen erodierte. Hier hat in Risse und Spalten eindringendes Regenwasser dicht unter der Erdoberfläche ein weitläufiges Höhlensystem geschaffen. Im Laufe der Zeiten stürzten viele Grottendecken unter ihrem eigenen Gewicht ein, was Gräben zwischen senkrecht aufragenden Felswänden entstehen ließ. Dieser Ort hat Ähnlichkeit mit einer antiken Stadt, in der die Gräben wie Straßen zwischen völlig verwitterten Gebäuden hindurchführen.

Charakteristische Kalksteinlandschaft: das karge Felsengebirge der Serrania de Ronda am Ostrand der Meseta.

Landnutzung

Die relativ flache Region um Valladolid im Nordwesten, wird seit langem landwirtschaftlich genutzt. Kornfelder, Obstplantagen und Weinberge machen dieses Becken im Sommer zu einer grünen Oase. An anderen Stellen der Meseta trifft man Hirten mit großen Herden Langhaarziegen und Merinoschafen, deren feine Wolle gute Preise erzielt. Auch Rinder spielen eine bedeutende Rolle für die Wirtschaft der Region. Diese ländliche Idylle steht in auffälligem Gegensatz zu der Bergbauindustrie, die die nördlichen und südlichen Randgebiete der Meseta bestimmt. Im Kantabrischen Gebirge wird Eisenerz gefördert. Ein Teil davon wird in den Hüttenwerken der Hafenstadt Gijon weiterverarbeitet, deren Hochöfen mit Kohle aus Oviedo beheizt werden. Weitere Eisenerzvorkommen findet man in der Sierra Nevada; ebenfalls im Süden der Meseta liegen die Kupferminen von Rio Tinto, die Blei- und Silberminen von Linares und die Quecksilberminen von Almaden. Der Rohstoff Blei wird wegen seiner Giftigkeit zunehmend durch andere Materialien ersetzt, so daß viele Bleiminen nur deshalb in Betrieb bleiben, weil das Schwermetall meist in Verbund mit dem am Weltmarkt immer gefragten Silber auftritt.

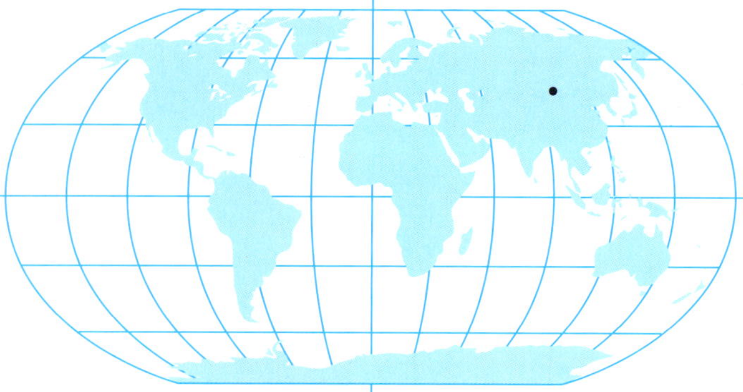

Russische Föderation

DER BAIKALSEE

Der tiefste See der Erde liegt in Südsibirien, nahe der russischen Grenze zur Mongolei.

Am südlichen Ende des Sees liegt die Industriestadt Irkutsk. Die berühmte Transsibirische Eisenbahn passiert das Südufer des Sees, während die Gleise der neueren Strecke Baikal-Amur um den nördlichen Teil herumführen.

Umweltverschmutzung

Trotz seiner abgeschiedenen Lage sind der Baikalsee und seine einzigartige Flora und Fauna von der Umweltverschmutzung bedroht. Im Gegenteil: Seit der verkehrstechnischen Erschließung der Region kommen immer mehr Menschen – und mit ihnen die Müllberge und Abwässer der modernen Zivilisation. Umweltgifte werden dem See über seine mehr als dreihundert Zuflüsse zugetragen. Mächtige Industrien – darunter eine Papierfabrik, Kraftwerke, chemische und petrochemische Großbetriebe – pumpen Giftstoffe wie Blei, Zink und Quecksilber in das Gewässer. Weite Teile des Seebodens sind bereits zerstört. Auch die Fischpopulation und damit die lokale Fischerei sind betroffen. Mittlerweile hat man das Problem erkannt und beginnt damit, etwas dagegen zu unternehmen. Erste Schritte zur Verhütung weiterer Zerstörung sind bereits eingeleitet, und man versucht im Rahmen des Möglichen auch, bereits angerichtete Schäden wiedergutzumachen.

Rechts: Umrahmt von riesigen Waldgebieten, erstreckt sich der Baikalsee bis zum Horizont.

Jeder Versuch, den Baikalsee zu beschreiben, endet unweigerlich in einer Aneinanderreihung von Superlativen. Er ist mit 25 Millionen Jahren der bei weitem älteste See der Welt (der zweitälteste, der Tanganjikasee, kann »nur« auf zwei Millionen Jahre zurückblicken) und mit 1620 Metern der tiefste Süßwassersee, fast 400 Meter tiefer als der zweittiefste See (wiederum der Tanganjika). Er ist 636 Kilometer lang, was ungefähr der Entfernung München – Berlin entspricht, und mißt an der breitesten Stelle 79, an der schmalsten 25 Kilometer; etwa 2000 Kilometer müßte zurücklegen, wer ihn umrunden möchte.

Mit einer Wasserfläche von 31 500 Quadratkilometern ist er so groß wie Belgien und Holland zusammen, und sein Einzugsgebiet wird auf 545 500 Quadratkilometer geschätzt. Obwohl er, was die Oberfläche angeht, weltweit nur an siebter Stelle steht, faßt er 23 000 Kubikkilometer Wasser (nahezu ebensoviel wie alle fünf nordamerikanischen Great Lakes zusammen) – rund zwanzig Prozent der gesamten Süßwasserreserven der Erde.

Von mehr als 300 Zuflüssen gespeist, hat der Baikalsee nur einen einzigen Abfluß, den Angara, der später in den Jenissej mündet, welcher weit über den nördlichen Polarkreis hinaus zur Karasee fließt.

Der Baikalsee bietet aber nicht nur imposante Rekordzahlen und atemberaubende Panoramen, sondern beherbergt auch eine überraschende Vielzahl von Tier- und Pflanzenarten. Von den 2600 hier heimischen Spezies sind 960 Tier- und 400 Pflanzenarten endemisch, kommen also ausschließlich am oder im Baikalsee vor. Trotz der gewaltigen Tiefe weist das Wasser ein gutes Mischungsverhältnis auf, was u. a. auf heiße Quellen zurückgeführt wird, die 410 Meter unter der Wasseroberfläche entspringen.

Mehr als fünfzig Fischarten bevölkern den Baikalssee, darunter Hecht und Barsch, aber fast die Hälfte sind endemische Spezies. Zwei Arten gehören zur Gattung Ölfisch (*Comephorus*); fast durchsichtig, leben diese merkwürdigen Geschöpfe in einer Tiefe von etwa 500 Metern in immerwährender vollständiger Dunkelheit. Diesen Lebensraum, so weiträumig er aufgrund der riesigen Ausdehnung des

Sees ist, teilen sich nur fünf Fischarten, die allerdings über 75 Prozent der gesamten Fischpopulation des Sees ausmachen: der dem Lachs verwandte Omul, zwei Groppenarten und die beiden Unterarten des Ölfischs. Die Mehrzahl der Fische bevorzugt die seichteren Randzonen des Sees.

In allen Wassertiefen findet man außerdem mikroskopisch kleine Algen und wirbellose Kleinstlebewesen, die das unterste Glied der Nahrungskette bilden und auf dem Speisezettel der meisten Fische ganz oben stehen.

Der berühmteste und zudem rätselhafteste Bewohner des Baikalsees ist zweifellos die Baikalrobbe. Die inzwischen glücklicherweise wieder rund 70 000 Tiere dieser endemischen Art ernähren sich von den reichen Fischbeständen des Sees.

Oben: Die Baikal-Ringelrobbe kommt nirgendwo sonst auf der Welt vor.

Die Baikalrobbe

Der Baikalsee ist Heimat und zugleich einziges Verbreitungsgebiet dieser kleinen Süßwasser-Seehundart, die nur rund 120 cm lang wird und höchstens 70 kg auf die Waage bringt. Die Baikalrobbe trägt einen einfarbig dunkelgrauen Pelz, und die Heuler, die auf dem Eis des zugefrorenen Sees das Licht der Welt erblicken, sind vollkommen weiß. Die derzeitige Population von etwa 70 000 Tieren gilt als beträchtlicher Erfolg, da die putzigen Seehunde in den dreißiger Jahren schon fast ausgerottet waren.

Die Frage, wie die Vorfahren dieser Art in den Baikalsee gelangten, hat Generationen von Wissenschaftlern beschäftigt. Es gibt keinen Hinweis auf eine ehemalige Meereszone in diesem Teil Sibiriens, obwohl einst ein riesiges Binnenmeer existierte, zu dem u. a. das heutige Kaspische Meer, das Schwarze Meer und der Aralsee gehörten. Es könnte sein, daß die Ahnen der Baikalrobbe und der ihr verwandten Kaspi-Ringelrobbe hier lebten. Als sich das Meer zurückzog, blieb ein Teil von ihnen im Kaspischen Meer, während andere zum Nordpolarmeer zogen. Einige davon könnten den Baikalsee während der letzten Eiszeit erreicht haben, als die Ströme Jenissej und Angara den Baikalsee mit dem Nordpolarmeer verbanden.

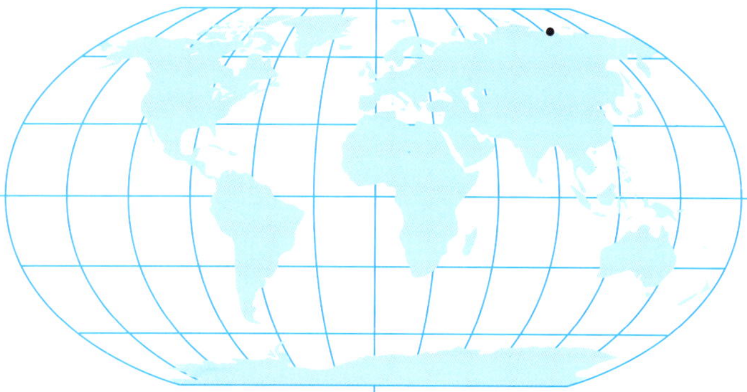

Russische Föderation

DAS LENA-DELTA

In der eisigen Wildnis Sibiriens entspringt dieser mächtige Strom unweit des Baikalsees und teilt sich in der russischen Tundra in mehr als 150 kleinere Flußarme auf.

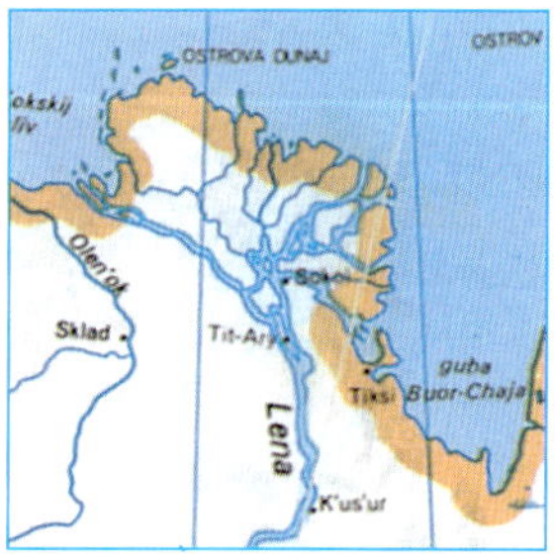

Der größte Flughafen dieses riesigen Landstrichs befindet sich in Jakutsk, Hauptstadt einer neugegründeten Republik in der Russischen Föderation. Tixi, an einem der Mündungsarme der Lena gelegen und während der Wintermonate nahezu völlig von der Umwelt abgeschnitten, ist der nächste Hafen.

Die Lena, die zusammen mit Ob, Irtysch und Jenissej Zentralsibirien nach Norden hin entwässert, entspringt in den Gebirgen nördlich des Baikalsees und fließt 4393 Kilometer weit bis zur Laptewsee und dem Nordpolarmeer. Ihr Lauf bildet die Trennlinie zwischen zwei typischen Landschaften: Im Westen erstreckt sich das Mittelsibirische Bergland, eine endlose Taiga mit Fichten, Kiefern und vor allem Lärchen, im Osten liegen das majestätische Werchojansker Gebirge und das Tscherskigebirge mit undurchdringlichen Zedern- und Kiefernwäldern – die kälteste Gegend der Erde außerhalb der Antarktis.

Ein zweistündiger Flug mit dem Wasserflugzeug bringt Besucher vom Quellgebiet der Lena zu den sogenannten Lena-Säulen, einer imposanten Formation, wo senkrecht aufragende Kalksteinklippen für rund achtzig Kilometer die endlosen Wälder ablösen. An die zweihundert Meter hoch, sind sie zu eindrucksvollen Formen verwittert, die an Türme einer mittelalterlichen Kirche erinnern. Etwas weiter flußabwärts liegt das Wasserkraftwerk Unter-Lena, wo die reißende Kraft des Flusses zur Gewinnung elektrischer Energie genutzt wird.

Flächenmäßig wird das über 30 000 Quadratkilometer große Lena-Delta nur von dem des Mississippi in den USA übertroffen. Der mächtige Strom teilt sich fächerartig in mehr als 150 Wasserwege auf. Obwohl hier Permafrost herrscht, die unteren Bodenschichten also niemals auftauen, werden riesige Mengen Lehm und Schlick angespült und im Delta abgelagert, weshalb dieses Gebiet ständigen Veränderungen ausgesetzt ist. In diesem nördlichen Teil friert der Fluß sechs bis acht Monate im Jahr vollständig zu und fällt dann als Transport- und Handelsroute aus. Im Mai und Juni aber schwillt die Lena aufgrund der Schneeschmelze in ihrem Oberlauf stark an und überflutet die Flußniederung. Die Russen bezeichnen dies als rasputitsa, wörtlich übersetzt »Zeit der schlechten Straßen«, ein mil-

Rechts: Im Mündungsgebiet fächert sich der mächtige Strom in unzählige kleinere Arme auf – ein Mosaik aus Wasser und Wald so weit das Auge reicht.

Gegenüber: Der Zobel ist nur eine von insgesamt 29 Säugetierarten, die in der Region des Lena-Deltas besonderen Schutz genießen.

der Ausdruck dafür, daß sämtliche Routen in diesem Gebiet dann unpassierbar sind.

1985 wurde ein großes Areal des Deltas zum Ust-Lenskij-Naturreservat erklärt, um 29 Säugetier-, 95 Vogel- und 723 Pflanzenarten zu schützen, u. a. Bären, Wölfe, Rentiere, Zobel, Sibirisches Feuerwiesel, Zwergschwan und Rosenmöwe.

Da die Winter in der Taiga bitterste Kälte bringen, müssen die Tiere, die das ganze Jahr hier leben, besonders an die frostigen Temperaturen angepaßt sein. Einige Vogelarten wie der Polarbirkenzeisig tragen ein sehr dichtes Federkleid und bleiben bei großer Kälte zu Federbällen aufgeplustert ruhig sitzen, um Energie zu sparen. Säugetiere wie Rotfuchs, Wiesel, Marder, Nerz und Zobel haben einen besonders weichen, dicken Pelz. Dem Zobel ist sein außergewöhnlich feines Fell fast zum Verhängnis geworden, denn er wurde und wird deshalb gnadenlos gejagt – solange Nachfrage nach diesen Pelzen besteht, werden diese seltenen Tiere selbst in Schutzgebieten nicht ungestört leben können. Kleinere Säuger wie Wühl- und Spitzmäuse verbringen die kältesten Monate in relativ warmen Hohlräumen unter der dicken Schneedecke, wo sie sogar Futter finden.

Sibirien

Die Lena ist einer der mächtigen Ströme Sibiriens. Mehr als zehn Millionen Quadratkilometer groß, setzt sich diese Region aus Nadelwäldern, hohen Bergen, weiten Hügellandschaften und kargen Plateaus zusammen. Es herrscht extremes Kontinentalklima: Während das Thermometer im Winter schon bis auf – 68 °C fiel (die niedrigste Temperatur, die jemals in der nördlichen Hemisphäre gemessen wurde), klettert es im Sommer oft bis auf über 30 °C im Schatten. Der russische Schriftsteller Maxim Gorkii nannte Sibirien wegen der vielen Arbeitslager »Land des Todes und der Ketten«.

Unternehmen Jeanette

Das Forschungsschiff *Jeanette* verließ 1879 unter dem Kommando von George Washington De Long den Hafen von San Francisco, um über die Beringstraße zum Nordpol zu segeln. Finanzier des Unternehmens war James Gordon Bennett vom »New York Herald«. Die *Jeanette* geriet ins Packeis und trieb fast zwei Jahre lang nördlich von Sibirien, bevor sie von Eisschollen zerschmettert wurde und sank. Die Besatzung verteilte sich auf drei kleine Boote und versuchte die Lena zu erreichen. Eines der Boote verschwand, das zweite erreichte zwar das Delta, verirrte sich aber in dem Labyrinth aus Wasserstraßen und Inseln. Bis auf zwei starben alle Bootsinsassen, darunter auch De Long, an Hunger und Kälte. Der Besatzung des dritten Bootes gelang es, bis nach Jakusk vorzudringen. Dort stellte der Kommandeur dieses Bootes, George Melville, Suchtrupps zusammen, die jedoch nur die Leichen De Longs und seines Bootskameraden fanden und die Toten beisetzten.

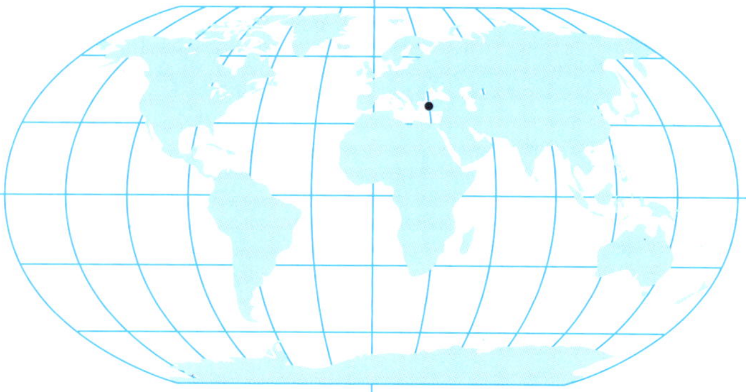

Türkei

PAMUKKALE

Ein zu Marmor erstarrter Wasserfall im türkischen Hinterland.

Pamukkale liegt im Büyuk-Menderes-Tal am Rande des westtürkischen Berglands. Vom Flughafen der Stadt Izmir, an der Küste des Ägäischen Meers, fährt man rund 225 km zu den Sinterterrassen und dem antiken Heilbad, das mit Bahn und Auto gleichermaßen gut zu erreichen ist.

Mineralquellen

Wasser ist lebenswichtig; Wasser mit speziellem Mineralgehalt soll darüber hinaus besondere Heilkräfte haben und wird deshalb in Bade- und/oder Trinkkuren angewendet. Pamukkale war schon vor zweitausend Jahren ein gesuchter Kurort, in den wohlhabende Römer reisten, um in den heißen Quellen Bäder zu nehmen oder das Thermalwasser zu trinken. Im 14. Jahrhundert vertrieben häufige Erdbeben die Badegäste, doch der Tourismus und die Suche nach alternativen Therapiemethoden haben Pamukkale im 20. Jahrhundert einen neuen Besucherandrang beschert.

Rechts: Blick über die flachen Quellbecken, deren stark mineralhaltiges Wasser beim Überlaufen die märchenhaften Travertinstufen geschaffen hat.

Gegenüber: Die Kalksinterterrassen von Pamukkale erinnern an eine grandiose Steintreppe.

Die Schönheit der Thermalquellen von Pamukkale, im Hinterland Westanatoliens gelegen, fasziniert nicht nur an klaren Tagen, wenn die ehemals strahlend weißen Felskaskaden in der Sonne schimmern. Die Region ist seit vielen hundert Jahren berühmt, doch die heißen Quellen und die von ihnen geschaffenen Travertin-Stufen existieren schon ungleich länger. Die therapeutischen Eigenschaften von Mineralquellen wurden schon im Altertum geschätzt, weshalb die Römer bei den hiesigen Thermalquellen das Heilbad Hierapolis errichteten. Der antike Kurort hat die Zeiten weniger gut überstanden als der Stein, doch die Ruinen, unweit des modernen Badeorts können noch besichtigt werden.

Alle Thermalquellen sind reich an gelösten Mineralsalzen, doch hängt die Zusammensetzung dieser Salze von dem Gestein ab, durch das das Wasser fließt, und variiert deshalb von Ort zu Ort. Heißes Wasser kann jede Menge Mineralsalze transportieren, allerdings sind einige Salze leichter löslich als andere. Tritt das Wasser an die Oberfläche, beginnt es zu verdunsten. Die Salze kristallisieren aus und lagern sich am Boden ab. Die Farbe der Ablagerungen hängt von der Zusammensetzung der Mineralsalze ab, und obwohl die meisten Salze weiß sind, kommt es vor, daß natürliche »Verunreinigungen« ein überraschendes Farbspektrum hervorzaubern. Durch zunehmende Umweltverschmutzung ist das märchenhafte Weiß der Kaskaden jedoch Vergangenheit. Nur strengster Umweltschutz könnte es wieder bringen.

In Pamukkale sprudeln die heißen Quellen auf der Kuppe eines Hügels aus der Erde. Das ausgesprochen kalziumkarbonatreiche Wasser tritt mit einer Temperatur von rund 43 °C aus der Erde, verdunstet jedoch oder kühlt auf dem Weg hügelabwärts rasch ab und kann die Salze nicht mehr in Lösung halten. Das schneeweiße Kalziumkarbonat fällt aus und setzt sich als Travertinschicht am Boden ab.

Im Laufe der Jahrmillionen haben diese Ablagerungen beträchtliche Höhe erreicht. Einzig in Pamukkale jedoch kam es dabei zur Bildung derart großer terrassenförmiger Treppen. Stufe um Stufe schmücken zahlreiche, einst porzellanweiße Quellbecken auf mehr als neunzig Meter Höhe den Hang.

Wie und warum die Travertinschichten sich in so perfekter Stufung ablagerten, gibt Geologen bis heute Rätsel auf. Nirgendwo sonst auf der Welt zeigen Thermalquellen eine ähnliche Formation, die man mit versteinerten Kaskaden oder einem verzauberten Märchenschloß verglichen hat.

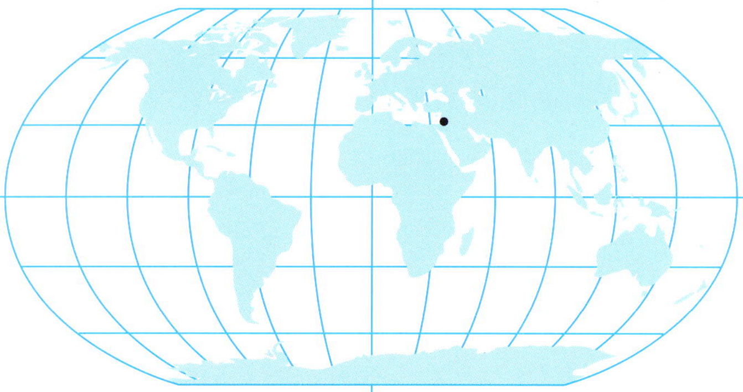

Jordanien/Israel

DAS TOTE MEER

Weit unter Niveau des Mittelmeers, schimmert das überaus salzige Wasser dieses Sees in gleißender Hitze.

Das Tote Meer liegt an der Grenze zwischen Israel und Jordanien. Jerusalem und Amman, 19 km bzw. 48 km entfernt, sind die größten Städte der Region. Die Straße am Westufer des Sees ist Teil der hervorragend ausgebauten Fernstraße nach Eilat.

Die Qumran-Rollen

Die ersten Schriftrollen entdeckte ein Beduinenjunge während der Suche nach einer verirrten Ziege. Das war 1947. Inzwischen gaben die elf Höhlen Hunderte von Handschriften frei, alle sorgsam in versiegelten Tongefäßen verwahrt und aufgrund der Trockenheit, die rund um das Tote Meer herrscht, hervorragend konserviert. Der Fund zählt zu den aufregendsten archäologischen Entdeckungen unseres Jahrhunderts und enthält biblische und andere Texte, die vor nahezu zweitausend Jahren verfaßt wurden.

An den seichten Stellen des Sees haben sich interessante Salzkrusten gebildet – vorherrschende Mineralsalze sind Kaliumkarbonat (Pottasche) und Magnesium sowie das bekannte Natriumchlorid (Kochsalz).

Obwohl der Jordan und weitere kleinere Zuflüsse täglich bis zu sieben Millionen Tonnen Wasser in das abflußlose Tote Meer einspeisen, läßt die intensive Hitze des Jordantals eine noch größere Menge verdunsten. Die angeschwemmten Minerale und Salze aber verflüchtigen sich nicht, was diesen See zu einem der salzhaltigsten Gewässer der Erde macht. Mit einem Mineralgehalt von rund dreißig Prozent ist das Tote Meer fast zehnmal salziger als normales Meerwasser (3,5 Prozent). Daher auch der hebräische Name: »Yam Hammelah« heißt soviel wie »Meer aus Salz«.

Häufig schimmert das Tote Meer in tiefem, metallischem Blau, da die Salze dem Wasser ein öliges Aussehen verleihen. In diesem Gewässer unterzugehen, ist wegen des starken Auftriebs ebenso unmöglich wie normales Schwimmen; bequemer ist es, sich wie in einen Liegestuhl einfach ins Wasser zu »setzen«. Der Salzgeschmack ist so intensiv, daß man ihn noch lange Zeit auf der Zunge spürt, und selbst der kleinste Kratzer in der Haut brennt höllisch, wenn er mit der Salzbrühe in Berührung kommt.

Von den heißen Quellen und den Moortümpeln im südlichen Teil erhoffen sich viele Kranke Linderung ihrer Beschwerden; schon Herodes der Große soll hier therapeutische Bäder genommen haben. Steigende Touristenzahlen haben zum Bau einer langen Reihe von Hotels geführt, die es den Gästen ermöglichen, ihre Schlammbäder in einem klimatisierten Badezimmer zu absolvieren.

Das Tote Meer liegt 396 Meter unter dem Meeresspiegel am nördlichen Ende des Ostafrikanischen Grabens. Genaugenommen ist es gar kein Meer, sondern ein riesiger Salzsee mit zwei Becken, die zusammen rund 72 Kilometer lang und 14 Kilometer breit sind. Wegen des extremen Salzgehalts beschränkt sich das Leben im Toten Meer auf einige salztolerante Bakterienarten.

Die Küsten des Toten Meeres sind nicht weniger bemerkenswert als der See selbst. Wo das Wasser verdunstet ist, türmen sich riesige Salzbrocken, hinter denen sich das trockene, braune Hügelland zu zerklüfteten, staubigen Gipfeln erhebt. Weiter nördlich nehmen die Hügel eine rötliche Färbung an und leuchten im Licht der Nachmittagssonne manchmal fast scharlachrot. Die weißen Salzsäulen dagegen findet man ganz im Süden.

Die Bibel berichtet von den Städten Sodom und Gomorrha, in denen die Sünde überhand genommen hatte, und die deshalb vernichtet werden sollten. Ein einziger ehrenwerter Mann – Lot – lebte dort, und der Herr warnte ihn, damit er mit seiner Familie fliehen könne. Er erhielt die Anweisung, sich während der Flucht keinesfalls umzudrehen. Lots Frau jedoch konnte dieser Versuchung nicht widerstehen, weshalb sie in eine jener Salzsäulen verwandelt wurde, die heute bei der modernen Stadt Sedom zu sehen sind.

Das Tote Meer ist ein merkwürdiger, fast unheimlicher Ort. Es herrscht eine beunruhigende Stille, kein Vogel singt, und wegen der konstanten Verdunstung ist der See häufig in einen gespenstischen Nebel gehüllt. Hinzu kommen der starke Schwefelgeruch des Sees und Temperaturen von oft über 40 °C. Kein Wunder, daß sich hier kein Leben halten mag.

Das Tote Meer markiert den tiefsten Punkt der Erdoberfläche.

Felsenfestung Masada

Auf einem hohen, das Tote Meer überblickenden Felsplateau ließ Herodes der Große die Festung Masada errichten. Der größten Gefahr der Anlage, dem Wassermangel, beugte man durch die Bohrung tiefer Brunnen vor, so daß die Stadt auch was die Versorgung mit dem kostbaren Naß anging, unabhängig war. Archäologen haben die Überreste von Wohnhäusern, mächtigen Verteidigungswällen sowie Herodes' »Vergnügungspalast« freigelegt, einen riesigen Bau mit eigenen Thermen.
Nach Herodes lebte in Masada eine Judengemeinde. 70 n. Chr. eroberten die Römer Jerusalem, zerstörten bedeutende Tempel und wollten dem ganzen Land ihre Gesetze aufzwingen. Die 960 Juden in Masada aber verweigerten den Römern den Gehorsam, weshalb die feindlichen Truppen mehr als ein Jahr und unendliche Mühe auf den Bau einer Angriffsrampe verwandten. Doch anstatt sich zu ergeben, beging die gesamte jüdische Glaubensgruppe in einem letzten Akt des Widerstandes gegen die Römer nach einer bewegenden, überlieferten Rede ihres Anführers Massenselbstmord.

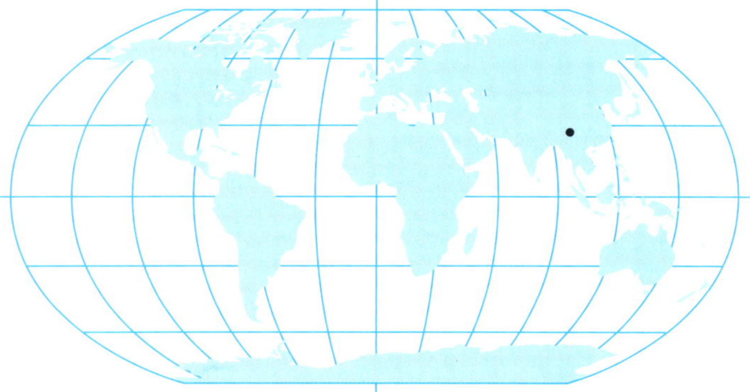

China

DIE WÄLDER VON SZETSCHUAN

Die gebirgige Provinz Szetschuan in Zentralchina bildet die letzten Zuflucht des Riesenpandas.

Wie viele andere Teile dieses riesigen Landes öffnet sich auch die Provinz Szetschuan (Sichuan) zunehmend dem Tourismus. Der Flughafen von Chengdu bietet direkte Verbindung zu den verschiedenen Reservaten, die zum Schutz des gefährdeten Pandas eingerichtet wurden.

Die Goldstumpfnase

Dieser scheue Stumpfnasenaffe lebt in 1500 bis 3500 Metern hoch gelegenen Wäldern, bevorzugt im Rhododendron-Dickicht, und wagt sich nur selten zum Trinken auf den Boden hinunter. Die Häfte des Jahres liegt diese Region unter einer dicken Schneedecke, doch verlassen die Tiere ihr hochgelegenes Refugium nur in extrem harten Wintern.
Mit einer Population von weniger als 15 000 Tieren ist die Goldstumpfnase stark bedroht. Wie der Riesenpanda hat sie unter der Zerstörung ihres Lebensraumes zu leiden, gilt darüber hinaus aber auch als geschätzte Jagdbeute, da ihr Fell Rhematismus vorbeugen soll. Die mächtigen Fürsten der Mandschurei ließen sich aus ihrem Pelz ganze Umhänge fertigen.

Rechts: Die subtropischen Waldgebiete von Szetschuan sind die letzte Zuflucht des Riesenpandas (Bambusbär).

Die Berge Daxiangling, Xiaoxiongling, Qionglai Shan und Min bilden eine Art Korridor, der sich vom östlichen Rand des Hochlands von Tibet bis zum Qin-Ling-Gebirge in der Provinz Schensi (Shaanxi) erstreckt. Auf diesem schmalen Landstreifen liegt das letzte große Stück Bambuswald – natürlicher Lebensraum des Riesenpandas. Doch auch hier wurden bereits große Teile des Waldes zerstört, in Acker- oder Bauland umgewandelt oder als Brennholz gefällt. Besonders gravierend waren die Verluste während der Kulturrevolution Ende der sechziger, Anfang der siebziger Jahre, und die einst weitreichenden Waldgebiete beschränken sich heute auf vereinzelte Enklaven.

Die Berghänge tragen üppige Vegetation, u. a. durch die verschiedenen Klimazonen bedingt: von Gletscherregionen, die wie der Gipfel des Mount Siguniang (8534 m) unter ewigem Eis liegen, bis zu dem subtropischen Wald auf 1100 Meter, wo über 4000 Pflanzenarten gedeihen, darunter viele Heilkräuter, aber auch Arten, die wie die farbenprächtigen Rhododendren, Magnolien, Buddlejen, Kotoneaster und Rosen als Kulturpflanzen Einzug in westliche Gärten gehalten haben.

Einst bedeckte der Wald große Landstriche, und der Bambusbär, war weit verbreitet. Mit dem Rückgang des Bambuswaldes ist auch seine Population geschrumpft; heute bilden die Bergwälder der Provinz Szetschuan (Sichuan) die letzte Zuflucht des von groß und klein geliebten Bären. Doch selbst hier ist sein Überleben bedroht, weil die einzelnen Waldstücke weit auseinander liegen und der Bambus – Grund- und Hauptnahrung des Riesenpandas – einen merkwürdigen Lebenszyklus zeigt. In der Abhängigkeit des Tieres vom Bambus liegt überhaupt der Grund für seine Gefährdung, denn der Panda ist nicht in der Lage, sich an irgendeine andere Nahrung zu gewöhnen.

Bambus blüht in periodischen Zyklen zwischen vierzig und sechzig Jahren und stirbt entsprechend in Massen ab. Ganze Wälder können so mit einem Mal zugrunde gehen. Zwar keimen die Bambussamen gut, wachsen aber sehr langsam, so daß es über zehn Jahre dauert, bis so ein Waldstück wieder Riesenpandas ernähren kann. Mitte der siebziger Jahre ereignete sich ein solches Bambus-Massensterben in mehreren der verbliebenen Bambushaine und führte dazu, daß viele Riesenpandas verhungerten, weil es keine Ausweichmöglichkeit auf andere Gebiete gab. Das führte zur Ergreifung von Maßnahmen, die den Bambusbären und seinen Lebensraum vor dem Aussterben bewahren sollen.

Zwei bereits existierende Naturschutzgebiete wurden zu Riesenpanda-Reservaten erklärt, denen neun weitere folgten – darunter das über 5000 Quadratkilometer große Wolong. Erfreulich ist, daß diese neuen Schutzzonen vorhandene Reservate verbinden, so daß die Tiere beim nächsten Massenblühen und -sterben die Möglichkeit haben, in andere Teile auszuweichen. Dazu kommt der Vorteil, daß sich Riesenpandas verschiedener Gebiete paaren können und vielleicht widerstandsfähigere Tiere entstehen.

Der sorgenvoll dreinschauende Riesenpanda ist zum Symbol aller bedrohten Tierarten geworden, doch stehen wenige so dicht am Rande des Aussterbens. Obwohl große Anstrengungen unternommen werden, leben heute schätzungsweise nur noch 750 Tiere in freier Wildbahn. Sollten die Bambuswälder weiter zurückgehen, sind auch weitere bedrohte Tierarten akut gefährdet. Mittlerweile aber profitieren auch Takin (Rindergemse), Schopfhirsch und die nur hier vorkommende Goldstumpfnase von den Naturschutzmaßnahmen dieser Region.

Oben: Das ökologische Gleichgewicht zwischen Riesenpanda und Bambus wurde durch den Menschen gefährlich gestört.

Vögel auf dem Waldboden

Farbenprächtige Fasane, die im Unterholz der Bergwälder ungestört leben können, sind in Szetschuan (Sichuan) weit verbreitet. Der Kupferfasan zum Beispiel (Familie der Bindenschwanzfasane), schimmert wie das blankpolierte Metall. Bankivahühner (Gattung Kammhühner), von denen unser Haushuhn abstammt, tragen um das fast nackte Gesicht fleischige Kopfanhänge. Im Gegensatz zu den domestizierten Arten wechseln die Wildhähne aber zwischen schlichtem Ruhe- und prächtig gefärbtem »Hochzeitskleid«. Leider sind viele einst verbreitete Vogelarten heute selten geworden.

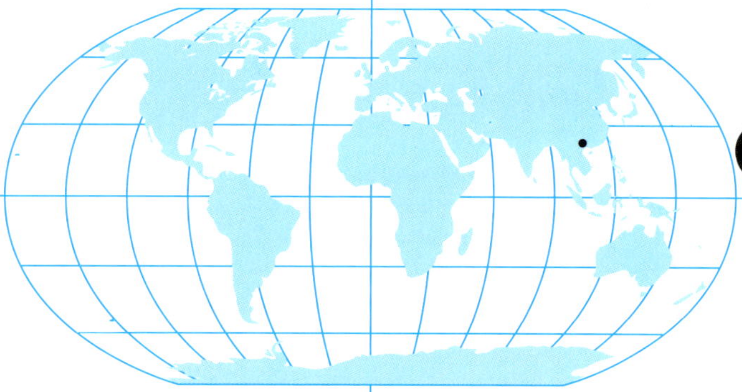

China

GUILIN-BERGLAND

Steil erheben sich rundkuppige Kalksteinhügel aus der Ebene zu Chinas malerischstem Naturwunder.

Die Stadt Guilin (früher Kweilin geschrieben) liegt rund 1700 km von Beijing (Peking) und 1300 km von Shanghai entfernt und verfügt über einen großen Flughafen. Sie gehört zur südchinesischen Provinz Kwangsi (Guangxi) und ist über ein weitreichendes Straßennetz mit anderen größeren Städten der Region verbunden.

Übersetzt bedeutet »Guilin« »Wald aus Kassiabäumen«, doch wäre »Wald aus Hügeln« passender für die Felsen, die an den Ufern des Flusses Li aus der Ebene aufragen. Die dicken Kalksteinschichten, aus denen die Hügel bestehen, entstanden aus fossilem Material auf dem Meeresboden. Jahrmillionen später hob sich das Land, und säurehaltiges Regenwasser begann jene Felsen anzugreifen, die bereits Risse aufwiesen. Bei einer weiteren Aufwölbung brachen die bereits angegriffenen Gesteinsmassen zusammen, und zurück blieben nur jene freistehenden Felsnadeln, deren Kalkstein der Erosion besser getrotzt hatte – Paradebeispiel für den sogenannten tropischen Kegel- und Turmkarst.

Rechts: Fischzucht und Reisanbau prägen das Bild der Ebene zu Füßen des Berglandes von Guilin.

Guilin ist Teil einer riesigen Karstlandschaft, die sich quer durch das mittlere Südchina bis zur nordvietnamesischen Grenze zieht. Durchschnittlich hundert Meter hoch, erheben sich die steilwandigen Hügel schroff aus den grünen Talböden und verschwimmen in der Ferne. Viele tragen Bewuchs aus Büschen und niederen Bäumen, die in Spalten Halt gefunden haben. Andere erstrahlen zur Zeit der Orchideenblüte in den herrlichsten Farben. An diesigen Tagen, wenn sich ihre nebelverhangenen Konturen in den Wassern des Flusses spiegeln, üben die Hügel eine geradezu magische Faszination aus, die Maler und Dichter vieler Jahrhunderte inspiriert hat.

Die Kalksteinfelsen sind von Höhlen und unterirdischen Flüssen und Gängen durchzogen. Im Zweiten Weltkrieg suchten viele Menschen hier Schutz vor japanischen Bombenjägern. In den sechziger Jahren waren sie Schauplatz blutiger Kämpfe, als Teile der Roten Armee Faktion die Region in ein Schlachtfeld verwandelten. Wieder suchten viele in den Karsthöhlen Unterschlupf. Bekannt ist vor allem die sogenannte Schilfrohr-Querflöten-Grotte, Teil eines weitläufigen Höhlensystems mit schönen Tropfsteinen. Von der Decke hängen Hunderte Stalaktiten von der Größe kleiner Flöten, die Klänge von poetischer Schönheit von sich geben.

Mit dem Hof der Ming-Dynastie, der 1664, als Mandschus Beijing besetzten, nach Guilin verlegt wurde, kamen einige Jesuiten in die Region. Abgesehen von einer Gruppe portugiesischer Seeleute, die 1550 hier in Haft saßen, waren sie die ersten Abendländer, die das Guilin-Bergland erblickten. 1949 von den Kommunisten abgeriegelt, wurde die Stadt erst 1973 wieder für Touristen geöffnet, aufgrund ihrer natürlichen Schönheit aber rasch zu einem der meistbesuchten Orte Chinas.

Im Umland von Guilin liegen fruchtbare Lehmböden, oft wird das Grundwasser zu Bewässerungszwecken an die Oberfläche gepumpt. Manche unterirdischen Ströme liefern darüber hinaus Energie für Wasserkraftwerke.

Die spektakulären Tropfsteine der »Schilfrohr-Querflöten«-Grotte.

Karstlandschaft

Nach einer Region im früheren Jugoslawien benannt, entstehen Karstlandschaften in Kalk- und Gipsgesteinen. Charakteristisch für diese geomorphologische Erscheinung sind wasserarme Oberflächen, da aller Niederschlag versickert und das Gebiet in unterirdischen Flüssen entwässert.
Kalkstein besteht fast ausschließlich aus Kalziumkarbonat. Das durch Kohlendioxidgehalt leicht saure Regen- und Grundwasser kann, wenn es in kleine Felsspalten dringt, Kalkstein lösen. Ganze Ströme, die über härteres Gestein flossen, verschwinden so zuweilen plötzlich unter der Erdoberfläche, sobald sie den weicheren Kalkstein erreichen, um manchmal an ganz anderer Stelle als sogenannte Karstquellen wieder auszutreten.
Typische Karsterscheinungen sind auch Höhlen und Grotten mit Stalagmiten und Stalagtiten.
Besonders spektakuläre Tropfsteinformationen findet man etwa in den Frasassi-Höhlen in Italien und im Réseau Jean-Bernard im Vorgebirge der französischen Alpen. Die Höhlen bilden ein Labyrinth aus Gängen, Tunnels und Grotten, durch die sich zuweilen unterirdische Flüsse schlängeln. Der Réseau Jean-Bernard – die tiefste bekannte Höhle – fällt bis auf 1602 Meter ab.

China

GELBER FLUSS, HUANG HE

Als einer der mächtigsten Ströme Chinas, bringt der Gelbe Fluß seinen Anwohnern Wohlstand und Verderben.

Das Delta des Gelben Flusses liegt gut 300 km südlich von Peking (Beijing). Über einen Großteil seines Laufes kann man dem Wasserlauf mit Auto und/oder Bahn folgen, einige Abschnitte, vor allem im Oberlauf, sind jedoch sehr abgelegen und entsprechend schwierig zu erreichen. Von Lanzou aus bietet sich ein wunderbarer Blick über den Fluß, der hier von den Bergen herab in die Lößebene strömt.

Der Gelbe Fluß entspringt im Osten des Hochlands von Tibet, rund 160 Kilometer westlich des Sees Gyaring Hu und fließt von dort 5463 Kilometer weit bis zum Gelben Meer. Als viertlängster Fluß Asiens, rangiert er, was sein Einzugsgebiet betrifft, mit rund 979 000 Quadratkilometern nur an siebter Stelle, wenn man das Ganges-Brahmaputra-Becken in Indien und Tibet mitrechnet. Das Bayan-Har-Shan-Gebirge, Quellgebiet zahlreicher Zuflüsse des Huang He, liegt nur knapp fünfzig Kilometer nördlich der Quellen des Jangtsekiang, Asiens längstem Strom.

Rechts: Der Gelbe Fluß zeigt auf seiner langen Reise viele Gesichter. Hier, im oberen Teil seines Laufes bei Xining, fließt er breit und behäbig.

Gegenüber: Zerklüftete Lößformationen in der Nähe von Lanzhou.

Seinen deutschen Namen verdankt der Gelbe Fluß der Farbe des Wassers, das aus dem Lößboden große Mengen gelber Erde auswäscht. »Huang He« aber bedeutet »Kummer der Söhne des Han« und bezieht sich auf häufige Überschwemmungen, die den Anwohnern oft Verderben bringen.

Mehr als tausendmal soll der Strom über die Ufer getreten sein und Dämme zerstört haben, und in den letzten zwei Jahrtausenden hat er seinen Lauf mehr als zwanzigmal geändert. Wie im Fall vieler anderer Flüsse, sind die Überflutungen aber auch segensreich, da nach dem Rückgang des Wassers die angeschwemmten Sedimente auf den Feldern bleiben und dem Land neue Fruchtbarkeit schenken.

Die ersten 1100 Kilometer des Oberlaufs liegen in abgeschiedenen Landesteilen. Fast 2500 Meter fällt der Fluß hier auf seinem Weg durch das Hochland von Tibet über Stromschnellen und durch Schluchten ab, erreicht dann die Wüstengebiete der Inneren Mongolei und schließlich die Lößebene, in die er tiefe Schluchten schneidet. Wesentlich an Geschwindigkeit verliert der Fluß beim Durchqueren der Alluvialebene der Ordo-Wüste. Auf dem Weg südwärts, der durch schmale Schluchten führt, wird er wieder schneller, wendet sich dann nach Osten und verbreitert dort sein Bett. Hier treten die häufigsten Überschwemmungen auf.

Mit durchschnittlich etwa 28 Kilogramm Schwebstoffen pro Kubikmeter Wasser zählt der Gelbe Fluß zu den sedimentbeladensten Wasserläufen der Welt. Zum Vergleich: Beim Nil sind es ca.1 Kilogramm, beim Colorado River ca. 8,4 Kilogramm. Bei Überschwemmungen kann die Sedimentkonzentration bis auf über 660 Kilogramm pro Kubikmeter steigen – rund siebzig Prozent des Volumens. Jährlich transportiert der Fluß also etwa 1500 Tonnen Schlick zum Meer. Diese gigantische Menge ist nur möglich aufgrund der relativ hohen Fließgeschwindigkeit, die selbst durch das umfassende Bewässerungssystem in den Ebenen kaum gemindert wird.

Der Gelbe Fluß war nie schiffbar, nur die letzten 150 Kilometer vor dem Mündungsgebiet ließen sich befahren. Nun wurde durch den Bau eines Dammes ein über zweihundert Kilometer langer Stausee geschaffen, der ein gigantisches Wasserkraftwerk speist und in Verbindung mit weiteren in Planung befindlichen Staustufen längere Streckenabschnitte sowie einige Zuflüsse des Stromes als Transportweg nutzbar machen soll.

Löß

Sandstürme in der Wüste zeugen von der immensen Erosionskraft des Windes. Vermindert sich die Windgeschwindigkeit, fallen die schwereren Sandkörner aus, die kleineren, leichten aber werden über unglaublich weite Strecken transportiert. Setzen sie sich schließlich, bezeichnet man sie als Löß. Weite Teile Nordchinas liegen unter einer mehrere Meter dicken Schicht Löß, ausgeweht aus den westlich gelegenen Trockenwüsten. Sobald sich Gräser in dem mehlfeinen Sandstaub angesiedelt haben, halten ihre Wurzeln den Boden zusammen und festigen ihn. Die meisten heutigen Lößböden entstanden, als sich die Eismassen der letzten Eiszeit zurückzogen und ein riesiges Gebiet mit feinkörnigen Glazialablagerungen zurückließen, die im Laufe der Jahrtausende verwitterten. Lößboden ist ausgesprochen fruchtbar. In China baut man auf Lößterrassen vorwiegend Reis an. Löß ist aber auch sehr weich, weshalb ganze Höhlendörfer in das Gestein gehauen werden. Andererseits richten Erdbeben in Lößlandschaften verheerende Schäden an, da ganze Hügel in Bewegung geraten, Dörfer unter sich begraben und Ströme aufstauen können, was zu Überflutungen und weiteren Schäden und Erdrutschen führt. In der chinesischen Provinz Kansu starben bei Erdstößen in den zwanziger Jahren 300 000 Menschen – die meisten an indirekten Folgen ins Rutschen geratener Lößmassen. Den Bewohnern der Lößlandschaften gilt jedoch der unmittelbare Nutzen des fruchtbaren Bodens mehr als die nur latent drohende Gefahr einer Naturkatastrophe.

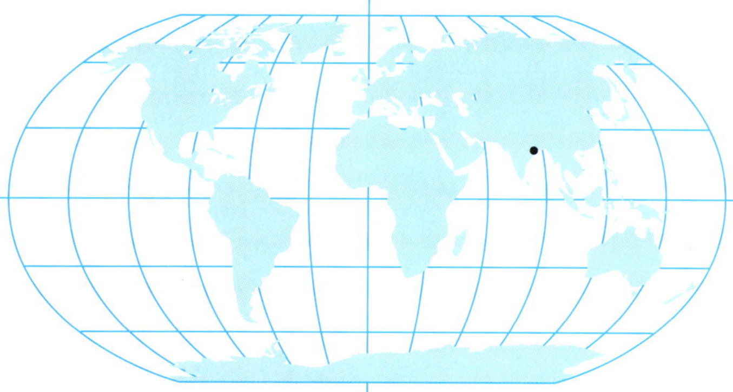

Indien, Bangladesch

DIE SUNDARBANS

Der größte Mangrovenwald der Erde.

Wo Ganges, Brahmaputra und Meghna in einem riesigen Delta in den Golf von Bengalen münden, erstreckt sich über das Grenzland zwischen Indien und Bangladesch ein Dschungelsumpf: die Sundarbans. Bester Ausgangspunkt für Exkursionen ist Dhaka in Bangladesch. In die tieferen Regionen der Mangrove vorzustoßen, sollte man jedoch Expeditionen überlassen.

Die Sundarbans – wörtlich übersetzt »Schöne Wälder« – bilden mit einer über 10 000 Quadratkilometer großen Fläche den größten Mangrovenwald der Erde. Wie weltweit viele andere Sumpfgebiete haben sie stark unter menschlichen Eingriffen zu leiden. Trockenlegung und andere bauliche Maßnahmen führen zur wachsenden Zerstörung wichtiger natürlicher Lebensräume. Indien ging hier mit gutem Beispiel voran, erklärte seinen Anteil an den Sundarbans zum Tigerreservat und verbot auf einem mehr als tausend Quadratkilometer großen Gebiet jegliche Art von Bodennutzung. Auch in Bangladesch wird man sich der Bedeutung dieser Naturlandschaft zunehmend bewußt und hat die gesamte Region als Waldschutzgebiet deklariert und zudem drei Wildreservate ausgewiesen, die 325 Quadratkilometer abdecken.

Das Delta wird von einem dichten, nahezu 6000 Quadratkilometer großen Mangrovegürtel gesäumt – dem einzigen der Welt, in dem es freilebende Tiger gibt.

Das feuchtwarme tropische Meeresklima bedingt einen unvergleichlichen Pflanzenreichtum mit Arten aus Südostasien, Polynesien, Äthiopien und der Neuen Welt. Über 334 Pflanzenarten wurden in dem feuchtwarmen Klima gezählt, darunter allein 27 verschiedene Mangrovenbäume und die faszinie-

renden Brettbäume oder Sundaris, von denen die Region ihren Namen erhielt.

Die Mangrove ist stark bedroht. Waldwirtschaft bildet einen wichtigen Erwerbszweig, und die Bäume werden als Bau- und Brennholz sowie für die Papierherstellung geschlagen. Außerdem werden fast 150 000 Tonnen Fisch pro Jahr in den geschützten Wassern des Deltas gefangen, dazu kommen große Mengen Krabben. Darüber hinaus liefert der Wald den Einheimischen große Mengen Honig und Bienenwachs.

Trotz dieser beträchtlichen Ausbeutung hat sich in den Sundarbans eine buntgefächerte Fauna mit mindestens 35 Reptil-, vierzig Säugetier- und mehr als 270 Vogelarten bewahrt. So eindrucksvoll diese Zahlen klingen, dürfen sie allerdings nicht über schwere Verluste hinwegtäuschen, denn Javanashorn, Sumpfhirsch und Asiatischer Wasserbüffel sind längst ausgestorben. Das Indische Panzernashorn steht auf der Liste der gefährdeten Arten; die letzten kaum 1700 Exemplare haben sich in die Ebenen des Brahmaputra in Nordostindien und in die Sumpfgebiete Zentralnepals zurückgezogen.

Die Sundarbans sind die letzte Zufluchtsstätte des Bengaltigers, dessen Bestand auf knapp siebenhundert Individuen geschätzt wird. Da diese majestätische Großkatze in dem Ruf steht, Menschen anzugreifen, wird sie leider nach wie vor – illegal – gejagt.

Die geschützten Küstengewässer vor den Mangrovesümpfen und die ungezählten Wasseradern des Mündungsgebietes sind die Heimat einer Vielzahl von Reptilien und Wassersäugetieren, darunter drei Krokodilarten, Ganges-, Irawadi- und Buckeldelphin sowie der flossenlose Schweinswal.

Für viele Küstenvögel – beispielsweise Möwen und Seeschwalben – sind die Sundarbans unersetzlicher Brutplatz und Winterquartier. Von den mehr als dreißig hier heimischen Greifvogelarten sollen nur Indischer Schlangenhabicht und Bandseeadler genannt sein.

Trotz diverser Schutzmaßnahmen ist das einzigartige, hochempfindliche ökologische Gleichgewicht der Mangrovelandschaft akut gefährdet. Neben übermäßiger Ausbeutung und Umweltverschmutzung droht vor allem das Risiko verminderter Süßwasserzufuhr, was zu Übersalzung führen und die Mangroven absterben lassen würde. Hoffen wir, daß die Verantwortlichen weitsichtig genug sind, dieses wunderbare Naturgebiet vor weiteren Schäden zu bewahren.

Oben: Obwohl er geschützt ist, wird der Bengaltiger nach wie vor gejagt.

Gegenüber: Die dichte Mangrove bietet vielen seltenen Tieren Lebensraum.

Mangrove

Als Mangrove bezeichnet man die immergrüne Vegetation im Gezeitenbereich flacher tropischer Küstenregionen. Die optimal an die Überlebensbedingungen des Gezeitensumpfes angepaßten Gewächse spielen eine bedeutende Rolle bei der Befestigung dieser Küsten. Über Luftwurzeln nehmen sie Sauerstoff auf, der den unter Wasser verankerten Wurzeln nicht zur Verfügung steht. Sinken diese Luftwurzeln bei zunehmender Verlandung, treiben sie neue Ausläufer, die den Sumpfwasserspiegel überragen. Mangrovenbäume bilden spitz zulaufende Samen, die tief in den Sumpf unter dem Mutterbaum eindringen. So können sie nicht fortgespült werden, und die jungen Pflanzen keimen inmitten eines Wurzelgeflechts, das ihnen maximalen Schutz bietet.

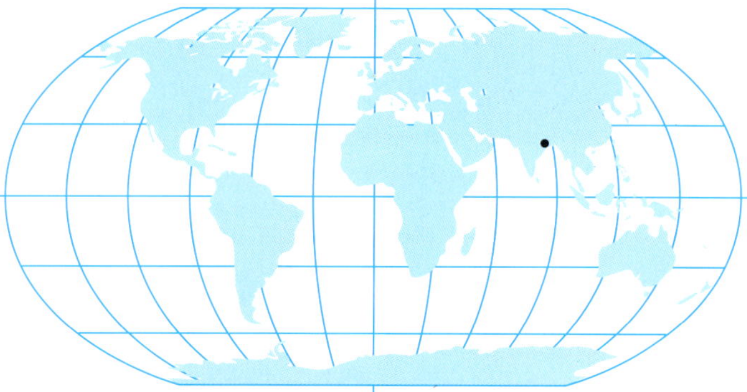

Bangladesch

DER GOLF VON BENGALEN

Die mächtigen Ströme Ganges, Brahmaputra-Jamuna und Meghna vereinigen sich an der Küste von Bangladesch und münden in den Golf von Bengalen.

Dhaka, die Hauptstadt von Bangladesch, ist fast völlig von indischem Territorium umgeben. Zwischen Dhaka und dem Mündungsgebiet verlaufen mehrere große Straßen, doch wird die Verbindung häufig vom Monsun unterbrochen.

Rechts: 1991 richtete ein Zyklon im Distrikt Chittagong schwere Verwüstungen an.

Gegenüber: Tief gelegene Siedlungen wie Demra Bustee, Bangladesch, laufen beständig Gefahr, überflutet zu werden.

Bangladesch liegt im oberen Teil einer der größten Schwemmlandebenen der Erde, wo sich drei gigantische Ströme in viele Tausend Kanäle auffächern und gemächlich einen Weg zum Meer suchen. Selbst die Sechs-Millionen-Stadt Dhaka liegt nur acht Meter über dem Meeresspiegel, und zur Monsunzeit sind Überschwemmungen von einem Meter Höhe und mehr keine Seltenheit. Das Wasser ist sowohl für große Fruchtbarkeit als auch für die verheerenden Katastrophen verantwortlich, die fast regelmäßig über diese Landschaft hereinbrechen.

Im Norden des Staatsgebietes erhebt sich der Himalaya, in dessen schneebedeckten Gipfeln die Ströme entspringen. Der Brahmaputra-Jamuna kommt aus Tibet und weist auf seinem fast dreihundert Kilometer langen Weg zum Golf von Bengalen ein Gefälle von mehr als 4800 Metern auf. Der Ganges mäandert durch weite Teile Nordindiens, bevor er sich in zahllose kleine Wasseradern aufspaltet, die sich beständig neue Wege suchen. Der Meghna ist der wasserärmste der drei Flüsse, richtet bei Überschwemmungen aber dennoch gravierende Schäden an. 1991 spülte er in nur zehn Tagen über sechzig Meter Land fort, vernichtete Wohnstätten und Ernten. Viele Tiere ertranken in den Fluten.

Zwar hat man in Bangladesch mittlerweile mehr als 4000 Kilometer Uferbefestigung errichtet, doch zeigen die meisten Versuche, die Ströme zu zähmen, wenig Erfolg. Schmelzwasser vom Himalaya und Monsunregen lassen die Flüsse anschwellen, überfluten alljährlich ein Fünftel des Staatsgebietes und tragen weite Landesteile ab. Doch bringen die Wassermassen auch Segen: Zusammengenommen lagern die drei Ströme pro Jahr zwei Milliarden Tonnen Schlick ab, und wenn kleine Inseln (Chars) fortgespült werden, entstehen anderswo neue. Zudem beschert die Flut Fischreichtum und Algen, die auf natürlichem Wege die Felder düngen.

Pläne, die Ströme ähnlich wie den Mississippi einzudämmen, sind nach der Überschwemmungskatastrophe, die in den USA 1993 allen Schutzmaßnahmen zum Trotz passierte, stark in Frage gestellt. Das fünfzig Millionen Dollar teure Meghna-Dhonagoda-Bewässerungs-Projekt soll die Überflutung und Erosion von mehr als zweihundert Quadratkilometern ertragreichen Ackerlandes verhindern. Trotz hoher Uferdämme aber haben die Ströme nach wie vor die Oberhand. Seit 1979 haben sich die Wassermassen erneut über 1,5 Kilometer Land erobert. Das Problem ist zum Teil in der gewaltigen Strömungskraft der Flüsse zu suchen, zum anderen in der Geschwindigkeit, mit der das Wasser über die Ufer tritt.

Die im Golf von Bengalen häufigen tropischen Tiefdruckgebiete lassen Wirbelstürme von gewaltiger Zerstörungskraft entstehen. Allein in den letzten dreißig Jahren wurde Bangladesch von 16 Zyklonen heimgesucht, die mit Windgeschwindigkeiten von über 120 Stundenkilometern über das Land fegten. Vom Wind getrieben, suchen sich verheerende Stürme ihren Weg ins Landesinnere und hinterlassen Schneisen des Todes und der Verwüstung. In einigen Regionen wurden inzwischen Schutzbunker aus Beton errichtet, doch zeigen die Verlustmeldungen des Sturmes vom 1991, daß Land und Menschen den Naturgewalten noch immer weitgehend hilflos ausgeliefert sind.

Der Zyklon von 1991

Am 29. April 1991 kündigten Satellitenaufnahmen Bangladesch einen der gewaltigsten Wirbelstürme an, die die Region je erlebt hatte. Es blieb wenig Zeit für Evakuierungsmaßnahmen, und viele Menschen hätten auch gar keinen Ort gewußt, an dem sie hätten Schutz suchen können. Als der Sturm das dicht besiedelte Gebiet zwischen Cox Bazar und Chittagong erreichte, betrug die Windgeschwindigkeit bereits knapp 250 Stundenkilometer. Sechs Meter dicke Schutzwälle stürzten wie Kartenhäuser zusammen. Schätzungen zufolge starben 139 000 Menschen und eine halbe Million Tiere an den Folgen des Zyklons.

Schutz gegen das Hochwasser

Im Jahr 1993 geriet die US-amerikanische Regierung ins Kreuzfeuer, weil der Mississippi über die Ufer trat und gravierende Schäden verursachte; mehrere Milliarden Dollar teure Hochwasserschutzmaßnahmen hatten keine Wirkung gezeigt. Die Überschwemmungen brachen die bisherige Rekordmarke. Dreißig Menschenleben und enorme Sachschäden waren zu beklagen. Auf einem 450 Kilometer langen Abschnitt mußten sämtliche Brücken gesperrt werden.

Die ersten Versuche, den Wasserstand des »Old Muddy« in den Griff zu bekommen, liegen rund sechzig Jahre zurück. An einigen Stellen baute man »Abkürzungen«, um den Fluß am Mäandern zu hindern; riesige Sumpfgebiete wurden trockengelegt. Die Katastrophe von 1993 hat jedoch gezeigt, daß die Natur allemal stärker ist als der menschliche Erfindungsgeist.

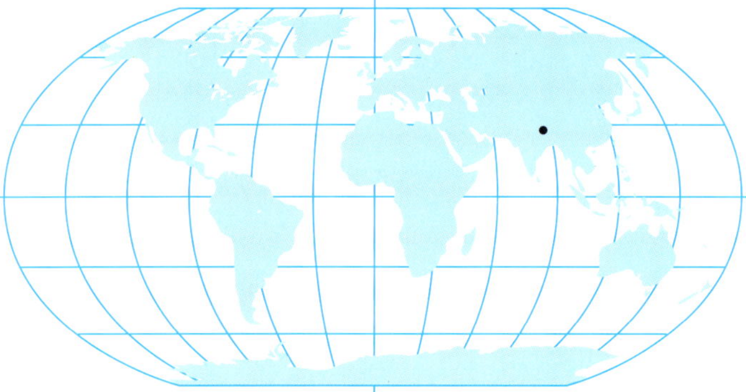

Tibet

DER HIMALAYA

Das höchste Gebirge der Erde bildet eine Schranke zwischen dem indischen Subkontinent und Asien.

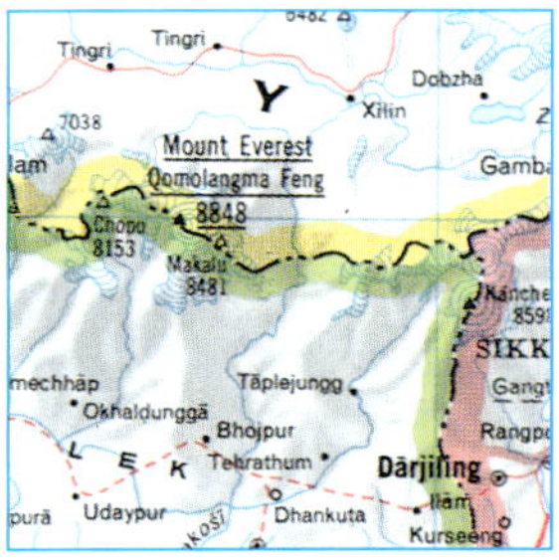

Himalaya-Besucher fliegen oft nach Indien oder Pakistan und fahren von dort nach Norden, um sich einer Expedition anzuschließen. Von Tibet aus ist der Zugang zum »Dach der Welt« komplizierter.

Zum Himalaya, dem mächtigsten und gewaltigsten Gebirgsmassiv unserer Erde, gehören zehn der vierzehn Achttausender unseres Planeten und über zweihundert Siebentausender. Die südamerikanischen Anden sind mit rund 7500 Kilometern zwar länger, aber nicht so hoch wie das Himalaya-Massiv.

Zahlen und Fakten sind eine Sache, der ehrfurchtgebietende Anblick des Himalaya eine gänzlich andere. Der nepalesische Name des Mount Everest wird der majestätischen Schönheit denn auch viel eher gerecht und würde auf die gesamte Gebirgskette passen: Chomolungma – Göttin-Mutter allen Schnees.

Der Himalaya, zu dem auch der Karakorum-Gebirgszug gerechnet wird, erstreckt sich rund 2500 Kilometer weit quer über den Nordrand des indischen Subkontinents und trennt diesen vom nördlich gelegenen Asien. Von Nordwesten, im nördlichsten Teil Paki-

stans, verläuft das Karakorum-Gebirge über Kaschmir in südöstliche Richtung. Der Himalaya nimmt einen weiten Bogen nach Osten, umfaßt die Hochgebirgskönigreiche Nepal, Sikkim und Bhutan und führt schließlich in die Provinz Arunachal Pradesh im Nordosten von Assam. Die nördlichen Grenzen dieser Länder verlaufen entlang der Wasserscheide des Gebirgszugs – nördlich davon liegen die chinesischen Gebiete Tibet und Turkestan. Im Westen des Karakorum teilt sich das Gebirgsmassiv in Pamir und Hindukusch, im Osten schwenkt es nach Süden und verliert in Richtung Birma deutlich an Mächtigkeit.

Die Menschen des Himalaya verspürten nie den Drang, die Gipfel ihrer Umgebung weiter als nötig zu erkunden, und so blieben die Erstbesteigungen weitgehend Europäern vorbehalten. Im 19. Jahrhundert, als frühe Bergsteiger noch die Alpengipfel zu erklimmen suchten, beschäftigte man sich im Landesvermessungsamt von Britisch-Indien damit, den höchsten Gipfel zu bestimmen. 1856 folgerten die dortigen Wissenschaftler aus Berechnungen, daß Gipfel Nr. XV seine Nachbarn noch überragte. Man erklärte ihn zum höchsten Berg der Welt und benannte ihn nach Colonel Sir George Everest, dem langjährigen Leiter des Vermessungsamtes.

In der Zeit zwischen den Weltkriegen scheiterten mehrere Versuche, den 8848 Meter hohen Gipfel von Tibet aus zu bezwingen. Doch erst nach Ende des Zweiten Weltkriegs, als auch Nepal seine Grenzen für Expeditionen öffnete, glückte die Erstbesteigung: Am 29. Mai 1953 erreichten der Neuseeländer Edmund Hillary und der Sherpa Tenzing Norgay den Gipfel.

Wen wundert es, daß der mächtigste Gebirgszug unseres Planeten mit noch weiteren Superlativen aufzuwarten vermag: Siachen ist mit 76 Kilometern der längste Gletscher außerhalb der Polarzonen, und der Mount Rakaposhi (7788 m) hat die steilste Felswand: 5,99 Kilometer (senkrechte Höhe) ragt das blanke Gestein vom Hunza-Tal auf einer Strecke von zehn Kilometern mit einem Steigungswinkel von 31 Grad empor. Als höchste Felswand gilt die Südwand von Annapurna I (8091 m) im Himalaya, als längste Felswand die Rupal-Flanke des Nanga Parbat. Weitere bedeutende Gipfel des Massivs sind der K2 (8611 m) und der Kanchenjunga (8586 m).

Oben: Mount Everest (links) und Nuptse (rechts) im goldenen Licht der Abendsonne. Die Aufnahme entstand vom Kumbu in Nepal aus.

Links: Endlos weit reicht der Blick über die Schneefelder, Gletscher und Berggipfel des Himalaya (Nordindien).

Geologischer Background

Vor mehr als 200 Millionen Jahren spaltete sich der Urkontinent Pangäa in zwei Teile – Laurasia und Gondwanaland, aus denen später Nordamerika, Grönland, Europa und Asien respektive Südamerika, Afrika, Indien und Australien sowie Antarktika entstanden.
Als Gondwanaland auseinanderzubrechen begann, drifteten Südamerika und Australien an ihre heutigen Positionen, während sich Afrika und Indien gemeinsam in Richtung Norden bewegten, bis sie mit Eurasien kollidierten. Im Laufe von Jahrmillionen führte diese Aufschiebung, die bis heute andauert, zur Auffaltung des Grundgesteins und ließ so Gebirge wie die Alpen und den Himalaya entstehen.

DAS HOCHLAND VON TIBET

Die grandioseste Hochebene unseres Planeten.

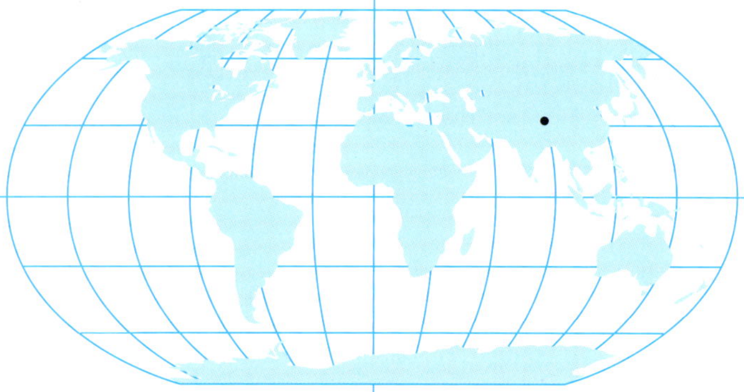

Tibet, die autonome Region Hsi-tsang (Xizang Zizhiqu), liegt in Westchina am Nordrand des Himalaya. Man erreicht sie vom Süden über Kaschmir, Nepal oder Bhutan oder von den östlich gelegenen chinesischen Städten Chengdu oder Lanzhou aus. In jedem Fall wird es eine abenteuerliche Reise.

Serengeti Asiens

Das Argin-Shan-Reservat ist mit einer Fläche von 45 000 Quadratkilometern das größte Naturschutzgebiet Chinas und zugleich eine der entlegensten Regionen unserer Erde. Die unberührte Landschaft, die an das 240 000 große tibetische Chang-Tang-Reservat grenzt, verdankt ihren Spitznamen »Serengeti Asiens« den riesigen Huftierherden, die über ihre weiten Grasflächen ziehen. Die Hochebenen durchstreifen vielköpfige Herden von Chiru (Tibetantilopen) und Kiang (Wildeseln), und viele andere Arten wie Tibetgazellen, Yaks, Steinböcke und Wildschafe grasen auf den hochgelegenen Bergwiesen. Zu den Raubtieren der Region zählt der wunderschöne, vom Aussterben bedrohte Schneeleopard.

Oben: Nomaden mit ihrer Yak-Herde in einem weiten Gebirgstal unweit vom Namtso-See im Hochland von Tibet.

Gegenüber: Schneebedeckt überragt der Kula Kangri das tibetische Hochland, das am Fuß seiner Westflanke beginnt.

Rund 200 000 Quadratkilometer groß, erstreckt sich das Hochland von Tibet auf der Nordseite des Himalaya bis nach Südasien. Die durchschnittliche Höhe des Plateaus liegt bei knapp 5000 Metern, doch ist es keine flache Ebene, sondern umfaßt auch Gebirgsregionen. Im Norden wird es von den Kunlun-Shan-Bergen begrenzt, hinter denen die zentralasiatische Steppenlandschaft beginnt.

Die Quellen von sechs der gewaltigsten Ströme Südasiens und des indischen Subkontinents befinden sich in dieser Region. Der Indus entspringt an der Nordflanke des Himalaya, fließt nordwestwärts bis zu dem Einschnitt zwischen Karakorum und Westhimalaya, wendet sich dann nach Süden zum Arabischen Meer. Östlich der Quellen des Indus liegen die des Brahmaputra, der Richtung Osten fließt, dann am östlichen Ende des Himalaya nach Süden und Westen abbiegt, um gemeinsam mit dem Ganges in die Bucht von Bengalen zu münden. Auf der Ostseite der Hochebene entspringen in nahezu parallel verlaufenden Tälern vier Flüsse: Salween und Mekong strömen durch Birma respektive Thailand südwärts, während der Jangtsekiang (Chang Kiang) und der Gelbe Fluß (Huang He) sich in Richtung Osten halten und ins Ostchinesische bzw. Gelbe Meer fließen. In ihrem Oberlauf und besonders, wenn sie vom Schmelzwasser der Gebirge gespeist werden, sind alle diese Flüsse reißende Ströme. Auf der weiten Ebene des Hochlands von Tibet schlängeln sie sich ruhiger durch breite Täler.

Das Hochplateau selbst ist relativ öde, aber von ehrfurchtgebietender Landschaft umgeben, und es ist nicht nur die dünne Luft, die Besucher den Atem anhalten läßt. Schneebedeckte Gipfelsäumen die endlos weiten Talebenen; kein Dunst oder Smog vernebelt die Sicht. Im Winter verwandelt sich die ganze Region in ein weißes Wunderland, unterbrochen nur von den dunklen Windungen der Ströme, die zu rasch fließen, um zu gefrieren, und den steil aufragenden schwarzen Felswänden, an denen sich kein Schnee hält. Während des kurzen Frühjahrs und Sommers breitet sich ein grüner Teppich über das Land. Bunte Blüten nutzen die kurze Wärmeperiode, um sich vor dem früh einsetzenden Winter auszusäen. Auch die Menschen nutzen diese Zeitspanne. Ziegen, Yaks und andere Nutztiere müssen auf die Weide, und wichtige Reisen zu Märkten können nur in dieser Jahreszeit unternommen werden, bevor der Schnee die Gebirgspässe wieder unpassierbar macht. Viele Tibeter leben als Halbnomaden in Zelten und wandern den Sommer über mit den Herden über das Land.

Religion spielt in Tibet eine wichtige Rolle, und der Religionsführer, der Dalai Lama, wird zugleich als König und politisches Oberhaupt angesehen. Viele Tibeter-Jungen träumen davon, eines Tages das charakteristische safranfarbene Gewand der Buddhisten-Mönche zu tragen. Priestern und Mönchen begegnet man in Städten und auf dem Lande häufig. Die meisten westlichen Besucher finden das einfache Leben der Tibeter faszinierend, doch nur die wenigsten wären bereit, die Entbehrungen eines solchen Daseins zu teilen.

Japan

DER FUDSCHIJAMA

Ein klassischer Strato- oder Schicht-Vulkan von nahezu perfekter Symmetrie.

Der Fudschijama erhebt sich rund 100 km südwestlich von Tokio (Tokyo) auf der Hauptinsel Honshu und ist mit Zug oder Auto gut erreichbar. In der näheren Umgebung liegen mehrere Orte, von denen aus man Ausflüge zu dem berühmten Berg unternehmen kann.

Im sanften Licht der Wintersonne bildet der Vulkankegel des Fudschijama den majestätischen Hintergrund zu einem vom Frost überreiften Wald.

Die Pazifiküste Japans erinnert an die vulkanische Vergangenheit des Landes: von längst erkalteten Lavafeldern über Gebiete mit heißen Quellen bis hin zu majestätischen Vulkanen, von denen 60 bis 65 noch immer aktiv sind. Viele japanische Feuerberge präsentieren sich in der klassischen Kegelform, doch der Fudschijama, den die Japaner als Wohnsitz der Götter verehren, ist der berühmteste.

Rund hundert Kilometer südwestlich von der Hauptstadt Tokio überragt der mit etwa 3798 Metern höchste Berg Japans die Hauptinsel Honshu. Von Süden aus gesehen, bietet er ein Bild einsamer Schönheit, und seine symmetrischen Hänge führen steil zum Gipfel hinauf, der den Zentralkrater birgt. An der Südostflanke erkennt man Spuren des letzten Ausbruchs des derzeit ruhenden Vulkans, der sich 1707 ereignete. Die ältesten Laven werden auf etwa 8000 Jahre geschätzt, was auf ein für einen Vulkan sehr geringes Alter schließen ließe. Genauere geologische Untersuchungen und Bohrungen ins Berginnere haben denn auch ergeben, daß der Fudschijama auf zwei wesentlich älteren Feuerbergen basiert. Der ältere Ko-Fudschi, der vor etwa 50 000 Jahren ausbrach und bis vor 9000 Jahren tätig war, liegt völlig unter den Lava- und Ascheschichten des Fudschijama; ein Teil des etwas jüngeren Vulkans tritt an der Nordseite hervor.

Seine nahezu perfekte Symmetrie und die Tatsache, daß der obere Teil des Vulkankegels ganzjährig unter einer strahlend weißen Schneedecke liegt, bedingen den Ruhm des Fudschi, der sich an klaren Tagen vom blauen Himmel abhebt. Im Morgengrauen und bei Sonnenuntergang scheinen sich die sonst scharfen Konturen in sanftrosa Licht aufzulösen, und selbst Ungläubige erahnen, warum er als Heiliger Berg und Sitz der Götter bezeichnet wird. Viele Gläubige verehren die vollkommene Schönheit der Natur, und für viele Japaner bildet der Anblick des Fudschijama, Kirschblüten im Vordergrund, eine unvergeßliche Erfahrung.

Das gängige Bild Japans als Inselkette vulkanischen Ursprungs ist nur zum Teil korrekt. Uraltes Gestein aus dem Präkambrium und darüber liegende Sedimentgesteine wurden durch Bewegungen der Erdkruste zu alpenartigen Gebirgen aufgefaltet. Vulkanische Aktivitäten begannen erst vor ca. sechzig Millionen Jahren eine Rolle zu spielen.

Da sich die Erdkruste unter dem Pazifik in eine Richtung ausdehnt, muß sie, da eine Flächenvergrößerung nicht möglich ist, an anderer Stelle abgezogen werden. Dies geschieht an den Rändern des Ozeans, wo die Ozeankruste unter die angrenzende Kontinentalplatte und in den Erdmantel hinabgleitet. Durch die Reibung der Gesteinsschichten kommt es zur Erhitzung und Ausdehung des Gesteins. Der hierbei entstehende Überdruck wird durch vulkanische Aktivitäten abgebaut, die Spannung im Gestein durch Erdstöße. Infolgedessen sind die jüngeren Gesteine Japans größtenteils vulkanisch, und es kommt häufig zu Erdbeben.

Dies gilt übrigens genauso für andere Länder und Inseln des Pazifischen Raumes, weshalb Geologen den Saum des Pazifik auch gern als »Feuerring« bezeichnen.

Der Fudschijama zur Zeit der Kirschblüte. Ein Anblick von außergewöhnlicher Schönheit, dem im kulturellen Erbe Japans eine bedeutende Rolle zukommt.

Verwerfungen

Die meisten Vulkane des pazifischen »Feuerrings« entstanden durch Subduktion der Ozeankruste unter eine angrenzende Kontinentalplatte. Meist markieren ein Tiefseegraben und angrenzende Vulkanzonen diese Stellen. Manchmal kommt es auch vor, daß Teile der Erdkruste seitlich aneinander vorbeigleiten, wie es etwa bei der San-Andreas-Verwerfung in Kalifornien der Fall ist. Diese Verwerfung zieht sich in einem schiefen Winkel vom Ozean durch San Francisco, und das Land südwestlich der Verwerfungslinie verschiebt sich gegenüber dem nordöstlich davon gelegenen. Die Kräfte, die diese Bewegung auslösen, bleiben relativ konstant, doch »verhaken« sich die beiden Erdkrustenteile zuweilen, und wird die Spannung zu groß, kommt es zu einem Erdbeben. Je mehr Spannung sich aufgeladen hat, desto heftiger die Erdstöße.

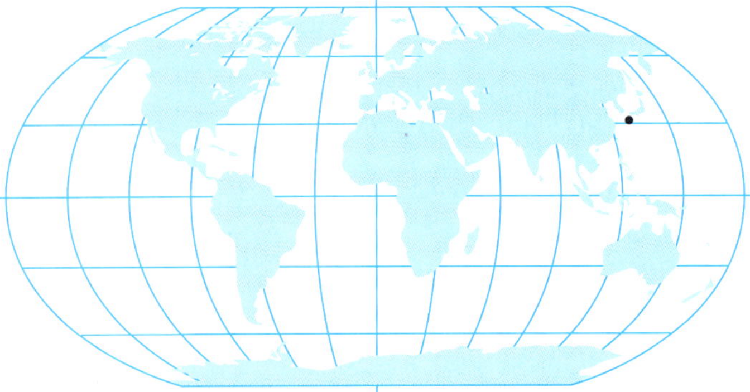

THERMALQUELLEN VON BEPPU

Wasserspeiende Geysire, kochende Schlammtümpel und fauchende Fumarolen in einer vulkanisch aktiven Region

Die Thermalquellen von Beppu liegen an der Nordostküste der japanischen Insel Kyushu. Der nächste Flughafen befindet sich in Fukuoka, von wo aus man Beppu über gut ausgebaute Straßen erreicht.

Hammam-Meskhoutine

Die heißen Quellen von Hammam-Meskhoutine im Nordosten Algeriens haben eine Reihe außergewöhnlich schöner Felsformationen geschaffen. Die Ablagerungen des mineralreichen Wasser wirken wie ein zu Eis erstarrter Wasserfall, der sich in einem schimmernden, von Reinweiß bis Ockerbraun reichenden Farbspektrum über einen Felsvorsprung ergießt. Der Legende zufolge verwandelten die Götter hier einst einen Hochzeitszug in Stein, und tatsächlich erinnern die Felsen an eine Menschenmenge mit langen Schleiern und wallenden Gewändern.

Oben: Hinter dem Grün und Braun der Konifere wirkt das Orangerot des Geothermalbeckens besonders leuchtend.

Rechts: Eine Gruppe Makaken beim Entspannungsbad in einer Thermalquelle.

In der bitteren Kälte des südjapanischen Winters bietet sich dem Besucher ein kurioses Bild: Inmitten schnee- und eisbedeckter Landschaft suchen kleine Affen die Wärme der vulkanisch erhitzten Teiche und sitzen oft stundenlang bis zum Hals im warmen Wasser, während sich auf ihren Köpfen der Schnee sammelt. Sobald die Tiere das heiße Wasser verlassen, sind sie mit ihrem nassen Pelz freilich schlimmer dran, als wenn sie der Versuchung, ein heißes Bad zu nehmen, von Anfang an widerstanden hätten. Doch Affen sind clever, und man hat beobachtet, daß sie eine Art Rotationsverfahren entwickelt haben, nach dem abwechselnd immer nur einer oder zwei zum Futterholen losziehen, während die anderen im Warmen bleiben und auf ihre Rückkehr warten.

Den Worten östlicher Dichter zufolge liegt Japan in der »Wiege der Mutter Erde«, und wenn man bedenkt, daß es allein auf der Hauptinsel über fünfhundert Vulkane gibt, ist dieses Bild durchaus angebracht. Zwar sind viele Vulkane erloschen, doch einige noch tätig, darunter Fudschijama, Asama, Aso und Bantai. Und neben den Feuerbergen findet man in Japan Hunderte von geothermisch aktiven Regionen. Die bekanntesten sind Beppu, Kusatu und Noboribetsu.

Die Stadt Beppu liegt am Fuße einer Vulkanlandschaft. In der Region, deren Geysire Tag für Tag fast 60 000 Kubikmeter Wasser spucken, nutzen viele Besucher die Gelegenheit zu einem Bad im heißen Sand oder den heilenden, mineralreichen Quellen. Auch die im Zoo von Beppu lebenden Flußpferde und Pelikane genießen das warme Quellwasser.

Die rund 3500 Fumarolen (Erdspalten, denen heiße Dämpfe und Gase entweichen), heißen Quellen und Geysire der Region machen Beppu zu einem der bedeutendsten Thermalgebiete der Erde. Kochende Wasser- und Schlammtümpel, »Jigokus« genannt, gibt es in einem breiten Spektrum faszinierender Farben. Der Chinoike Jigoku ist leuchtendrot, während der große, strahlend blaue Umi Jigoku die Farbe des Himmels reflektiert. Der Geysir des Tatsu-maki Jigoku jagt etwa alle zwanzig Minuten mit ohrenbetäubendem Zischen eine hohe Dampffontäne in die Luft.

Ein weiteres Geothermalgebiet liegt bei dem Kurbad Noboribetsu-Spa im südlichen Teil von Hokkaido, der nördlichsten großen Insel Japans. In einem zwei Kilometer großen Vulkankrater findet man die Jigokudani-Quellen mit Geysiren, Heißwasserbecken und kochenden Tümpeln, in denen heißer Schlamm blubbert. Es gibt auch Solfataren, die Dampf und Schwefelwasserstoff ausstoßen, das Kraterinnere in ein Farbenmeer aus Gelb-, Orange- und Rottönen verwandelt haben und einen stark schwefelhaltigen See speisen. Noboribetsu steckt voller Geräusche und Gerüche. Permanentes Fauchen und Zischen begleitet den alles durchdringenden Schwefelgestank, dem Jigokudani auch seinen Namen verdankt: Übersetzt bedeutet der Begriff »Tal der Hölle«.

Oben: Körperpflege im Dampfbad. Japanische Makaken in einer heißen Quelle im Hochland von Shiga.

Weitere Thermalquellen

Ähnlich viele heiße Quellen und Geysire wie in Beppu gibt es auch im Yellowstone Nationalpark in den USA. John Colter, der eigentlich auf Biber Jagd machen wollte, entdeckte das Gebiet 1807 und berichtete ungläubigen Zuhörern von kochenden Schlammtümpeln und wasserspeienden Geysiren. Richtiggehend kartiert und dokumentiert wurden die Region und ihre Naturwunder aber erst in den siebziger Jahren des 19. Jahrhunderts. Der bekannteste der rund 300 Geysire von Yellowstone ist der Old Faithful, der, wie sein Name schon andeutet, mit zuverlässiger Regelmäßigkeit rund alle siebzig Minuten eine hohe Wasserfontäne in die Luft jagt.

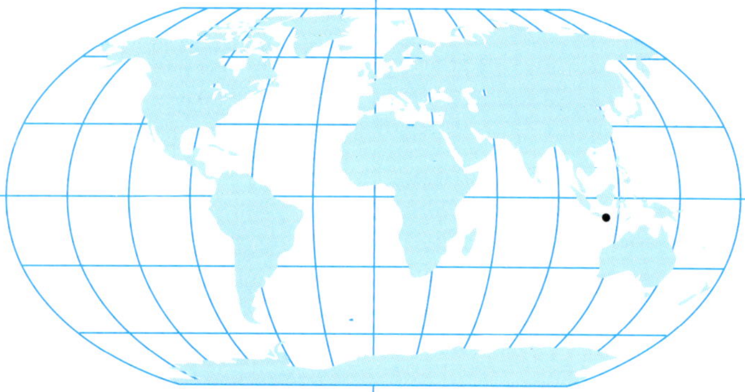

Indonesien

KELI MUTU

Drei leuchtendfarbige Seen in den Vulkankratern einer indonesischen Insel.

Die Kraterseen liegen im östlichen Teil der langgestreckten Insel Flores, der zweitgrößten der Kleinen Sundainseln in Indonesien. Der nächstgelegene Flugplatz befindet sich in Ende, gut 30 km von den Seen entfernt. Nächster internationaler Flughafen ist Jakarta.

Kraterseen

Daß sich in Kratern oder Calderen Seen bilden, kommt in vielen Teilen der Welt vor. Einer der bekanntesten seiner Art ist der Crater Lake in Oregon, USA. Der Krater entstand vor rund 7000 Jahren in den Cascade Mountains, als der Mount Mazama nach einer Reihe von Ausbrüchen in sich zusammensackte und eine riesige Caldera entstand – 1200 Meter tief und zehn Kilometer im Durchmesser. Die Senke füllte sich rasch mit Regen- und Schmelzwasser und bildet heute den tiefsten See ganz Nordamerikas. In der Mitte der Caldera befinden sich drei Vulkane, von denen allerdings nur einer, Wizard Island, über die Wasseroberfläche hinausragt.
Auch in Neuseeland gibt es Kraterseen. Einer blau, einer grün, liegen Tikitapu und Rotokakahi, nur durch einen schmalen Isthmus getrennt, dicht nebeneinander. Von der Landenge aus lassen sich die Farben der beiden Gewässer bewundern. Man findet sie in der Nähe von Rotorua in einem Gebiet mit spektakulären Geysiren, kochenden Schlammtümpeln und Fumarolen.

Spiegelglatt ruhen drei Seen nur wenige Meter voneinander entfernt in den Kratern eines lang erloschenen Schildvulkans auf der indonesischen Insel Flores. Zwei zeigen verschiedene Grüntöne, einer ein rötliches Schwarz, was mit dem unterschiedlichen Mineralgehalt des Gesteins zusammenhängt, in dem die Seen liegen. Zur Bildung von Schildvulkanen kommt es, wenn sehr flüssige Lava aus dem zentralen Schlot austritt. Solche Vulkane können riesige Landflächen verschlingen – Mauna Loa auf Hawaii etwa hat einen Basisdurchmesser von ca. 200 Kilometern. Als Teile des Vulkans einstürzten, entstanden Calderen – kesselförmige Vertiefungen –, die sich mit Wasser auffüllten.

Der rotschwarze See von Keli Mutu heißt Tiwoe Ata Polo, was »See des verzauberten Volkes« bedeutet, der Name des benachbarten Tiwoe Noea Moeri Kooh Fai lautet übersetzt »See der jungen Männer und Jungfrauen«. Er zeigt ein undurchsichtiges Smaragdgrün, während der Tiwoe Ata Mboepoe klares, leuchtend hellgrünes Wasser enthält.

Daß die drei Seen von Keli Mutu so unterschiedliche Farben aufweisen, hat mit ihrer vulkanischen Vergangenheit zu tun. Tiwoe Noea Moeri Kooh Fai hat eine kleine Solfatare (Öffnung, die Schwefelddampf ausstößt), als wollte sie den Besucher daran erinnern, daß der Vulkan noch nicht ganz erloschen ist. Vulkane produzieren in erster Linie Schwefelwasserstoff und Salzsäure-Dämpfe, und diese Gase strömen auch aus der Solfatare neben dem See. Wenn Schwefelwasserstoff an die Erdoberfläche tritt, reagiert er mit dem Sauerstoff der Atmosphäre und wird zu Schwefelsäure. Die Seen Tiwoe Noea Moeri Kooh Fai und Tiwoe Ata Mboepoe weisen einen hohen Anteil an freier Schwefel- und Salzsäure auf, und diese Säuren bedingen die grüne Färbung des Wassers.

Tiwoe Ata Polo zeigte ursprünglich ein sattes Rot, das jedoch immer mehr nachdunkelt. Diese ungewöhnliche Farbe rührt von dem eisenhaltigen Gestein her. Magma – Gesteinsschmelze – enthält viele Silikate, einige mit sehr hohem Eisengehalt. Reagiert das Eisen mit Sauerstoff, bildet sich leuchtend rotes Eisenoxid, das das Wasser färbt.

Grüne Teiche vulkanischen Ursprungs findet man auch in anderen Teilen der Erde, nirgendwo sonst jedoch existieren grüne und rote Gewässer nebeneinander. Des Rätsels Lösung könnte in dem Gestein zu suchen sein, das den Grund des Tiwoe Ata Polo bildet. Magma desselben Vulkans hat häufig unterschiedliche chemische Zusammensetzung. Wahrscheinlich enthält das Gestein unter dem Tiwoe Ata Polo mehr Eisen als das unter den beiden anderen Seen; möglicherweise liegt auch der Säuregehalt des roten Wassers über dem des grünen. Jedenfalls dürfte das eisenhaltige Gestein des roten Sees von den starken Säuren angegriffen werden, was zu der charakteristischen Färbung führt.

Der Vulkan Keli Mutu gehört zum sogenannten »Feuerkreis«, der einen Ring um den Pazifik beschreibt. Geologen vermuten, daß im Laufe der letzten 10 000 Jahre hier mehr als 130 Vulkane aktiv geworden sind.

Unten und links: Kaum vorstellbar, daß die außergewöhnlich kräftigen und lebhaften Farben dieser Seen tatsächlich ganz und gar natürlich sind.

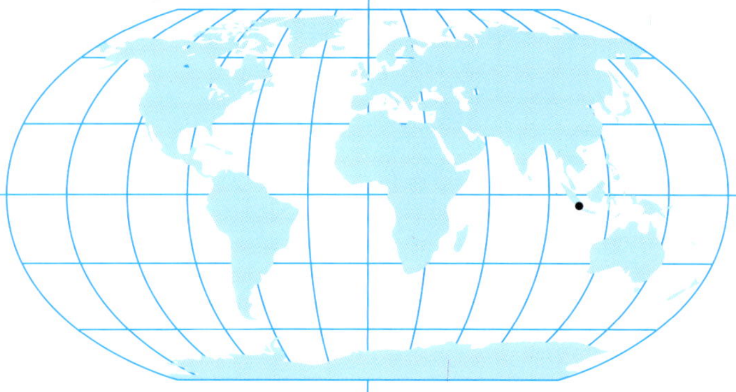

Indonesien

KRAKATAU

Viele Tausend Meilen weit hörbar war die Eruption des Krakatau, der wohl vernichtendste Vulkanausbruch unserer Zeitrechnung.

Die Insel Krakatau liegt in der Sundastraße, der Meerenge zwischen Sumatra und Java. Der nächste internationale Flughafen ist die indonesische Hauptstadt Jakarta. Der Vulkan ist vom Flugzeug oder vom Schiff aus zu sehen.

Rechts: Eine gigantische Aschewolke, wie sie der Anak Krakatau von Zeit zu Zeit ausstößt, kündet weitere vulkanische Aktivitäten an.

Bei dem katastrophalen Ausbruch des Krakatau im Jahr 1883 wurden rund zwanzig Kubikkilometer Gesteinsbrocken und Staub so hoch in die Atmosphäre geschleudert, daß in weitem Umkreis völlige Dunkelheit hereinbrach. Der feine Aschestaub schwebte noch monatelang in der Atmosphäre. Die Eruption des Krakatau hatte die doppelte Wucht einer Atomexplosion, und der ohrenbetäubende Donner, der sie begleitete, war noch in fünftausend Kilometern Entfernung zu hören.

Für Java und Sumatra war der Vulkanausbruch, bei dem sich riesige Stöme glühend heißer Lava ins Meer ergossen, weitaus weniger verhängnisvoll als die Tsunamis – gigantische Flutwellen, ausgelöst durch die den Ausbruch begleitenden Beben. Am 27. August 1883 wälzte sich ein vierzig Meter hoher Tsunami auf die umliegenden, dichtbesiedelten Inseln zu und forderte mehr als 36 000 Menschenleben. Bis zu 250 Kilometer vom Katastrophenort entfernt sichteten Schiffe später Leichname der Opfer. Die Flutwelle hatte eine solche Kraft, daß sie ein Dampfschiff dreieinhalb Kilometer weit landeinwärts trug. Fast ein Jahr lang regnete es auf den Inseln Bimsstein und Asche.

Krakatau liegt an der Stelle, wo die Erdkrustenplatte des Indischen Ozeans sich unter die des asiatischen Kontinents drängt. Auf der gesamten Länge dieser Subduktionszone befinden sich Vulkane; Krakatau ist nur der bekannteste. Schon im Jahr 416 n. Chr. wird davon berichtet, daß bei einem Ausbruch dieses Feuerberges zahlreiche Eingeborene den Tod fanden. Über die Jahrhunderte hinweg verstummte der Krakatau nie völlig. 1680 entstanden auf der 44 Quadratkilometer großen Insel Rakata zwei weitere Vulkankegel. Anfang August 1883 begannen diese Nebenschlote, Asche zu spucken und Bimsstein in die Luft zu katapultieren; Krakatau folgte mit einer vernichtenden Explosion und schrumpfte auf weniger als ein Drittel seiner Größe. Die Nebenkrater waren völlig verschwunden, der Hauptkegel war stark verstümmelt. 1927 schob sich eine neue Insel aus dem Meer. Anak Krakatau (»Sohn des Krakatau«) genannt, ist sie seither aktiv und ragt heute siebenhundert Meter hoch.

Die Katastrophe von 1883 hatte alles Leben auf den umliegenden Inseln und der Halbinsel Ujung Kulon vernichtet. Menschen kehrten nicht mehr hierher zurück, doch allmählich siedelten sich wieder Pflanzen und Tiere an. Heute bildet diese Region den Ujung-Kulon-Nationalpark, in dem Wildhüter ihr möglichstes tun, das bedrohte Java-Nashorn vor Wilderern zu schützen.

Der Nationalpark ist die Heimat vieler exotischer Tiere geworden. Einige wenige Leoparden, die sich allerdings kaum jemals blicken lassen, gehören dazu ebenso wie mindestens acht farbenprächtige Eisvogelarten. In den sumpfigen Zonen des Parks fühlen sich Schlammspringer, Vogelspinnen und Winkerkrabben wohl; hier begegnet man auch den giftigen, aber sehr schönen, mit goldenem Seitenstreifen gezeichneten Mangroven-Nachtbaumnattern. Erwähnung verdienen zudem die riesigen Tag- und Nachtfalter, die, bis zu zwanzig Zentimeter groß, in den herrlichsten Orange-, Rot- und Gelbtönen schillern.

Oben: Das Java-Nashorn (Rhinoceros sondaicus) *erhielt nach dem Vulkanausbruch eine zweite Überlebenschance.*

Wie Vulkane entstehen

Vulkane zeugen davon, daß unser Planet bis heute in ständiger Veränderung begriffen, das Gestein unter der erkalteten Erdkruste noch flüssig ist. Die Erdkruste besteht aus festen »tektonischen« Platten, die auf dem zähplastischen Untergrund umhertreiben. Stoßen zwei Platten zusammen, führt der Druck zur Auffaltung von Gebirgen. Entfernen sich zwei Platten voneinander, quillt aus dem Erdinneren flüssiges Gestein, Magma genannt, herauf und schließt die entstandene Lücke. Vulkane sind Spalten oder Schlote in der Erdoberfläche und treten vorwiegend an Plattenrändern auf, gleichgültig ob diese auf dem Festland oder am Meeresboden verlaufen. Man unterscheidet zwischen aktiven, ruhenden und erloschenen Vulkanen. Zwischen Erdkruste und Erdkern liegt der Erdmantel, der das Magma enthält. Aufgrund der ständigen Bewegung der tektonischen Platten wird Magma nach oben gedrängt und sammelt sich in Kammern unter der Erdoberfläche. Verstärkt sich der Druck, wird es ausgestoßen. Der bekannteste Vulkantyp ist der Lava-Vulkan, bei dem das Magma durch einen Schlot fließt und beim Erkalten einen kegelförmigen Berg (mit Krater in der Mitte) hinterläßt. Überdruck in der Magmakammer läßt oft Nebenkrater entstehen.

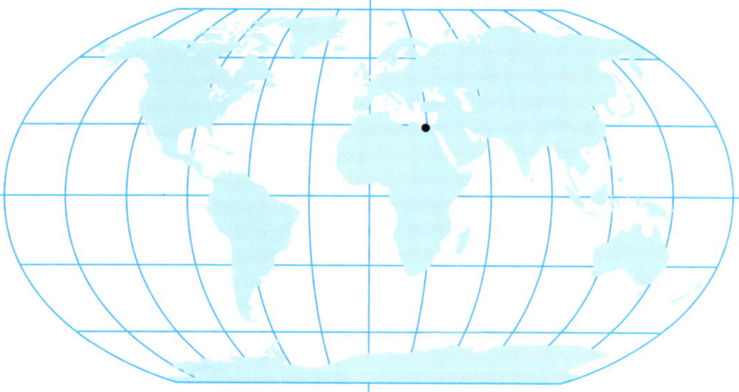

Ägypten

DER NIL

Der längste Fluß Afrikas entspringt im tiefsten Herzen des schwarzen Kontinents und erreicht nach rund 6500 Kilometern das Mittelmeer.

Viele am Nil gelegene Städte sind einfach zu erreichen. Kairo (Cairo), Khart(o)um, Addis Abeba, Alexandria und Kampala, von denen aus sich Abschnitte des Flusses erkunden lassen, sind an das Netz vieler internationaler Fluglinien angeschlossen. Vor allem zwischen Assuan und Kairo bieten sich auch Bootsfahrten auf dem Nil an. Unruhen im südlichen Sudan machen diese Region dagegen wenig empfehlenswert.

Die Quellen des Nils, des längsten Flusses der Erde, liegen bei den großen Seen Afrikas. Über sechstausend Kilometer weit führt sein Lauf von dort durch Wüsten und Sumpfgebiete, mal behäbig mäandernd, dann wieder über Katarakte und Stromschnellen. Südlich und östlich von Khartum besteht der Nil aus zwei Flüssen: dem Blauen Nil im Osten und dem Weißen Nil im Süden.

Der Blaue Nil entspringt im Tanasee im äthiopischen Hochland, rund 1800 Meter ü. d. M., fließt südostwärts über die Tisisat-Fälle, um dann in einem weiten Bogen das Abessinische Hochland zu durchschneiden. Wenn er die heißen Ebenen des Südsudan erreicht, hat er bereits fast 1500 Meter Gefälle zurückgelegt. Im Laufe der Jahrtausende hat der Fluß eine Schlucht durch das Hochland gekerbt, stellenweise 1,5 Kilometer tief und bis zu 25 Kilometern breit. Obwohl eine genaue Kartierung des Blauen Nils erst in den zwanziger Jahren gelang, waren die ersten Europäer schon Jahrhunderte früher zu den Quellen des Flusses vorgedrungen. Als Entdecker der Tisisat-Fälle gilt der Portugiese Pedro Paez, der 1618 die Region erkundete, der Schotte James Bruce erreichte die Fälle 1770 und schmückte sich fortan mit dem Beinamen »der Abessinier«.

Anders als der rasch fließende Blaue Nil läßt sich der gemächlich dahinziehende Weiße Nil auf seinem Weg zwischen Juba und Khartum viel Zeit, was vor allem damit zusammenhängt, daß er auf 1600 Kilometern

nicht einmal hundert Meter Gefälle aufweist. Im Sudd fächert sich der Fluß in zahllose kleine Wasseradern auf, die sich ständig neue Wege suchen. Von der Regierungszeit Neros, der eine erste Expedition den Nil hinunterschickte, bis 1899, als man endlich einen Kanal aushob, stellte der von Wasserpflanzen zugewachsene Sudd für die Schiffahrt ein nahezu unüberwindliches Hindernis dar.

Mitte des 19. Jahrhunderts war die Erforschung der Quellen des Weißen Nils zu der geographischen Herausforderung schlechthin geworden. John Hanning Speke, zusammen mit dem Forschungsreisenden Francis Burton auf Expedition nach Zentralafrika, war 1858 der erste Europäer, der den Viktoriasee erblickte und ihn zugleich zum Ursprung des Nils erklärte. Später entbrannte eine heftige Debatte zwischen Speke und Burton, da letzterer behauptete, der Tanganjikasee sei die tatsächliche Quelle. Mehrere Afrikaforscher, darunter auch der bekannte schottische Arzt und Missionar David Livingstone, machten es sich zur Aufgabe, dieses Rätsel zu lösen. Doch der endgültige Beweis glückte erst Henry Morton Stanley, der 1874 bis 1877 Afrika durchquerte. Er fand heraus, daß der Viktoriasee keinen größeren Zufluß hat, der als Fortsetzung des Nils gelten könnte, und daß es auch nur einen bedeutenden Abfluß gibt, wo der Nil tatsächlich beginnt. Stanley konnte auch beweisen, daß der Fluß am Nordende des Tanganjikasees in das Gewässer mündete und nicht aus ihm entspringt. Speke, der auf gut Glück geraten hatte, war rehabilitiert.

Das nördliche Ende des Stroms bildet das Nildelta, eine der fruchtbarsten Regionen der Erde. Der Assuan-Hochdamm, knapp tausend Kilometer flußaufwärts von Al Qahirah (Kairo), hat das Delta jedoch in akute Gefahr gebracht, da er die Ablagerung fruchtbarer Sedimente verhindert. Andererseits ermöglicht der Stausee die durchgehende Bewässerung der Felder, so daß in manchen Gegenden bis zu drei Ernten pro Jahr eingefahren werden.

Oben: Das faszinierende Nilkrokodil wird in Afrika immer seltener.

Das Nilkrokodil

Die alten Ägypter verehrten das Krokodil als heiliges Tier. Ihr Gott Sebek trug einen Krokodilskopf, Krokodile wurden in Tempeln gehalten und mit goldenen Armreifen geschmückt. Sogar eine Stadt – Crocodilopolis – hat man nach ihnen benannt. Archäologen fanden Tausende von Krokodilsgräbern, in denen die Tiere unter großem Aufwand und teilweise mit kostbarem Grabschmuck beigesetzt worden waren. Heute trifft man an den Ufern des ägyptischen Nils kaum noch eine dieser urzeitlichen Echsen, und auch in anderen Teilen Afrikas ist dieses prachtvolle Tier selten geworden, sofern es nicht wie am Turkana-See in Nordkenia unter besonderem Schutz steht.

Links: Die Umgebung von Assuan am Nil hat sich durch menschliche Eingriffe – Steinbrüche und vor allem durch den berühmten Damm – gravierend verändert.

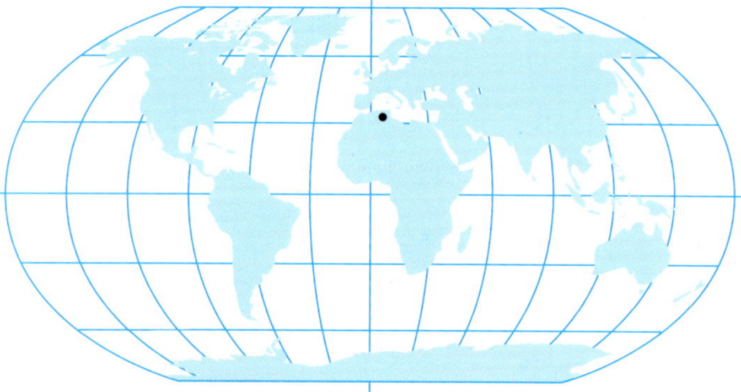

Nordafrika

DIE SAHARA

Die Sahara ist die größte Wüste der Erde – mehr als neun Millionen Quadratkilometer nichts als lebensfeindliche Felsschuttebenen und Sand.

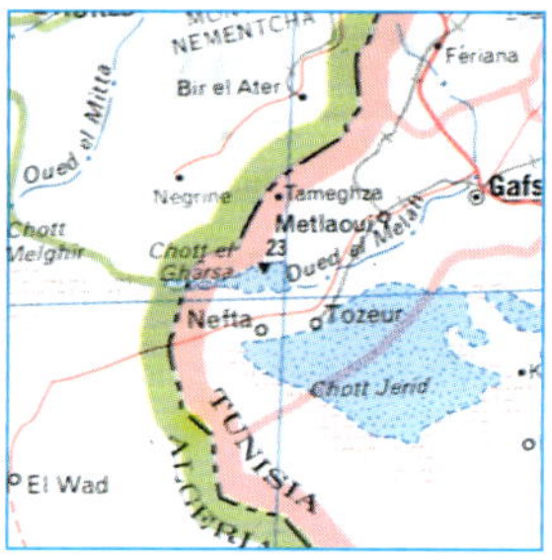

Die Sahara erstreckt sich über den größten Teil Nordafrikas und umfaßt das Staatsgebiet von zehn Ländern. Man erreicht die Sahara von jeder Stadt an der Nordküste Afrikas aus. Die meisten Expeditionen beginnen in Algier (El Dhazaï), Tunis oder Oran.

Rechts: Ein wogendes Meer aus rotgoldenem Sand – Dünen in der nördlichen Sahara.

Gegenüber: Ein kurzer Regenschauer reicht aus, Pflanzenkeimlinge auf dem sonnengebackenen Boden zum Sprießen zu bringen.

Die Sahara erstreckt sich 5200 Kilometer weit von Ägypten und dem Sudan im Osten bis zur Westküste Mauretaniens und dem spanischen Westsahara. Mit mehr als neun Millionen Quadratkilometern ist sie die größte Wüste der Welt. Das Wort Sahara beschwört die Vorstellung mächtiger Sanddünen herauf, unterbrochen von paradiesischen Oasen. Doch dies entspricht nur teilweise der Realität, denn zur Sahara gehören viele verschiedene Wüstenlandschaften: Häufiger als die riesigen Sandmeere sind kahle Felsschuttplateaus mit teils bizarren geologischen Formationen und ausgetrocknetes Buschland.

Mit weniger als 25 Zentimetern Niederschlag im Jahr zählt die Sahara zu den trokkensten Regionen der Welt. Der größte Teil der Wüste liegt weit im Inneren des Kontinents, und vielfach regnen die Wolken schon an den zwischen Küste und Wüste hoch aufragenden Gebirgszügen ab. Da kaum Wolken über den Himmel ziehen, sind die Tage in der Wüste sengend heiß. Da so auch die Hitze nach Sonnenuntergang rasch in die Atmosphäre entweicht, sinken die Temperaturen nachts häufig unter den Gefrierpunkt. In Kebili, einem dem heißesten Orte der Region, steigt das Thermometer zuweilen auf 55 °C, was jedoch weniger auf die Sonneneinstrahlung als auf den Schirokko zurückzuführen ist, den berühmten Wind, der wie glühender Atem in Richtung Norden bläst.

Doch die bekannteste Landschaft der Sahara sind die weiten Dünenfelder Nordafrikas, im Zweiten Weltkrieg Schauplatz blutiger Schlachten. In diesen sogenannten Ergs bedeckt das ewige Auf und Ab der Sandwogen Flächen von mehr als 100 000 Quadratkilometern. An einigen Stellen bewegen sich die Dünen: Vom Wind vorwärtsgetrieben, wandern sie pro Jahr rund zehn Meter weit. Die Bewohner der Oase Faja leben in ständiger Angst vor den unaufhaltsam heranrollenden Sandmassen. An anderen Orten dagegen scheinen sich die Sandberge seit Jahrhunderten nicht bewegt zu haben.

Aufgrund der Trockenheit eignet sich die Sahara nicht zur landwirtschaftlichen Nutzung. In einigen Oasen wird ein wenig Ackerbau betrieben; Hirten ziehen als Nomaden oder Halbnomaden mit ihren kleinen Herden durch die Region. Der überwiegende Teil des Landes aber ist vom wirtschaftlichen Standpunkt aus unfruchtbar. Und die Dürre breitet sich zunehmend weiter aus. »Desertifikation« wird dieser Prozeß genannt, bei dem die Wüste infolge unsachgemäßer Landbewirtschaftung auch auf bisher fruchtbare Böden übergreift. Die Ausrottung einheimischer Pflanzen lockert das Erdreich, das dann der Trockenheit anheimfällt und vom Wind fortgetragen wird. Wo einst Getreide wuchs, breitet sich jetzt die Wüste aus.

Oasen

Manchmal gruppieren sich nur ein paar Palmen um ein kleines Wasserloch, bisweilen sind es aber auch größere Gebiete, die an einem Fluß wie dem Abiod liegen, der durch Algerien auf die Sahara zufließt und an dessen Ufern sich ein wunderbar grüner Palmengürtel durch die kahle Wüste zieht. Stellenweise verbreitert sich der fruchtbare Boden zu großen Hainen, wo neben Dattelpalmen auch Aprikosen, Granatäpfel und Feigen sowie eine Vielzahl leuchtend bunter Blumen gedeihen.
Nefta in Tunesien ist eine andere Art von Oase. Schon zur Römerzeit bedeutende »Wasser-Tankstelle« für Karawanen auf dem Weg durch die nördliche Sahara, liegt Nefta in einer Region, in der sich beim alljährlichen Steigen des Grundwasserspiegels artesische Brunnen bilden, die das Wasser an die Erdoberfläche drükken, wo es riesige Zitrus- und Dattelplantagen speist.

Der Tschadsee

Das Innere der Sahara blieb Europäern bis ins 19. Jahrhundert hinein verschlossen. Die ersten gesicherten Informationen brachten Forscher mit, die sich auf die Suche nach den Quellen des Niger begeben hatten. 1822 brach die erste größere Expedition, an der die Briten Denham, Clapperton und Oudney teilnahmen, in Tripolis (Tarabulus) auf und erreichte am 4. Februar 1823 nach 68tägigem Marsch den Tschadsee. Sie waren die ersten Europäer, die das sagenumwobene abflußlose Gewässer sahen. Denham drang weiter nach Süden vor, während sich Clapperton und Oudney nach Westen in Richtung Niger wandten. Oudney starb bald darauf, doch Clapperton und seine Leute gelangten zu der Stadt Kano und von dort nach Sokoto, Hauptstadt des mächtigen Fulbe-Reiches.

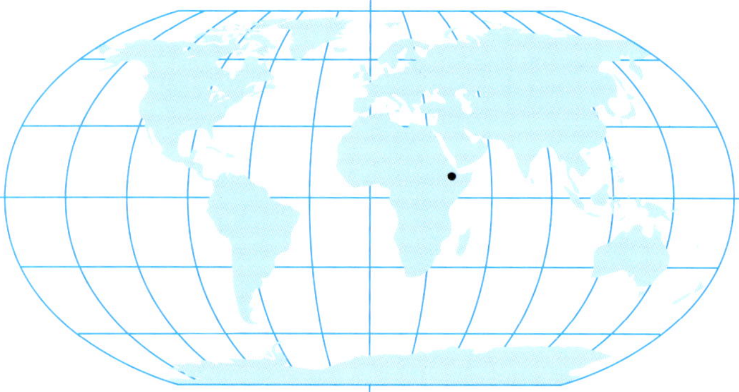

Ostafrika

OSTAFRIKANISCHES GRABENSYSTEM

Ein Bruch in der Erdkruste von kontinentalen Ausmaßen.

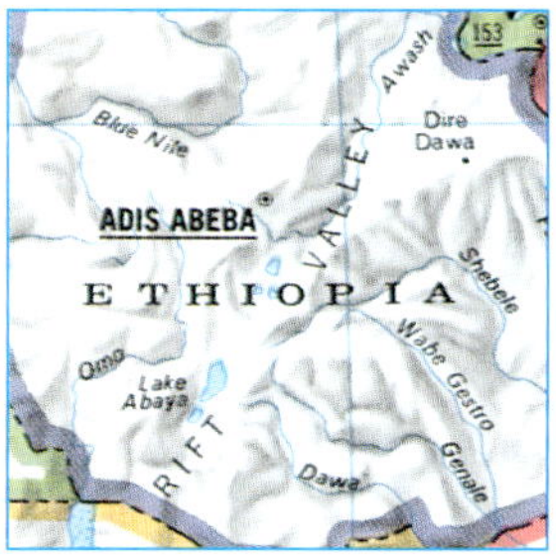

Das Ostafrikanische Grabensystem durchkreuzt neun afrikanische Länder: Moçambique, Malawi, Tansania, Zaïre, Burundi, Ruanda, Uganda, Kenia und Äthiopien. Die jeweiligen Hauptstädte fast all dieser Länder sind in den internationalen Flugverkehr einbezogen. Organisierte Safaris zeigen den Besuchern die Naturschönheiten und die wilden Tiere dieser Region.

Das Ostafrikanische Grabensystem zählt zu den größten geologischen Phänomenen unseres Planeten. Von der Landstufe aus bietet sich ein grandioser Panoramablick über ein tiefes, flachbodiges Tal, das an einigen Stellen eine Breite erreicht, die sich mit bloßem Auge nicht ermessen läßt. Der Westen des Grabenbruchs erstreckt sich 3000 Kilometer weit vom nahe der mosambikanischen Küste gelegenen Lake Malawi (Nyasa) über

Rechts: Blick über den Ostafrikanischen Graben (Rift Valley) von der Landstufe bei Losiolo, Kenia.

Gegenüber: Ol Doinyo Lengai ist der einzige noch tätige Karbonatit-Vulkan der Erde.

die Kette der großen afrikanischen Seen nordwärts bis zum Westufer des Viktoriasees. Der östliche Zweig beginnt östlich des Viktoriasees und führt 2500 Kilometer weit von Tansania durch Kenia bis nach Äthiopien zum sogenannten Afar-Dreieck. Hier gabelt sich der Grabenbruch: Ein Teil führt weiter Richtung Norden zum Toten Meer, der andere direkt ostwärts zum Golf von Aden.

Der deutsche Meteorologe Alfred Wegener, der um die Jahrhundertwende die Theorie der Kontinentalverschiebung entwickelte, bemerkte, daß sich die gegenüberliegenden Ufer des Toten Meeres perfekt zusammenfügen ließen und daß man auch Afrika und Arabien paßgenau aneinanderschieben könnte – lediglich der Jemen würde sich mit dem Afar-Dreieck überschneiden. Heute wissen Geologen, daß das Vulkangestein dieser Regionen jünger ist als das Rote Meer und

bei dessen Entstehung noch gar nicht existiert hat. Wegeners Vermutung war bestätigt.

Aktive Gräben sind durch Erdbeben und Vulkanismus charakterisiert – im Falle des Ostafrikanischen Grabensystems ist das Afar-Dreieck die derzeit aktivste Region. Aktive Vulkane findet man rund um den Viktoriasee – im Virunga-Gebirge in Südwestuganda sowie in Nordtansania. Hier in Tansania steht auch der Lengai, der einzige aktive Karbonatit-Vulkan, dessen Lava vulkanischem Kalkstein ähnelt und innerhalb von 24 Stunden nach dem Ausbruch die Farbe von schmutzigem Schnee annimmt.

Das zweite Hauptcharakteristikum des Afrikanischen Grabens ist seine Seenkette. Der Tanganjikasee ist der zweittiefste See der Erde und ruht auf 5000 Meter hohen Sedimentablagerungen, was auf eine sehr lange oder sehr rasche Entstehungsgeschichte hinweist. In der riesigen Caldera des Ngorongoro-Kraters, die vor drei Millionen Jahren bei einer Explosion entstand, befindet sich heute das bekannteste Tierreservat Afrikas, mit Elefanten, Büffeln, Löwen und Hyänen. Nördlich vom Lengai liegt der seichte Lake Natron, der zum Teil aus sodahaltigen heißen Quellen gespeist wird. Der daraus resultierende Algenreichtum macht ihn zu einem Paradies für Flamingos, die hier zu Tausenden brüten. Zwischen Lengai und Ngorongoro verläuft die Olduwaischlucht, in der Fossilien und frühmenschliche Überreste gefunden wurden, weshalb manche Wissenschaftler diese Region als Wiege der Menschheit ansehen.

Bildung eines Grabensystems

Zur Bildung geologischer Gräben kommt es durch Spannungen in der Erdkruste, wenn beide Seiten einer Senke langsam auseinanderdriften. Die Verwerfungen entlang der Talränder sind komplex, führen jedoch meist zu keilförmigen Erdkrusten-Teilen, die talwärts in die breiter werdende Schlucht rutschen. So verbreitert und vertieft sich die Senke im Laufe der Jahrmillionen, doch kaschieren die kontinuierliche Erosion der Schichtstufen und die Sedimentansammlung auf dem Talboden das wahre Ausmaß der Landschaftsveränderungen durch die Naturgewalten.
Mit der fortschreitenden Verbreiterung der Senke wird die Erdkruste am Talboden zunehmend dünner – statt der auf Kontinenten üblichen Mächtigkeit von rund vierzig Kilometern nähert sie sich stellenweise der mit nur sechs Kilometern wesentlich geringeren Dicke der ozeanischen Kruste an. Wenn dies passiert, bildet sich durch vulkanisches Magma, das aus dem Erdmantel nach oben drängt, eine neue Kruste. So kam es zur Formung des Atlantischen Ozeans, der sich übrigens noch immer weiter ausdehnt. Europa und Amerika driften pro Jahr rund zehn Zentimeter auseinander, während am Mittelatlantischen Rücken neue Erdkruste entsteht.

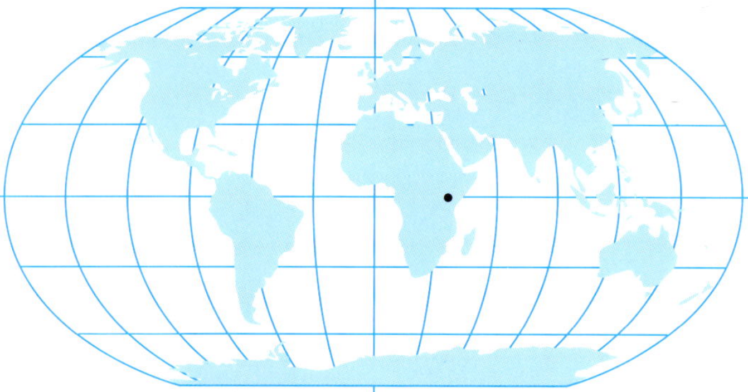

Kenia

DER NAKURU-SEE

Ein außergewöhnliches Binnengewässer und Vogelreservat mit bis zu zwei Millionen Flamingos.

Der Nakuru-See gehört zu einer Seenkette, die entlang des Ostafrikanischen Grabens verläuft. Der nächstgelegene Flughafen ist in der rund 200 km südöstlich gelegenen Hauptstadt Kenias, Nairobi. Man erreicht den See über die Autobahn Nairobi–Kampala (Uganda), die streckenweise durch den gleichnamigen Nationalpark führt.

Vogelreichtum

Neben zahlreichen Zwerg- und Rosaflamingos, die sich vorwiegend von Moskitolarven und Ruderfußkrebsen ernähren, leben am und im Lake Nakuru mehr als hundert weitere Vogelarten, u.a. Kormorane, Gelbschnabelstörche, Löffler und Fischadler. Die meisten nutzen den See als Futterquelle auf dem Weg zu ihren Brutgebieten, die Kormorane jedoch nisten in den Bäumen im Mündungsgebiet des Njoro-Flusses. Auch Pelikane haben es nicht weit zu ihren Brutplätzen am nur zehn Kilometer entfernten Lake Elementeita, während die Zwergflamingos zum Brüten zum Lake Natron fliegen, der südlich der Landesgrenze in Tansania liegt. Auf dem Weg von ihrem Futter- zum Nistplatz legen die Tiere in Marathon-Flügen manchmal mehr als 200 km zurück.

Oben: Flamingos ziehen durch das seichte Brackwasser.

Gegenüber: Aus der Luft betrachtet, säumen die vielen tausend Flamingos die Seeufer wie ein breites rosafarbenes Band.

Der Nakuru-See oder Lake Nakuru, im Zentrum des gleichnamigen Nationalparks gelegen, wartet mit einem der spektakulärsten Naturschauspiele der Erde auf, bildet dabei aber nur ein kleines Glied in der Kette unterschiedlich großer Seen, die entlang der Ostseite des Ostafrikanischen Grabens vom Libanon bis hinunter nach Moçambique reicht. Diese Gewässer liegen auf verschiedener Höhe und variieren auch in ihrem Salzgehalt – das Spektrum reicht von reinen Süßwasser- bis hin zu regelrechten Salzseen.

Auf 1759 Metern ü. d. M. gehört der Lake Nakuru zu den höchstgelegenen der Kette. Der südlich vom Äquator gelegene See wird hauptsächlich von zwei Flüssen, dem Njoro und dem Nderit, gespeist. Einen größeren Abfluß gibt es nicht; der Wasserspiegel steigt und fällt demnach je nach Niederschlagsmenge, Wasserentnahme durch den Menschen und Verdunstungsgrad. Im Jahresmittel nimmt er eine Fläche von vierzig Quadratkilometern ein, die größte Tiefe beträgt nicht einmal drei Meter.

Aufgrund seines hohen Gehalts an Karbonaten und Bikarbonaten ist der Lake Nakuru ein Natronsee mit hohen Salzgehalt, der aber anders als Meerwasser keine Chloride enthält. Da in einem derart alkalischen Umfeld nur hochgradig spezialisierte Lebensformen existieren können, ist die Artenvielfalt beträchtlich eingeschränkt. Im See gedeihen keine größeren Wasserpflanzen, doch wurden sechs Arten von Phytoplankton gezählt. Am häufigsten ist die winzige blaugrüne Alge *Spirulina platensis*, die in solchen Mengen auftritt, daß das Wasser stellenweise eine dunkelgrüne Farbe und fast dickflüssige Konsistenz annimmt. Dieser winzig kleine Organismus steht an Anfang der gesamten Nahrungskette des Sees. Sehr proteinhaltig und reich an Beta-Karotin, bildet er die Grundnahrung für die fünf Zooplankton-, vier Ruderwanzen-, zwei Moskitolarven-Arten und die Ruderfußkrebse, die zusammengenommen die gesamte natürliche Fauna des Sees ausmachen. Dazu kommt eine Fischart, die 1953 und – nachdem der See einmal vollständig ausgetrocknet war – nochmals 1962 hier ausgesetzt wurde. Sie alle stellen ein riesiges Futterreservoir für zahllose Vögel, besonders Flamingos dar.

Besondere Erwähnung verdienen die Zwergflamingos, die sich hier ungestört sattfressen. In Scharen von bis zu anderthalb Millionen Tieren bilden sie an den Ufern des Sees einen nahezu geschlossenen, leuchtend rosaroten Teppich. Die stelzbeinigen Wasservögel ernähren sich ausschließlich von den Spirulina, deren Beta-Karotin-Gehalt sie übrigens auch ihre brillante Rosafärbung verdanken.

Filter-Mechanismen

In Seen wie dem Lake Nakuru, wo mehr als eine Million Vögel auf Futtersuche gehen, beläuft sich der Algenkonsum auf bis zu sechzig Tonnen pro Tag. Zwergflamingos haben zu Filtern umfunktionierte Schnäbel, mit denen sie das Oberflächenwasser durchsieben. Bei der Nahrungsaufnahme halten sie den Kopf verkehrt herum, also den Oberschnabel nach unten, und benutzen ihre Zunge als Kolben, der zunächst das Wasser samt Algen in den Schnabel strömen läßt und es danach wieder herauspreßt, wobei die meisten Spirulina im Sieb hängenbleiben. Die schweren Schnäbel ihrer größeren Verwandten, der Rosaflamingos, sinken dagegen ab und sind für das Auffischen von Krebschen und Larven vom Seeboden eingerichtet. Ihre Filterlamellen sind gröbere Siebe, durch die fast alle Spirulina durchschlüpfen.

Fische im Natronsee

Der Fisch *Oreochromis alsalicus grahami* zählt zu den anpassungsfähigsten Arten überhaupt. Er kann in Wassertemperaturen von bis zu 40 °C überleben und den stark schwankenden Salzgehalt tolerieren. Mit der Einbürgerung des Fisches im Lake Nakuru bezweckte man ursprünglich die Eindämmung der Moskitos, die sich in den weniger salzhaltigen Teilen des Sees stark vermehrten. Heute bilden sie einen nicht mehr wegzudenkenden Bestandteil der hiesigen Fauna und sind für das Anwachsen der Artenvielfalt der gefiederten Seebesucher verantwortlich.

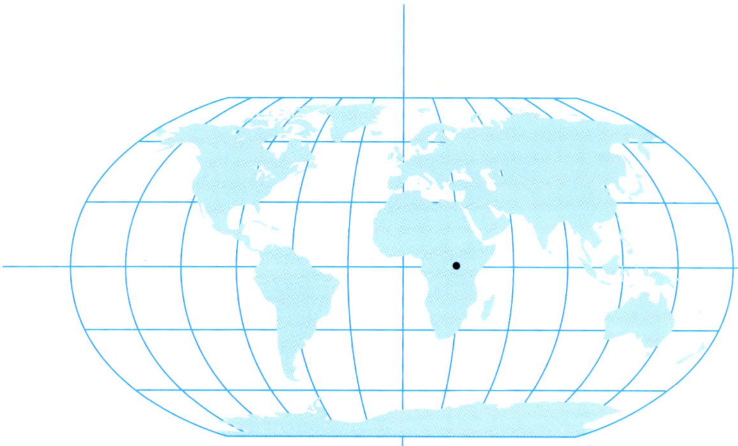

Uganda

RUWENZORI-MASSIV

Flankiert vom Ostafrikanischen Graben, zählen die majestätischen »Mondberge« zu den gewaltigsten Gebirgsketten der Äquatorregion.

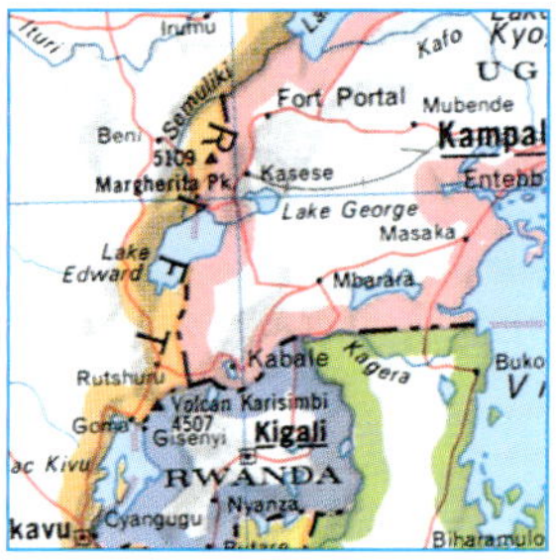

Das Ruwenzori-Massiv erhebt sich 300 km westlich von Kampala und ist sowohl mit dem Auto als auch mit der Bahn erreichbar.

Oben: Die phantastische Vegetation der sogenannten »Mondberge«.

Gegenüber: Der Berggorilla, ein von Natur aus scheues Geschöpf, wird immer mehr zurückgedrängt. Heute ist sein Lebensraum auf einige kleine Gebiete Zentralafrikas zusammengeschrumpft.

Die Gipfel des Ruwenzori gehören zu den wenigen Orten des Afrikanischen Kontinents, die das ganze Jahr über eine Schnee- und Eisdecke tragen. Die klimatischen Bedingungen variieren je nach Höhe und Himmelsrichtung: Die Südhänge sind feuchter, und die meisten Niederschläge fallen in der Gebirgszone um 2500 Meter über dem Meer. Auch die Temperaturen schwanken beträchtlich und können von Tag zu Tag um bis zu 20 °C sinken oder steigen. Die Gipfel der Berge liegen nicht selten wochenlang in dichten Nebelschwaden.

Höchster Punkt des Massivs ist der 5119 Meter aufragende Mount Ngaliema, auf dessen verschiedenen Höhenstufen eine Vielfalt unterschiedlicher Lebensräume existiert. In den Tälern und Ausläufern des Ruwenzori gibt es saftige Wiesen, die bei etwa 1500 Metern in Hochwald übergehen.

Hier dominieren Zedern, Kampfer und Steineibengewächse, die bis zu fünfzig Meter hoch wachsen. Es folgt die Zone des Bambuswaldes, die bei ca. 2500 Meter beginnt. So dicht stehen die bis zu 15 Meter hohen Bambusstauden, daß kaum ein Lichtstrahl den Boden erreicht. Oberhalb 3000 Meter herrschen subalpine Moorgebiete vor, in denen weite Ried- und Bultgrasflächen mit lichten Wacholder- und Eibenwäldern einander abwechseln. Über die Äste der knorrigen Bäume breiten sich dank der hohen Luftfeuchtigkeit üppige Moose und Farne, und von den Zweigen hängen lange Bänder von Usnea-Flechten, die girlandengleich ganze Wälder durchziehen. Das Ganze wirkt ebenso grandios wie gespenstisch – daher wohl auch der Name »Mountains of the Moon«.

In den Regionen über 4000 Meter liegt die alpine Zone mit Gebirgsseen, zu Eis erstarrten Wasserfällen und einer einzigartigen Flora. Normalerweise kleinwüchsige Gewächse erreichen hier gigantische Ausmaße, Pflanzen wie Kreuzkraut, Lobelie und Johanniskraut werden bis zu zehn Meter hoch, bilden Stämme mit dicker, korkartiger Rinde. Am Ende jedes Zweigs steht eine Rosette großer, fleischiger Blätter mit einem silbrigen Überzug feinster Härchen.

Die Berghänge sind aber außerdem auch die Heimat einer artenreichen Fauna – im Ruwenzori leben allein 14 Schmetterlings- und 37 endemische Vogelarten, darunter der spektakuläre Rotkopf-Papagei und Hartlaub-Turako, dessen hübsches Federkleid man in dem dichten Laub jedoch nur selten sieht. Dazu kommen eine Vielzahl von Greifvögeln wie Kaffernadler und Habichtsadler, zu deren Beute auch die im Wald lebenden Affen zählen.

Unter den zahlreichen Säugetieren des Hochgebirgswalds verdienen Elefant, Spitzmaulnashorn, Schopfducker, Bongo und Stummelaffen Erwähnung. Das ausgesprochen scheue Okapi (eine kurzhalsige Giraffenart), Riesenwaldschweine und Büffel weiden auf den gras- und moosbedeckten Lichtungen. Berühmtester Bewohner des Bergwaldes ist jedoch der Berggorilla, der ausschließlich in dieser Region vorkommt.

Der Berggorilla

Nurmehr rund vierhundert Berggorillas leben heute in freier Wildbahn – in Gefangenschaft kein einziger –, und auch die letzten Bestände dieses faszinierenden, scheuen Geschöpfes sind akut gefährdet: Die Zerstörung ihres natürlichen Lebensraumes sowie Wilderer und fanatische Großwildjäger drohen die friedlichen Tiere auszurotten. Anders als die ihnen verwandten Schimpansen sind Berggorillas reine Vegetarier und ernähren sich ausschließlich von jungen Pflanzentrieben. Sie leben in Gruppen von etwa zehn Tieren, bei denen ein ausgewachsenes Männchen mehrere Weibchen und Jungtiere um sich schart. Von Berggorillas abgegraste Flächen scheinen völlig verwüstet, doch schon wenige Monate später treiben wieder neue Schößlinge – die Lieblingsspeise dieser seltenen Affenart.

Abholzung der Bergwälder

Der Abholzung riesiger Waldgebiete durch Ortsfremde, die mit Chinin, Kaffee- und Teeplantagen schnelles Geld verdienen wollten, konnte vor einigen Jahren weitgehend Einhalt geboten werden. In Uganda hat man eine bessere Lösung gefunden: Das Berggorilla-Projekt finanziert sich durch Spenden sowie organisierte Touren zu den Futtergründen der scheuen Tiere und sichert so hoffentlich auch langfristig deren Lebensraum.

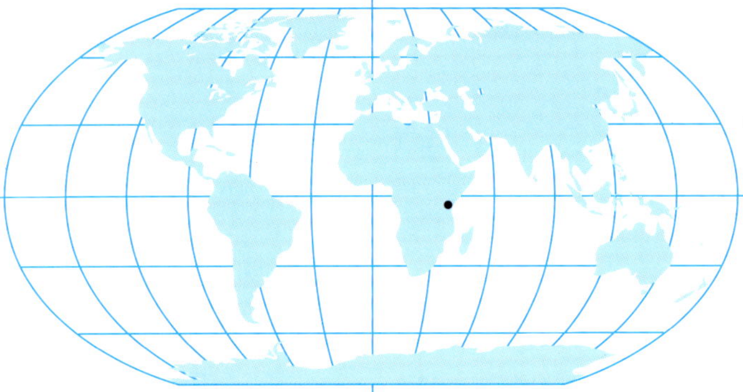

Tansania

KILIMANDSCHARO

Der majestätische, graublaue Berg mit seinem schneebedeckten Gipfel überragt die Halbwüste Nordtansanias.

In Moshi, rund 15 km vom Fuß des Berges entfernt, gibt es einen kleinen Flugplatz. Die Hauptstadt Tansanias, Dar es Salaam, liegt etwas über 550 Straßenkilometer, Nairobi im benachbarten Kenia knapp 300 Straßenkilometer entfernt. Von beiden Ländern aus werden Ausflüge zum Kilimandscharo (Kilimanjaro) angeboten.

Ol-Doinyo-Lengai-Vulkan

Bei seinem letzten Ausbruch 1955 spuckte der Ol Doinyo Lengai Asche und Natriumkarbonat (Soda) in die Luft. Das Ungewöhnliche an diesem Vulkan ist, daß er mehr Natrium als Kieselerde enthält. Aus der Ferne wirkt er schneebedeckt wie Mount Kenya und Kilimandscharo, doch stellt sich bei genauerer Betrachtung heraus, daß die weißliche Substanz kein Schnee ist, sondern alkalisches Natriumkarbonat von den jüngsten Eruptionen. Der Vulkan liegt im tansanischen Teil des Ostafrikanischen Grabens, wo die Erdkruste vermutlich sehr dünn ist.

Rechts: Der schneebedeckte Gipfel des Kilimandscharo erhebt sich über der Savanne.

Kilimandscharo bedeutet auf Suaheli »Glitzernder Berg« – ein wahrlich angemessener Name für diesen mächtigen Vulkan mit seiner spektakulären Gipfelregion. Majestätisch ragt der mit 5899 Metern höchste Berg Afrikas hinter der weiten Savanna Tansanias und Kenias empor; unverkennbar ist auch seine charakteristische Form: sanft ansteigende Flanken, die zum langgezogenen, flachen Gipfel hinaufführen, der – von unten nicht sichtbar – eine riesige Caldera birgt. An sehr heißen Tagen oder aus großer Entfernung scheint die blaue Basis des Berges mit der Savanne zu verschwimmen und der schneeweiße Gipfel in der Luft zu schweben.

Zarte Wolkenfetzen, die häufig weit unterhalb der Schneegrenze dahinziehen, machen diese Illusion komplett.

Der Kilimandscharo bedeckt ein riesiges Areal, hundert Kilometer lang und mehr als sechzig Kilometer breit, und komponiert aufgrund seiner gigantischen Größe sein eigenes Wetter (was übrigens auch auf andere Bergriesen wie den Mount McKinley in Alaska und den Mount Everest im Himalaya zutrifft). Regenschwere Winde vom Indischen Ozean werden am Kilimandscharo in die Höhe getrieben und regnen dort ab oder verlieren ihren Feuchtigkeitsgehalt in Form von Schnee. Aufgrund häufiger Regenfälle gedeiht am Kilimandscharo eine völlig andere Vegetation als in der umliegenden Halbwüste. Auf den unteren Berghängen werden Kaffee und Mais angebaut, darüber herrscht tropischer Regenwald vor, der bei 3000 Meter in Gras- und Moorgebiete übergeht. Ab etwa 4500 Meter gibt es dann nur Flechten und Moose.

Die Gipfelregion des Kilimandscharo bedecken Gletscher – überaus ungewöhnlich für einen Berg, der nur drei Grad südlich des Äquators liegt. Allerdings weist einiges darauf hin, daß sich die Eismassen immer mehr zurückziehen. So beträgt die jährliche Niederschlagsmenge im oberen Teil des Berges nur etwa zwanzig Zentimeter, was nicht ausreicht, die durch Schmelzwasser verlorene Flüssigkeit auszugleichen.

Einige Wissenschaftler glauben, daß sich der Vulkan wieder aufheizt und dies den Schmelzvorgang beschleunige, andere machen die weltweite Klimaerwärmung dafür verantwortlich. Fest steht jedenfalls, daß die Gletscher seit dem letzten Jahrhundert wesentlich geschrumpft sind; jüngsten Berechnungen zufolge wird die Eiskappe des Kilimandscharo bis zum Jahr 2200 völlig verschwunden sein.

Der Kilimandscharo setzt sich aus drei miteinander verschmolzenen Vulkankegeln zusammen. Der älteste Vulkan, Shira, liegt westlich des Hauptmassivs, war einst wesentlich höher und dürfte infolge eines heftigen Ausbruchs eingestürzt sein. Heute ist von ihm nur ein rund 3800 Meter hohes Plateau erhalten. Der zweitälteste Vulkan ist Mawenzi, dessen charakteristischer Gipfel (5334 m) sich an die Ostflanke des Hauptberges anlehnt.

Der jüngste und größte der drei Vulkane heißt Kibo. In seiner Caldera, deren Durchmesser gut zwei Kilometer beträgt, hat sich bei einem späteren Ausbruch ein zweiter Vulkankrater gebildet, und während einer dritten Eruption formte sich ein vulkanischer Aschekegel. Die riesige Caldera des Kibo bildet den charakteristischen abgeflachten Gipfel dieses wunderschönen Berges im Herzen Afrikas.

Oben: In den geschützten Karen des Mount Kenya haben sich Gletscher erhalten.

Mount Kenya: Zweithöchster Berg Afrikas

Kaum weniger berühmt als der Kilimandscharo und immerhin stolze 5182 Meter hoch, liegt der Mount Kenya (Kirinyaga) nördlich von Nairobi. Er gehört zum Ostafrikanischen Grabensystem, ist wie der Kilimandscharo vulkanischen Ursprungs und schätzungsweise 2,5 bis 3 Millionen Jahre alt. Doch während der Kilimandscharo als ebenmäßige, weiß überzuckerte Kuppel erscheint, ragt der Gipfel des Mount Kenya in Form zerklüfteter Felszinnen in den Himmel. Genaugenommen besteht der Gipfel aus im Schlot des Feuerberges erkalteter, sehr harter Lava. Der weichere Gesteinsmantel wurde im Laufe der Jahrtausende abgetragen, und wir sehen heute nur mehr den »Kern« des Vulkans.
Auch auf dem Mount Kenya befinden sich Gletscher, und wie beim Kilimandscharo weist hier ebnso vieles darauf hin, daß sie im Schmelzen begriffen sind. In den oberen Regionen des Berges gedeihen außergewöhnliche Pflanzen wie Riesenlobelien und Riesenkreuzkraut. Die darunterliegenden Vegetationsstufen tragen Bambusdickichte und Regenwälder.

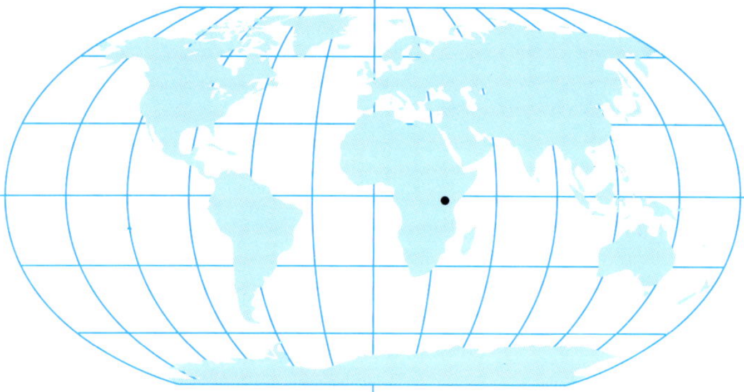

Tansania

NGORONGORO-KRATER

Eine faszinierend vielfältige Landschaft mit steilen Kraterwänden, weiten Grasfluren und dichten Akazienhainen.

Der Ngorongoro-Krater liegt in Nordtansania am Westrand des Ostafrikanischen Grabens unweit der Grenze zu Kenia. Am Kraterrand existiert eine Landebahn für kleine Privatflugzeuge, alternativ dazu bietet sich die Anfahrt mit dem Auto an; von Nairobi sind es gut 450 km.

Das fast 6500 Quadratkilometer große Wildreservat Ngorongoro war früher Teil des heutigen Serengeti-Nationalparks. Heute stehen neben der vielfältigen Flora und Fauna auch die Naturschätze der Region unter Schutz, und man achtet auf die Wahrung der Interessen und traditionellen Lebensweise der eingeborenen Massai, die seit jeher hier ihre Rinder, Schafe und Ziegen weiden.

Im Zentrum des Schutzgebietes liegt der Ngorongoro-Krater – die Caldera eines erloschenen Vulkans. Mit einem Durchmesser von fast fünfzehn Kilometern und einer Gesamtfläche von mehr als 260 Quadratkilometern ist sie nicht nur eines der faszinierenden Großwildparadiese, sondern überhaupt eine der größten Calderen der Welt.

Was die Besonderheit dieses Schutzgebietes ausmacht, ist nicht zuletzt die Vielzahl der Lebensräume – mit Waldland, Sumpfzonen, Seen, Flüssen und den weiten Grasfluren der Savanne, die zum einmaligen Ökosystem der

Die Vogelwelt des Kraters

Ngorongoro ist nicht nur ein Paradies für Großwild, sondern auch für zahlreiche Vogelarten, die im Schutz des Kraters leben und brüten, überwintern oder ihn auf weiteren Reisen als Zwischenstation nutzen. Ganzjährig hier heimisch sind u. a. Strauß, Trappe, Felsenbussard, Kaffernadler und Schmutzgeier. In der Regenzeit gesellen sich zu ihnen viele europäische Zugvögel wie Weißstörche, Stelzen und Schwalben, die dem kalten Winter der nördlichen Hemisphäre entfliehen. Weniger regelmäßige Gäste sind Zwerg- und Rosaflamingo, die die seichten Salzseen aufsuchen, wenn ihre angestammten Futterplätze austrocknen oder die blaugrünen Algen »blühen« (was gelegentlich vorkommt, wenn der Algenbestand überhandnimmt).

Rechts: Eine Herde Burchell-Zebras inmitten der üppigen Vegetation der Savanne; im Hintergrund die steilen Wände der Caldera.

Serengeti gehören, das sich bis nach Kenia hinein erstreckt und auch das angrenzende Massai-Mara-Wildreservat umfaßt.

Die Savanne ernährt eine enorme Vielzahl von Tieren und wird vor allem in der trockenen Jahreszeit von mehr als zwei Millionen Pflanzenfressern aufgesucht. Gnus, Zebras, Gazellen, Büffel, Antilopen und Warzenschweine weiden in friedlicher Eintracht neben Giraffen, Elefanten und Spitzmaulnashörnern. Die meisten Tiere wandern über die weiten Landschaften der Serengeti, während sich andere ausschließlich in der Nähe von Seen oder Sumpfgebieten aufhalten. Wo Wild in solchem Überfluß lebt, sind natürlich auch Raubtiere nicht weit, und im Wildreservat des Ngorongoro gibt es dementsprechend große Populationen von Löwen, Hyänen, Schakalen, Geparden, Leoparden und Servals.

Die Zahl der Tiere läßt eine beträchtliche Belastung der Ressourcen vermuten, zeigt in Wahrheit jedoch nur, wie perfekt das natürliche Gleichgewicht selbst in einer derart komplexen Situation funktioniert: Jede Tierart hat ihren eigenen Platz im ökologischen Kreislauf und steht zugleich in wechselseitiger Abhängigkeit von anderen Arten. So fressen beispielsweise Zebras die harten Teile vieler Pflanzen ab und machen dadurch Antilopen die sukkulenteren Pflanzenteile zugänglich. Gnus grasen die letzten Überreste ab und fördern dadurch das Nachwachsen der jungen Triebe, ohne die wiederum Gazellen nicht überleben könnten. Ohne die beständige Abweidung würde die Savanne zudem allmählich wieder zu reinem Waldland werden.

Oben: Das Spitzmaulnashorn, ein scheuer und im Grunde friedlicher Pflanzenfresser, wurde nahezu ausgerottet.

Die Geißel der Wilderei

Trotz verstärkter Schutzmaßnahmen, die die gefährdeten Tierarten heute in Nationalparks und anderen Reservaten genießen, haben Wilderei und das rücksichtslose Abknallen der Tiere kein Ende gefunden. Schlimm betroffen sind etwa die Elefanten, von denen es auf dem gesamten Kontinent nur mehr zwischen 400 000 und 600 000 Individuen gibt – in Anbetracht der traurigen Tatsache, daß jährlich schätzungsweise 50 000 Tiere geschossen werden, ist ihr Überleben keineswegs gesichert. Das Spitzmaulnashorn ist stellenweise bereits völlig ausgerottet und inzwischen akut vom Aussterben bedroht. Da auf dem Schwarzmarkt für ein einziges Horn bis zu 30 000 US-Dollar bezahlt werden, überrascht es wenig, daß die Zahl dieser majestätischen Tiere innerhalb von nur fünfzehn Jahren von 50 000 auf weniger als 3500 zurückgegangen ist. Notgedrungen hat man weitere Maßnahmen zur Rettung des Nashorns ergriffen: Anti-Wilderer-Patrouillen sichern bestimmte Regionen, und Wilderer riskieren ihr Leben, denn die Tierschützer haben Vollmacht, sie gezielt zu töten. In einem letzten, verzweifelten Versuch, das prachtvolle Tier vor der völligen Ausrottung zu bewahren, ist man dazu übergegangen, das Horn des Rhinozeros zu entfernen, um den Wilderern jeden Anreiz zu nehmen, dieses herrliche Geschöpf abzuknallen.

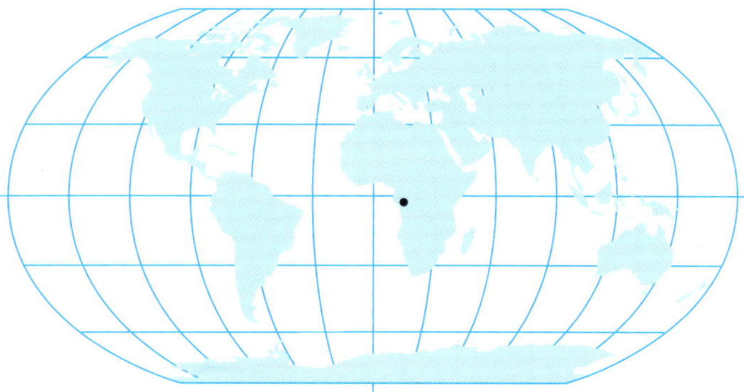

ZAÏRE-FLUSS KONGO

Ein mächtiger und geheimnisvoller Strom bahnt sich vom Quellgebiet in Sambia aus seinen Weg durch die Sümpfe und Regenwälder Zentralafrikas.

Der Kongo, der bei Banana Point in den Atlantik mündet, ist mit 4344 km der zweitlängste Strom Afrikas. Flußfahrten können von Kinshasa in Zaïre oder von Brazzaville in der Volksrepublik Kongo aus unternommen werden. Die gespannten Beziehungen zwischen den beiden Staaten machen es allerdings unmöglich, den Fluß zwischen den Städten zu überqueren.

Kaum jemand hat die furchteinflößende und mysteriöse Faszination des Kongos treffender geschildert als der Schriftsteller Joseph Conrad in seiner Novelle »Heart of Darkness« – »Das Herz der Finsternis«: Auf ihm zu fahren, gleiche einer Reise zu den Anfängen der Erde, als Pflanzenmeere die Erde bedeckten und große Bäume als Könige

Rechts: Mehr als 4300 Kilometer lang, durchfließt der wasserreichste Strom des schwarzen Kontinents die Regenwälder Zentralafrikas.

Gegenüber: Eine kleine Siedlung neben dem Fluß, der die einzige Verbindung zu ansonsten unzugänglichen Regionen darstellt.

herrschten. Der Fluß verströme die Ruhe einer undefinierbaren Macht, die eine unergründliche Absicht verfolge, und blicke einen an, als sinne er auf unerklärliche Rache . . .

Obwohl der unbezähmbare Strom seit 1971 offiziell den Namen Zaïre-Fluß trägt, hängt sein Image doch untrennbar mit jener geheimnisumwitterten Vergangenheit zusammen, die ihm den Namen »Kongo« (»Fluß, der alle Flüsse verschlingt«) gab. Über 4300 Kilometer lang und mit einem Einzugsgebiet von 3,7 Millionen Quadratkilometern, führt weltweit nur der Amazonas mehr Wasser als er: Jede Sekunde ergießen sich rund 45 000 Kubikmeter in den Atlantik.

Der Kongo entspringt in der Hochsavanne Nordsambias, mehr als 1500 M. ü. M. Hier Chamber genannt, fließt er durch Westsambia nach Zaïre, wo er in den Lualaba mündet

und unter diesem Namen gemächlich abfallenden Weg zu den tropischen Regenwäldern Westafrikas beginnt. Mehr als 1500 Kilometer führt ihn sein Lauf nordwärts, bis er den Äquator kreuzt und als Zaïre (Kongo) einen weiten Bogen westwärts beschreibt, um dann den Äquator noch einmal zu queren und sich wieder Richtung Süden zu wenden.

Der äquatoriale Regenwald trägt eine der dichtesten Vegetationsformen der Erde: Eichen, Mahagoni-, Gummi-, Ebenholz- und Walnußbäume erreichen hier Höhen von über sechzig Meter und bilden ein immergrünes, geschlossenes Blätterdach. Unter den mächtigen Baumkronen existiert eine eigene Tier- und Pflanzenwelt, in der wucherndes Dickicht, drückend schwüle Hitze, Krokodile, Pythons, Kobras, giftige Riesenspinnen und unheilbare oder gar tödliche Krankheiten wie Malaria, Schwarzwasserfieber und Bilharziose herrschen. Nirgendwo ist das Labyrinth undurchdringlicher als zwischen dem Fluß und den sagenumwobenen Mondbergen – dem Ruwenzori-Gebirge, der östlichsten Wasserscheide des Zaïre-Flusses.

Im Nordosten des Kongobeckens liegen die Stanley-Fälle, eine Reihe von Katarakten und Stromschnellen, auf denen der Lualaba auf einer Strecke von nicht einmal hundert Kilometern gut sechzig Meter an Höhe verliert. Es folgen rund 1500 Kilometer schiffbarer Flachlandfluß, die im Malebo Pool (früher Stanley Pool) enden, wo der Kongo zwischen Kinshasa, der Hauptstadt von Zaïre, und Brazzaville, der Hauptstadt der Volksrepublik Kongo, über zwanzig Kilometer breit ist. Unterhalb dieser Verbreiterung befinden sich die Livingston-Fälle, ein 350 Kilometer langes Stück mit Stromschnellen und 32 Wasserfällen, deren letzter – Höllenkessel genannt – den Kongo auf Meeresniveau herabführt.

Mit einer Geschwindigkeit von neun Knoten strömen seine Wassermassen durch einen auf mehr als 1200 Meter Tiefe ausgekerbten unterseeischen Canyon weitere 150 Kilometer ins offene Meer hinaus. Noch hier kann man die schlammigen, rötlich-braunen Spuren des Regenwaldes und Pflanzenteile sehen, die der Kongo tief aus dem Herzen des Schwarzen Kontinents in den Ozean hinausgetragen hat.

Stanley und der Kongo

Noch in den siebziger Jahren des 19. Jahrhunderts schien der Kongo für Weiße ebenso unerreichbar wie geheimnisvoll. War sein Lauf mit dem des Nils verknüpft, mit dem des Nigers oder des gleichermaßen mysteriösen Lualabas im Herzen Afrikas? Oder war er ein völlig eigener Strom? Erst Henry Morton Stanley, der 1874–1877 eine Trans-Afrika-Expedition von Sansibar bis zur Kongomündung unternahm, gelang es, einige Rätsel der afrikanischen Wasserstraßen zu lösen.

Zu Stanleys Truppe gehörten 356 eingeborene Träger, acht Tonnen Ausrüstung und ein zwölf Meter langes Boot, das in Einzelteilen gefertigt war und sich deshalb beliebig weit über Land transportieren ließ. Zum ersten Mal zusammengebaut wurde es am Viktoriasee und dann wieder am Tanganjikasee, die Stanley jeweils umsegelte. Anschließend marschierte er mit seinem Trupp zum Lualaba und wandte sich dort nordwärts, um bislang unerforschte Gebiete zu erkunden. Als die Expedition nach 999 Tagen den Atlantik erreichte, hatten nur 114 der ursprünglich 356 Begleiter des Forschers die Strapazen des Marsches überlebt.

Kaum drei Jahre später war Stanley wieder im Kongo, diesmal im Auftrag des belgischen Königs Leopold II. Von 1879 bis 1884 überwachte er den Bau einer Straße von der Küste um die Katarakte und Stromschnellen herum bis zum Stanley Pool, die den Zugang ins Innere Afrikas erleichterte, und schaffte über diese Straße mehrere Boote zu der seeartigen Verbreiterung, die ihn und seine Leute weitere 1600 Kilometer landeinwärts vordringen ließen.

Durch geschickt ausgehandelte Protektoratsverträge mit rund vierhundert schwarzen Potentaten verhalf Stanley Leopold II. zu einem riesigen afrikanischen Privatreich – dem sogenannten Unabhängigen Kongostaat.

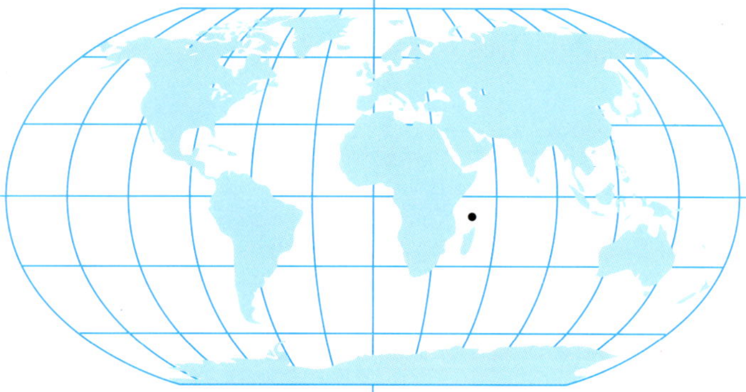

Seychellen

ALDABRA-ATOLL

Auf diesen abgelegenen Koralleninseln im Indischen Ozean hat sich ein Naturreichtum von einzigartiger Vielfalt erhalten

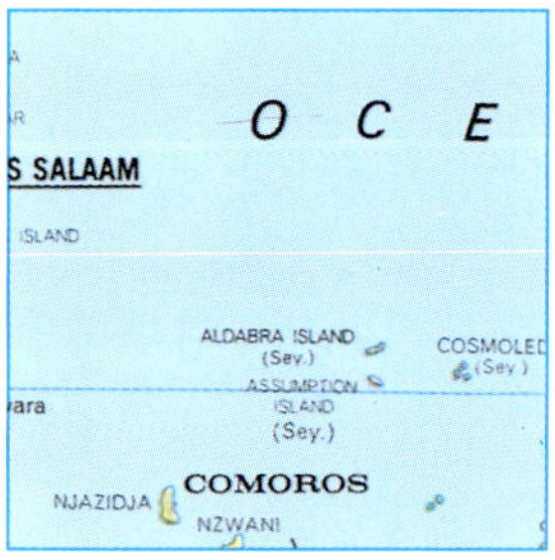

Die Aldabra Islands liegen im Indischen Ozean, 420 km nordwestlich von Madagaskar und 1100 km südwestlich der Seychellen. Ein Besuch des Atolls ist nicht möglich, da die Inseln vor menschlichen Eingriffen jeder Art geschützt werden sollen.

Die Aldabra Islands werden von einem Korallenriff mit nur drei Durchlässen umrahmt; zwei tiefe Einschnitte teilen das Atoll in vier Hauptinseln mit einer 150 Quadratkilometer großen, seichten, mangrovengesäumten Lagune, die ihrerseits mehrere Eilande enthält. Die größte der vier Inseln, South Island, umfaßt zusammen mit West Island, Middle Island und der Ile Polymnic rund 185 Quadratkilometer Landfläche.

Die meisten tropischen Inseln wurden in den letzten Jahrhunderten vom Menschen ausgebeutet, doch das als karg und unwirtlich geltende Aldabra-Atoll blieb weitgehend vor den Schäden der Zivilisation bewahrt, die viele andere Tropeninseln erlitten. Hier wurden keine Kokosplantagen angelegt und kein Guano gewonnen, und da sich so gut wie keine Touristen auf die wenig einladenden Eilande verirrten, behielten die Inseln auch ihre verschiedenen Lebensräume und die damit verbundene mannigfaltige Flora und Fauna. Gänzlich verschonten die Menschen das Atoll jedoch nicht, beschränkten ihren Eingriff aber auf kommerziellen Schildkröten- und Fischfang. 1971 wies die Regierung der Seychellen das Atoll als Naturschutzgebiet aus.

Wie viele isoliert gelegene Inselgruppen bietet Aldabra einen hohen Anteil endemischer Tier- und Pflanzenarten und zählt zu den allerletzten naturbelassenen Landstrichen der Erde. Im östlichen Teil der South Island herrscht offenes Buschland vor, mit Bäumen und vereinzelten Palmenhainen entlang der größeren Süßwasserteiche, während die restliche Inselvegetation weitgehend aus undurchdringlichem Dickicht mit eingestreuten Fluren binsenartiger Gräser besteht.

Die relative Nähe des Aldabra-Atolls sowohl zum afrikanischen Festland als auch zu Madagaskar bedingt das für Ozeaninseln überraschend breite Artenspektrum. Zu den 273 Blütenpflanzen- und Farnarten, von denen nicht weniger als 19 endemisch sind,

Rechts: Am Aldabra-Atoll ist karge Vegetation vorherrschend.

Gegenüber, oben: Die wunderschönen weißen Feenseeschwalben fühlen sich auf den tropischen Inseln wohl.

Gegenüber, unten: Die eigenartige Seychellennuß, die größte Baumfrucht der Erde.

gesellt sich eine vielfältige Insektenwelt. Man hat mehr als tausend Arten gezählt, darunter 127 Tag- und Nachtfalter, wovon 36 Spezies ausschließlich hier vorkommen. Weitere endemische Tierarten sind verschiedene Schalentiere, eine Landschnecke, der Seychellen-Flugfuchs, außerdem die Aldabra-Riesenschildkröte und diverse Süßwasserfische, die in den hiesigen Süßwasserteichen leben.

Aufgrund seiner isolierten Lage ist das Aldabra-Atoll bevorzugter Brutplatz vieler Seevögel. Kleine Fregattvögel und Bindenfregattvögel nisten hier in großer Zahl, dazu kommen große Populationen von Weiß- und Rotschwanz-Tropikvögeln, Rotfuß- und Maskentölpel sowie Feenseeschwalben und viele andere gefiederte Tropenbewohner.

Zwei der bemerkenswertesten Vögel des Atolls sind die Aldabra-Grasmücke und die Weißkehlralle. Die Aldabra-Grasmücke wurde erst 1968 entdeckt und lebt soviel man weiß nur im Dickicht entlang der Küsten. Nur wenige Male gesichtet, zählt sie vermutlich zu den seltensten Vogelarten der Erde. Auch die Weißkehlralle kommt ausschließlich auf den Aldabra-Islands vor; sie ist die einzige überlebende Art einer Familie flugunfähiger Vögel, zu der auch die vom Menschen ausgerottete Dronte gehörte.

Flora und Fauna der Seychellen

Die Seychellen – eine Gruppe von rund sechzig Inseln im Indischen Ozean – sind die Heimat einer Vielzahl endemischer Arten. Anders als auf dem Aldabra-Atoll wurden hier auch tropische Arten eingebürgert, was in Verbindung mit den weitläufigen Kokos- und Zimtplantagen zu gravierenden Veränderungen in der heimischen Flora und Fauna geführt hat. Zu den bekanntesten endemischen Vögeln gehören Paradiesschnäpper und Seychellen-Grasmücke. Die Inseln sind von riesigen Korallenriffen umgeben, in denen mehr als 45 nur hier vorkommende Korallenarten gezählt wurden. Das berühmteste endemische Lebewesen ist freilich eine Pflanze, die Coco de mer oder Seychellennußpalme (*Lodicera maldivica*), die nur auf zwei Inseln gedeiht. Ihre Früchte werden bis zu zwanzig Kilogramm schwer. Zehn Jahre benötigen die Nüsse zur Reife. Bevor man ihren Ursprung entdeckte, gaben angespülte Früchte Anlaß zu vielerlei Spekulationen, und noch heute ranken sich zahlreiche Legenden um diese größte Baumfrucht der Erde.

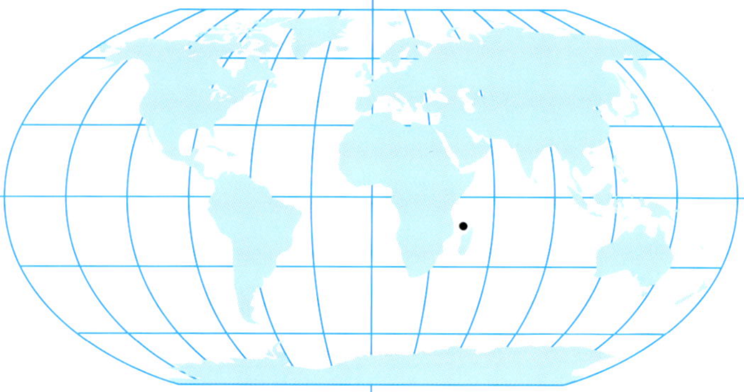

Indischer Ozean

DER CELACANTHUS

Der Komoren-Quastenflosser – ein lebendes Fossil, wiederentdeckt nach siebzig Millionen Jahren.

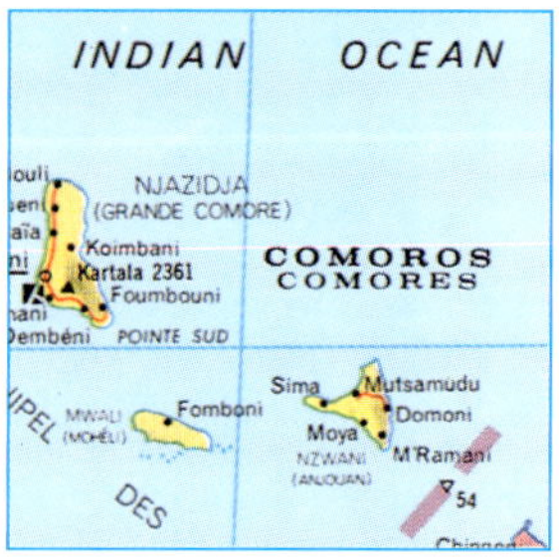

Fossilien des jahrmillionenalten Quastenflossers sind weit verbreitet, die einzige bekannte lebende Art trifft man jedoch nur in den tropisch warmen Gewässern der Komoren, einer Inselgruppe vor der Ostküste Afrikas. Zu erreichen ist diese Region auf dem Wasserwege entweder von Madagaskar oder von den Komoren aus.

Vom Wasser aufs Land

Warum viele Tierarten ihren aquatischen Lebensraum verließen, beschäftigt die Wissenschaft seit Generationen. Tatsache ist, daß sich gegen Ende der Devonzeit vor etwa 380 Millionen Jahren die ersten Amphibien entwickelten. Als erste an Land wagten sich sogenannte Fleischflosser (mit Quastenflosser und Lungenfisch). Es galt nun, viele Hürden zu nehmen, so die Schwerkraft, die an Land wesentlich größer ist als im Wasser, und die Atmungsorgane, die als Fischlungen ausgebildet sein mußten. Im Laufe der Evolution kam es zu zahlreichen Umbildungen in Skelett und Muskulatur sowie zur Entwicklung echter Lungen. Lungenfische, die nur in Flüssen und Seen leben, atmen durch eine Luftblase und haben ihr Aussehen in den letzten 150 Millionen Jahren kaum verändert.

Oben: Einheimische Fischer fingen zufällig den ausgestorben geglaubten Quastenflosser.

Gegenüber: Komoren-Quastenflosser mit paarigen Flossen, die seinen Vorfahren den »Schritt« an Land ermöglichten.

Vor rund vierhundert Millionen Jahren (Devon) lebte in den seichten Weltmeeren eine Gruppe von Fischen, die wir heute als Quastenflosser bezeichnen. Fossilienfunde belegen, daß diese Fische in großer Zahl vorkamen und durchschnittlich zwischen zwanzig und dreißig Zentimeter groß waren. Alles wies darauf hin, daß sie gegen Ende der Kreidezeit vor siebzig Millionen Jahren ausstarben – etwa um dieselbe Zeit wie die Dinosaurier.

1938 nun fand ein Fischer aus einem kleinen Küstendorf der Komoren vor der Nordwestspitze Madagaskars in seinem Netz einen merkwürdigen Fisch, den er nicht einzuordnen wußte. Der Fisch verdarb in der Hitze rasch und war stark mitgenommen, als ihn Marjorie Courtenay-Latimer, eine in der Gegend weilende Wissenschaftlerin, zufällig zu Gesicht bekam und untersuchte. Sie fand heraus, daß es sich bei diesem Fisch um einen Quastenflosser oder Celacanthus handelte, den man für längst ausgestorben gehalten hatte. Zu Ehren seiner Entdeckerin erhielt er den Namen *Latimeria chalumnae*. Ein zweiter Quastenflosser wurde erst 1952 gefangen, seither aber sind mehrere Exemplare entdeckt worden, und zwar alle in dem tiefen Meeresstreifen vor der Ostküste Südafrikas zwischen Moçambique und Madagaskar.

Der Celacanthus ist ein kräftiger, von stahlblauen, großen Schuppen bedeckter Fisch mit paarigen, fleischigen Flossen und dreilappiger Schwanzflosse. Anders als ihre wesentlich kleineren fossilen Vorfahren sind alle lebend gefangenen Quastenflosser nahezu zwei Meter lang und wiegen bis zu achtzig Kilo. Ebenso wie ihre Vorfahren sind sie aber Räuber, die mit mächtigen, zahnbesetzten Kiefern ihre Beute packen. Geschluckt wird die Nahrung aber unzerkaut. Sämtliche bisher gesichteten Quastenflosser leben in der Straße von Moçambique in Wassertiefen zwischen 70 bis 400 Metern. Dies wirft die Frage auf, warum dieser Fisch nur hier überleben konnte – oder ob es vielleicht noch anderswo Quastenflosser gibt, die nur noch nicht entdeckt wurden.

Zoologen kennen noch weitere urzeitliche Tierarten wie etwa die Perlboote (Kammerschnecken), deren Verwandte vor fünfhundert Millionen Jahren die Weltmeere bevölkerten. Auch die Königskrabbe gilt als lebendes Fossil, da sie sich über einen Zeitraum von mehr als dreihundert Millionen Jahren hinweg kaum veränderte. Doch dem Quastenflosser kommt in der Geschichte der Evolution schon deshalb eine besondere Rolle zu, weil er tot geglaubt war und wohlbehalten wieder auftauchte.

MADAGASKAR

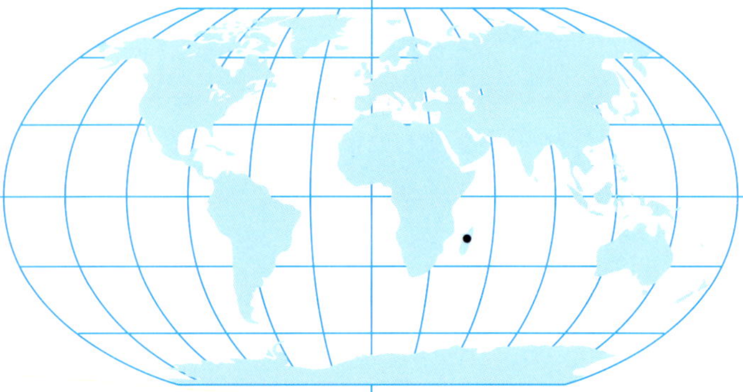

Einzigartiges Ökosystem auf der viertgrößten Insel der Erde.

Im Indischen Ozean vor der Ostküste Afrikas gelegen, ist Madagaskar um rund ein Zehntel größer als Frankreich. In Antanarivo, der Hauptstadt der Republik, befindet sich ein großer Flughafen. Mit dem Auto ist nur ein Teil der Insel erkundbar, da ein Großteil der Region wegen seiner herausragenden natürlichen Schönheit und biologischen Bedeutsamkeit als Nationalpark bzw. Naturschutzgebiet ausgewiesen ist.

Madagassische Primaten

Als Primaten oder Herrentiere bezeichnet man eine Ordnung von Säugetieren, zu der Affen (Gibbons, Menschenaffen u. a.) Halbaffen (Lemuren, Makis, Fingertiere u. a.) und Menschen gehören. Vor fünfzig Millionen Jahren wohnte in den subtropischen Wäldern Afrikas ein Vorfahre aller Primaten, aus dem sich verschiedene Arten entwickelten: Urahnen des Menschen, Menschenaffen und Affen, andere zu Lemuren, Loris (Asien), Pottos oder Buschbabies (Afrika). Lemuren leben ausschließlich auf Madagaskar und den benachbarten Komoren. Ein weiterer nur auf Madagaskar heimischer Primat ist das Fingertier oder Aye-Aye – kleine, dunkelbraune Kerlchen, die in Laubnestern leben und erst bei Einbruch der Dunkelheit auf Nahrungssuche gehen.

Rechts: Jeglicher natürlicher Vegetation beraubt, wird die rote Erde in manchen Regionen Madagaskars einfach vom Regen fortgewaschen.

Riesige Regenwälder bedeckten einst die 1520 Kilometer lange Insel, doch in den letzten vierzig Jahren wurden riesige Flächen durch Brandrodung vernichtet, was eine verheerende Bodenerosion nach sich zog. Dennoch ist Madagaskar noch immer ein Land von erstaunlicher biologischer Vielfalt. Als die Insel vor über 165 Millionen Jahren vom afrikanischen Kontinent wegdriftete, bot sich den Tieren und Pflanzen die Gelegenheit zu völ-

lig ungestörter Evolution: hier kam es zur Entwicklung von Pflanzen- und Tierarten, die nirgendwo sonst auf der Erde existieren. Rund 10 000 Pflanzenarten sind nur hier heimisch, ebenso die Hälfte aller Chamäleonarten. Andere endemische Reptilien sind die Madagassische Schienenschildkröte und die Madagassische Strahlenschildkröte.

Im Westen der Insel erstreckt sich das Tsingy-Nationalreservat von Bemaraha, wo auf einem 150 Quadratkilometer großen Gebiet zerklüftete Kalksteinzinnen in den Himmel ragen. Da es den Worten der einheimischen Bevölkerung nach hier nicht einmal genügend ebenes Land gibt, um einen Fuß darauf zu setzen, blieb zumindest dieser Teil der madagassischen Flora und Fauna vor menschlicher Zerstörung bewahrt.

Südlich von Tsingy liegt Morondava, wo nur vier Monate im Jahr Regen fällt. In diesem einzigartigen Lebensraum wachsen sechs verschiedene Arten des Affenbrotbaumes (*Baobab*), die perfekt an das spezifische Klima angepaßt sind: Während der Regenzeit saugen sie sich mit Wasser voll und leben die restlichen acht Monate von den im säulenförmigen Stamm gespeicherten Reserven. Wie viele andere Regionen Madagaskars sind diese Baobab-Wälder vom Expansionsdrang des Menschen bedroht. Da die Bäume hundert und mehr Jahre alt werden und auch nicht jedes Jahre Früchte tragen, sind einmal angerichtete Schäden in diesen Wäldern nahezu irreparabel. Auch Tiere gefährden den Fortbestand der Baobabs: Eine Taschenspringerart zum Beispiel, die nur in einem sehr kleinen Gebiet in Westmadagaskar vorkommt, ernährt sich von Keimlingen des Affenbrotbaumes. Dies bringt Naturschützer in einen Gewissenszwiespalt, da sie einerseits die Baobab-Wälder, andererseits aber auch die sprunggewaltigen Nager schützen wollen.

Oben: Die Färbung des männlichen Panther-Chamäleons ist im dichten Laub perfekte Tarnung.

Unten: Kattas (ringelschwänzige Lemuren) gibt es weltweit nur auf Madagaskar.

Das Berenty-Reservat im Süden der Insel ist Heimat riesiger Flughunde, die in großen Tamarindenbäumen leben. Die Kolonie gilt als eine der weltweit größten ihrer Art. Auch ringelschwänzige Lemuren (*Kattas*) gibt es in Berenty zu bestaunen; ohne Scheu zeigen sich diese freundlichen Kreaturen den Besuchern und beobachten sie neugierig aus ihren orangegoldenen Augen.

Viele der rund tausend Orchideenarten Madagaskars gedeihen im Montagne d'Ambre-Nationalpark an der Nordspitze der Insel. Doch nur ein Teil von Madagaskar trägt üppig grüne Vegetation, denn jahrelange Abholzung und Brandrodung haben ihren Tribut gefordert. Wo der Boden seiner natürlichen Pflanzendecke beraubt ist, halten keine Wurzeln mehr das fruchtbare Erdreich, und von Jahr zu Jahr spülen Regenfälle mehr Boden fort. Vor allem im Osten der Insel sind zahlreiche Flüsse rot gefärbt von der Erde, die das Wasser von den umliegenden Hügeln ausgewaschen hat. Früher saftig grünes Land, sind sie heute bar jedes Bewuchses.

Lemuren

Sie sind die wohl bekanntesten Primaten Madagaskars, wo man Kattas, Sifakas, Mohrenmakis, Kleine Wieselmakis, Varis, Halbmakis und viele andere Arten antrifft. Primaten oder Herrentiere zeichnen sich durch schlanke Gliedmaßen und zum Klettern geeignete Hände und Füße aus. Lemuren gehören zur Unterordnung der Halbaffen und sind Vierfüßer. Wie Affen (und Menschenaffen) haben sie opponierbare Daumen mit Nägeln (selten Krallennägeln) und verfügen damit wie alle Herrentiere über greiffähige Hände. Allen Lemuren ist ein affenartiges Verhaltensmuster zu eigen, doch weisen die einzelnen Arten auch Verhaltensunterschiede auf. So soll beispielsweise der seltene und scheue, goldbraun gefärbte Coquerels Zwergmaki in lebenslanger Einehe leben, während die weiter verbreiteten Kattas oder Ringelschwänzigen Lemuren sehr gesellig sind und immer in Gruppen zusammenhausen.

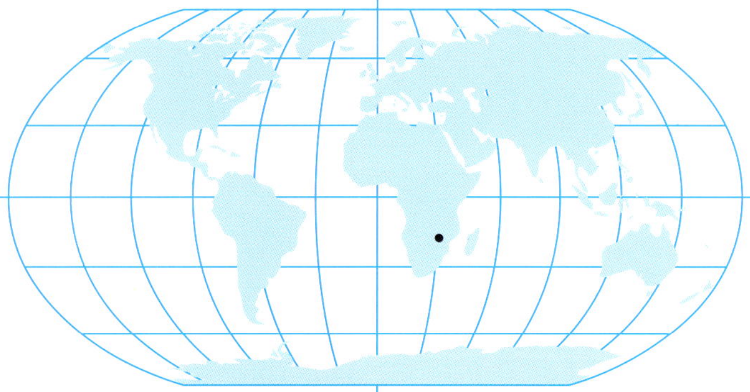

Sambia/Simbabwe

DIE VICTORIA-FÄLLE

In gewaltigen Kaskaden donnert der Sambesi über senkrecht abfallende Felswände.

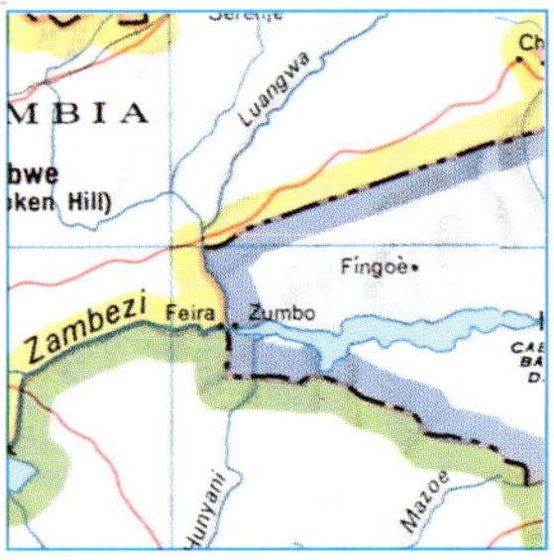

Die Victoria-Fälle des Sambesi (Zambesi) liegen an der Grenze zwischen Sambia und Simbabwe. Der nächste Flughafen befindet sich in Livingstone (Maramba), nur eine kurze Autofahrt entfernt. Von Lukasa, der Hauptstadt Sambias, fährt man zu den Fällen knapp 500 km.

Wenn der Sambesi Hochwasser führt, ergießen sich jede Sekunde 7500 Kubikmeter Wasser über die Victoria-Fälle. So riesig ist das Volumen und so gewaltig die Fallkraft, daß man die resultierenden Gischtwolken noch in vierzig Kilometer Entfernung erkennen kann. Die Eingeborenen nennen die Fälle »Mosi-oa-tunya«, was übersetzt soviel wie »donnernder Rauch« bedeutet. Häufig schimmert in dem Sprühnebel, der bis zu dreihundert Meter aufsteigt, ein farbenprächtiger Regenbogen.

Erster Europäer, der die Fälle erblickte, war der schottische Missionar und Afrikaforscher David Livingstone, der sie 1855 erreichte. Von der Existenz des Kataraktes hatte er vier Jahre zuvor gehört, als er zusammen mit William Cotton Oswell 130 Kilometer westlich der Fälle an die Ufer des Sambesis gelangte. 1853 bis 1856 durchquerte er als erster Weißer Afrika. In der Hoffnung, das Herz des Schwarzen Kontinents für christliche Missionare zu erschließen, reiste Livingstone von Südafrika aus nordwärts durch Bechuanaland (das heutige Botswana) bis zum Sambesi. Er folgte dem Lauf des Sambesis ostwärts und erreichte schließlich im Mai 1856 Quelimane an der moçambikanischen Küste.

Obwohl er die Victoria-Fälle später als Naturwunder von überirdischer Schönheit beschrieb, war Livingstone keineswegs glücklich über ihre Entdeckung, sah er in der 1700 Meter langen und mehr als hundert Meter hohen Wasserwand doch in erster Linie ein Hindernis auf dem Weg zu den Stämmen im Inneren Afrikas. Höhepunkt der Reise war für ihn die Entdeckung des östlich der Fälle gelegenen Batoka-Plateaus, das er als geeigneten Ort für die Errichtung einer christlichen Missionars-Siedlung ansah, sofern der Sambesi auf voller Länge schiffbar sei (was, wie sich später herausstellte, jedoch nicht der Fall war). Trotz seiner Enttäuschung darüber, daß die Katarakte seinem »Fortschritt« im Weg standen, kam Livingstone nicht umhin, ihre eindrucksvolle Pracht zu bewundern, weshalb

Wasserfälle in Westafrika

Auch in Westafrika gibt es spektakuläre Katarakte zu bestaunen. Die Tagbaladougou-Fälle in Obervolta (Burkina Faso) bestehen aus drei Einzelfällen, darunter einem herrlichen langen gischtsprühenden Katarakt, der über eine steile Kante abrupt in die Tiefe stürzt. Die malerischen Tannogou-Fälle in Benen ergießen sich von einer Hochebene in einen großen See. In Guinea führt der Tinkisso-Fluß über eine Reihe von Stromschnellen, deren eindrucksvollen Höhepunkt die Tinkisso-Fälle bilden.

Rechts: Ein Regenbogen wölbt sich über der schmalen Schlucht auf einer Seite der berühmten Victoria-Fälle.

sie seines Erachtens nur einen Namen tragen durften: den der britischen Königin.

Die Fälle bilden den Beginn eines spektakulären Wasserlaufs; unmittelbar danach folgt der gischtumnebelte Fluß seinem Lauf durch eine schmale Schlucht, die sich ca. siebzig Kilometer weit in Zickzackbögen durch das Land zieht. Die engen Kurven entstanden durch Brüche im Gestein, das das Wasser im Laufe der Jahrtausende auskerbte. Der Sambesi fließt durch eine Hochebene aus Sandstein und Basalt; an Stellen, an denen Gesteinsschichten aneinanderstoßen, kommt es zur Ausbildung von Brüchen.

Oben: Bis zu 7500 Kubikmeter Wasser stürzen pro Sekunde in die Tiefe.

Wasserfälle im südlichen Afrika

Bei den Aughrabies-Fällen in Südafrika stürzt der Oranje River über die steile Kante eines Granitplateaus etwa 150 Meter tief in eine enge Schlucht. Granit zählt zu den härtesten Gesteinsarten, und es fällt schwer sich vorzustellen, daß allein die Kraft des Wassers ausreicht, eine solch tiefe Schlucht in den Fels zu schneiden. Während der Trockenzeit ist der Oranje kaum mehr als ein gewöhnlicher Strom, doch wenn Schmelzwasser den Fluß anschwellen läßt, machen die Aughrabies-Fälle ihrem Namen alle Ehre: Der Begriff leitet sich von dem hottentottischen Wort für »Platz von gewaltigem Lärm« her.
Ein anderer von den Jahreszeiten abhängiger Katarakt sind die Lofoi-Fälle in Zaïre, die den Besucher aufgrund ihrer Fallhöhe von 335 Metern jedoch das ganze Jahr über beeindrucken. Ebenfalls in Südafrika findet man die Tugela-Fälle, den höchsten Wasserfall Afrikas, der genaugenommen aus einer Reihe von fünf Kaskaden besteht, über die die Wassermassen 945 Meter weit in die Tiefe stürzen. Die Maletsunyane-Fälle in Lesotho gefrieren im Winter, und der faszinierende Anblick der zu Eis erstarrten Wassersäulen wird zusätzlich verstärkt durch die geradezu unheimliche Stille, die dann über der Landschaft liegt.

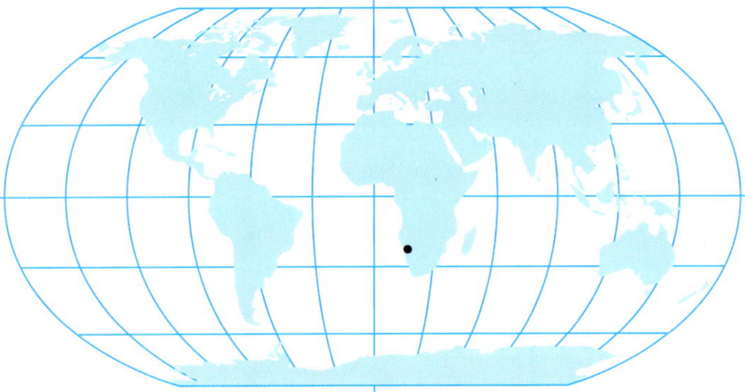

Namibia

DIE WÜSTE NAMIB

Endlose Wogen rotgoldenen Sandes prägen das Bild der Wüste Namib – auf zweitausend Kilometer Länge die Grenze zwischen Südwestafrika und dem Atlantik.

Das riesige Wüstengebiet Südwestafrikas, das sich von der Nähe des Olifants River in der Kapprovinz nordwärts entlang der namibischen Atlantikküste bis nach Angola erstreckt. Internationale Fluggesellschaften landen in Namibias Hauptstadt Windhuk (Windhoek), kleinere Maschinen fliegen auch Walfischbai (Walavisbaai) an, das unweit des Wildschutzgebietes liegt.

Ausbeutung der Bodenschätze

Der erste bekannte europäische Afrikaforscher, der sein Interesse vorwiegend Namibia zuwandte, war Charles John Andersson. Der schwedische Zoologe bereiste Namibia erstmals 1850 als Assistent des britischen Intellektuellen Francis Galton. In den folgenden zwei Jahren wagten sich die beiden Männer von Walfischbai aus nordwärts in das bis dahin unerforschte Ovamboland vor. Als Galton nach England zurückkehrte, blieb Andersson in Afrika, durchquerte 1853–1854 das heutige Botswana und erreichte den Ngami-See, den David Livingstone und William Cotton Oswell 1849 entdeckt hatten. 1857–1858 reiste Andersson von Walfischbai aus erneut nordwärts und gelangte schließlich zu einem bislang unerforschten Teil des Okawango. Anderssons reich illustrierter, berühmt gewordener Reisebericht erschien kurz nach seinem Tod.

Rechts: Nur niedrige Bäume, Dornengestrüpp und Gräser gedeihen unter den kargen Bedingungen dieses ariden Landes.

Endlos wie ein Meer aus Sand erstrecken sich die Dünen der Namib landeinwärts. Auf den ersten Blick scheint hier kein Leben möglich, doch schon beim geringsten Regen erwacht die Wüste zum Leben. Samen und Knollen, oft mehrere Monate lang im Sand begraben, beginnen zu sprießen, die Trockentäler verwandeln sich in blühende Wiesen. Mit den Pflanzen kommen die Tiere. Finken und Lerchen picken Grassamen, Bussarde machen Jagd auf Insekten. An manchen Stellen ernährt die Wüste sogar Spießböcke, eine große Wüstenantilopenart, die sich von den jungen Trieben ernährt. Doch die Pflanzen wachsen nur sporadisch; immer wieder verhungern oder verdursten größere Säugetiere.

Erst vor kurzem fanden Geologen heraus, daß unter dem Sandmeer Namibias kostbare Minerale verborgen liegen. Uran, Kupfer und sogar Diamanten soll es hier geben, weshalb es nicht mehr lange dauern dürfte, bis auch dieser unwirtliche Landstrich vom Menschen »erschlossen«, sprich ausgebeutet wird.

Die Wüste Namib ist so trocken, daß hier nur Tiere und Pflanzen überleben können, die spezielle Überlebenstechniken entwickelt haben. Der nur hier heimischen Weltwitschia zum Beispiel, die vorwiegend im Norden der Region vorkommt, wo die Sand- in Geröllwüste übergeht, scheint die Dürre überhaupt nichts auszumachen. Nach Jahren ohne Niederschlag werden ihre rötlich-braunen, ledrigen Blätter schon bei der geringsten Feuchtigkeitszufuhr wieder grün und wachsen weiter. Weltwitschias können mehrere Jahre lang von den Wasserreserven leben, die sie in einer einzigen feuchten Saison speichern.

Frühmorgens kriechen Echsen und Käfer aus dem Sand, um sich auf Nahrungssuche zu begeben, bevor die Temperaturen ansteigen und sie wieder in die Kühle des Sandes zurücktreiben. Über 65 °C werden hier zuweilen an der Erdoberfläche gemessen – viel zu heiß für die meisten Lebewesen. Für einige Tierarten gibt es nur eine kurze Zeitspanne zwischen der nächtlichen Kühle, in der sie sich nicht bewegen können, und der sengenden Hitze des Tages, vor der die meisten Insekten und Reptilien unterirdisch Schutz suchen. Bei Dunkelheit, wenn die nachtaktiven Tiere den

Sand nach Nahrung durchkämmen, zeigt die Wüste ein völlig anderes Gesicht.

Der Küstenstreifen im Norden Namibias ist oft nebelverhangen, da westliche feuchtwarme Meeresluft auf kalte Luftmassen trifft, die den Benguelastrom von der Antarktis her begleiten. Ca. sechzig Tage im Jahr herrscht hier so dichter Nebel, daß er vom Wind bis zu achtzig Kilometer weit landeinwärts getragen wird. In einer so regenarmen Region bedeuten Nebeltröpfchen für so manches Geschöpf die einzige Feuchtigkeitsquelle überhaupt. Dunkelkäfer etwa leben von der Flüssigkeit, die auf ihren Flügeldecken kondensiert, Knopfkäfer ziehen winzige Rinnen in den Sand und trinken das Wasser, das sich an den Furchenrändern sammelt. Schlangen oder Chamäleons decken ihren Feuchtigkeitsbedarf durch die Körperflüssigkeit der Käfer.

Oben: Ein Schwarzkäfer wartet darauf, daß sich der Morgennebel auf seinem Körper niederschlägt und in seine Mundöffnung tropft – die einzige direkte Feuchtigkeitszufuhr in der ariden Wüstenregion.

Eis- und Trockenwüsten

Wüsten sind Regionen mit äußerst geringer oder gänzlich fehlender Vegetation. Doch entgegen der landläufigen Meinung bestehen nur wenige Wüsten unserer Erde aus Sand wie die Namib. Viele sind Schotter- oder Steinschuttwüsten wie die Negev in Israel, andere bedecken riesige Flächen in der Arktis und Antarktis, wo die Niederschlagsmenge gering ist, ewiges Eis das Land bedeckt und kaum Leben existiert. Im Inneren des großen antarktischen Kontinents gedeihen keinerlei Pflanzen, was zum Teil mit dem Mangel an Erdreich, vorwiegend aber mit der extrem trockenen Luft zu tun hat – ein echtes Paradoxon, wenn man bedenkt, daß in dem mächtigen Eispanzer der Antarktis neun Zehntel der gesamten Süßwasserreserven der Erde gespeichert sind. An den Küstenstrichen und auf den vorgelagerten Inseln wachsen im Sommer jedoch verschiedene Pflanzen, die wiederum eine Reihe von kältetoleranten und anspruchslosen Tieren ernähren.

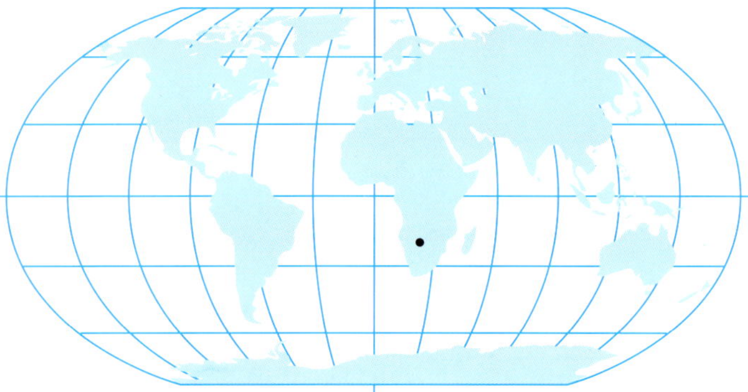

Botswana

DAS OKAWANGO-DELTA

Das Großwild-Reservat im Herzen der Wüste ist eines der letzten großen Naturparadiese Afrikas.

Tief im Herzen der Kalahari-Wüste gelegen, führen nur wenige Straßen durch diese Region, und die meisten sind kaum mehr als Schotterpisten. Der nächste Flughafen befindet sich in Livingstone, jenseits der Grenze zu Sambia und rund 320 km in nordöstlicher Richtung vom Zentrum des Deltas entfernt.

Makgadikgadi-Pfanne

Die mit einer Fläche von nahezu 37 000 Quadratkilometern größte Salzpfanne der Erde ist während und nach der Regenzeit ein wahres Vogelparadies, lockt aber auch eine Vielzahl anderer Tiere an. Mit dem Wasser beginnt das Leben zu sprießen, und Makgadikgadi wird zu einer Oase saftigen Weidelandes für die riesigen umherziehenden Zebra- und Antilopenherden. In den feuchten Zonen sammeln sich auch spektakuläre Schwärme von Flamingos und anderen Wasservögeln.

Rechts: Das faszinierende Mosaik aus Flußarmen, mit Dornenbusch bewachsenen Inseln, Stauwasser- und Sumpfzonen macht das Okawango-Delta zu einer einzigartigen Naturlandschaft.

Oben: Rote Litschi-Antilopen durchstreifen die Weiten des Okawango-Schwemmlandes.

Von seinem Quellgebiet im Hochland von Angola fließt der Okawango in südöstlicher Richtung und verläuft sich in dem ariden Ödland der Kalahari-Wüste, einem der trockensten Gebiete Südafrikas. Dort teilt sich der Strom zum Binnendelta, dessen Kern ca. 16 000 Quadratkilometer umfaßt, das sich nach Regenfällen bis auf 22 000 Quadratkilometer ausdehnen kann. Dabei passiert das Wasser ein Labyrinth von Kanälen, in denen über 95 Prozent der Flüssigkeit verdunsten. Der Rest teilt sich auf und strömt entweder als Boteti weitere 150 Kilometer südwärts zur Makgadikgadi-Pfanne (größte Salzpfanne der Erde), wo die letzten Wasserreste verdunsten, oder speist den südwestlich gelegenen Ngamisee (Lake Ngami).

Das Okawango-Delta ist eines der größten Binnendeltas der Welt und dank des Gegensatzes zwischen fruchtbarem Sumpfland und der extremen Trockenheit der Kalahari-Wüste auch eine Naturlandschaft von einzigartigem Reiz. Darüber hinaus zählt es zu den letzten unberührten Landstrichen des afrikanischen Kontinents und ist Lebensraum vieler seltener Tier- und Pflanzenarten. Über den oberen Teil des Deltas erstrecken sich weite, dichte Riedbetten, in denen Papyrusstauden das Bild bestimmen. Dazwischen liegen Stauwasserflächen mit großen Seerosenbeständen – Eldorado für Zwergglanzenten, die sich fast ausschließlich von den Früchten der Wasserpflanze ernähren. Im Sumpf sind auch größere Tiere heimisch, darunter mehrere Antilopenarten wie die Sitatunga, die speziell an das Leben im wasserreichen Ambiente angepaßt ist und selbst die unzugänglichsten Zonen des Deltas bewohnt, so die Antilopenfamilie Riedbock mit den Arten Wasserbock, Kob-Antilope und Litschi-Antilope. Im Okawango-Delta trifft man die letzten großen Herden der Roten Litschi-Antilope. Die Riedbetten sind auch die Heimat einiger der seltensten Vögel. Adler ziehen hier ihre Kreise und teilen sich den Luftraum mit Bienenessern, Zwerghaubenfischern, Afrikanischen Fischeulen und Reihern.

Im unteren Teil des Deltas gehen die Riedzonen in dorniges Akaziengebüsch und Überschwemmungsebenen mit saftigem Grasbewuchs über, die riesige Herden von Wandertieren wie Zebras, Büffel, Elefanten und Antilopen magnetisch anziehen. Ihnen folgen wiederum Löwen, Leoparden, Hyänen und andere Raubtiere in die Region. Das Okawango-Becken ist auch die Heimat der eingeborenen Tswana- und Herero-Stämme, die vorwiegend von der Viehzucht leben. Wegen der Tsetsefliege, Überträger der Schlafkrankheit, konnten sie ihre Rinder früher nur am Saum des Deltas weiden, seit die Region von Flugzeugen aus mit Insektiziden besprüht wird, trifft man Hirten und Herden auch im Sumpfland. Allerdings fordert auch dieser Eingriff des Menschen seinen Preis: Die Rinder bedeuten Futterkonkurrenz für die Antilopen und zerstören darüber hinaus deren Lebensraum, weshalb der Bestand der eleganten Tiere immer mehr zurückgeht. Das fragile Gleichgewicht dieser bislang unberührten Naturlandschaft ist in Gefahr geraten. Die Bewohner der Region haben diese Bedrohung erkannt, und durch die Einrichtung eines knapp viertausend Quadratkilometer großen Wildreservates versuchte man nun, die Schäden möglichst gering zu halten und wenigstens einen Teil der ursprünglichen Flora und Fauna zu erhalten. Dieses Moremi-Wildlife Reserve ist übrigens das erste und bislang einzige südafrikanische Wildschutzgebiet, das von Eingeborenen initiiert wurde und auch geleitet wird.

Sumpf- und Moorantilopen

Die scheuen Sumpfantilopen (Sitatungas) sind hervorragend an das Leben im Sumpf des Okawango-Deltas angepaßt. Je nach Höhe des (nach Jahreszeit schwankenden) Wasserstandes ernähren sie sich von verschiedenen Pflanzenarten. Diese Flexibilität erhöht ihre Überlebenschancen ebenso wie andere Anpassungen an den feuchten Lebensraum – die langen Hufe etwa, die sich beim Auftreten weit spreizen und es der Sumpfantilope ermöglichen, sich auch auf dem weichen, nassen Boden sicher fortzubewegen. Die Sitatunga ist das einzige größere Säugetier, das in den Papyrus-Sümpfen lebt, in die sich nur wenige Räuber vorwagen. Dennoch geschieht es hin und wieder, daß erwachsene Sumpfantilopen die Beute von Krokodilen, Löwen oder Leoparden werden; junge Sitatungas laufen darüber hinaus sogar Gefahr, im Magen einer hungrigen Python zu enden. Litschi-Antilopen sind dagegen eher auf das Dasein in den saisonal überfluteten Ebenen eingerichtet. Auch sie haben verlängerte Hufe, die ihnen das Laufen auf morastigem Grund erleichtern, und bevorzugen als Weidegrund die Wiesenränder, wo sie die jungen Triebe abknabbern.

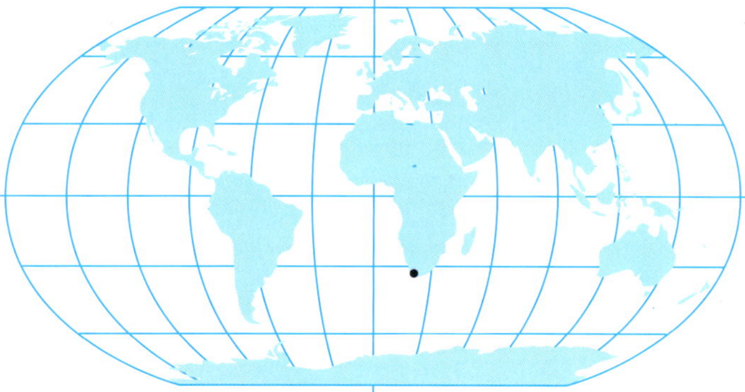

Südafrika

DER TAFELBERG

Häufig in Wolken gehüllt, ist dieser mächtige flachkuppige Berg monumentale Kulisse für eine der schönsten Städte Südafrikas.

Der Tafelberg (Table Mountain) überragt Kapstadt (Cape Town) und liegt nur eine kurze Autofahrt von der Stadtmitte entfernt. Zum Gipfelplateau verkehrt eine Seilbahn.

Der Tisch des Riesen

Der Tafelberg liegt oft hinter weißen Nebelschwaden verborgen. Manchmal aber hebt sich die Wolkendecke, so daß nur das »Tafeltuch« zurückbleibt, das sich wie ein weißes Tischtuch über das Gipfelplateau breitet. Vom Hafen aus wirkt der Berg wie ein gigantischer, im Dunst der Hitze blaugrün schimmernder Monolith; ungezählte Seefahrer, die im Laufe der Jahrhunderte den gefahrvollen Stürmen im Kap der Guten Hoffnung getrotzt hatten, war sein Anblick Symbol für eine glücklich beendete Reise. Die dem Atlantik zugewandte, zerklüftete Flanke der gewaltigen Sandstein-Schichtstufe ist als die »Zwölf Apostel« bekannt.

Rechts: Das gewaltige Tafelbergmassiv mit dem auffälligen Gipfelplateau beherrscht schon aus weiter Entfernung das Panorama.

Der Tafelberg (Table Mountain) – nomen est omen – bildet die Nordspitze eines Massivs, das sich vom Kap der Guten Hoffnung (Cape of Good Hope) bis nach Kapstadt (Cape Town) zieht und vorwiegend aus Sandstein und Quarzit besteht, die auf einem älteren Gesteinssockel aus Granit und Schiefer ruhen. Östlich vom Tafelberg erhebt sich die 975 Meter hohe Teufelsspitze (Devil's Peak), während im Westen die etwas niedrigeren Löwenkopf (Lion's Head) und Signal Hill 640 beziehungsweise 335 Meter Höhe erreichen.

Das »Tafeltuch« legt sich über das Gipfelplateau des Tafelbergs, fällt jedoch nie bis zu den unteren Berghängen hin ab. Verantwortlich für die Entstehung der charakteristischen milchweißen Decke ist der vorherrschende Südostwind, der feuchte Luftmassen heranträgt und sie gegen den Tafelberg drückt, wo sie kondensieren. Auf diese Weise kann es in der Gipfelregion ganz plötzlich zu Wolkenbildung kommen, was das Wetter hier in dieser Region unberechenbar macht. Nicht umsonst steht der Berg in dem Ruf, ein ausgesprochen regenreiches Fleckchen Erde zu sein, denn während die durchschnittliche jährliche Niederschlagsmenge in Kapstadt bei vergleichsweise geringen 65 Zentimetern liegt, beträgt sie am Gipfel des Tafelbergs 185 Zentimeter, also fast das Dreifache.

Heftige Regenfälle haben das Gipfelplateau erodiert und eine Reihe von Kluften in die Felsflanken geschnitten. Die tiefste, The Gorge (die Schlucht) genannt, bildet zugleich den kürzesten Weg zum Gipfel. An klaren Tagen bietet sich von oben ein atemberaubender Panoramablick. An der Südspitze Afrikas stoßen zwei gewaltige Weltmeere aufeinander – Atlantischer und Indischer Ozean. Kalte Strömungen aus dem Süden, die hier auf das wärmere Wasser des Indischen Ozeans treffen, sind auch für die berüchtigten Stürme verantwortlich, die die Region um das Kap der Guten Hoffnung fast regelmäßig heimsuchen.

Der erste Europäer im heutigen Kapstadt war der portugiesische Forscher Bartholomäus Dias, der die Gegend 1488 erreichte und sie treffend Kap der Stürme taufte. Nach einem Massaker, bei dem eingeborene Hottentotten 22 Jahre später portugiesische Seeleute niedermetzelten, mieden Schiffe die Region, und erst 1652 entstand die erste Siedlung an der Tafelbucht (Table Bay) – gegründet von den Niederländern, um die hier vorbeisegelnden Schiffe der East India Company mit frischen Lebensmitteln zu versorgen. Die Festung dieser ersten Siedler steht noch und ist in Kapstadt zu besichtigen.

Oben: Ein genauerer Blick auf den Tafelberg (rechts) offenbart steile Felsflanken und wildzerklüftete Klippen. Die Bergspitze auf der linken Bildseite ist als »Löwenkopf« (Lion's Head) bekannt.

Berühmte Tafellandschaften

Der Table de Jugurtha, ein großes Kalkplateau in Tunesien, entstand durch sogenannte »Reliefumkehr«: Der ursprünglich von Hügeln aus weicherem Gestein flankierte Talboden trotzte der Erosion besser als der Gesteinsmantel und wuchs daher über seine Umgebung hinaus. So bildet dieses Plateau eine natürliche Festung, die von über 600 Meter hohen Felssteilwänden geschützt wird. Dasselbe gilt für den wesentlich größeren, mit Schiefer- und Kohleschichten durchsetzten Sandsteintafelberg Mesa Verde in Colorado, USA. Stete Anhebung des Landes, zu der die Abtragung weicherer Gesteine durch Flüsse kam, bildeten den heute von dichtem Wacholder- und Kiefernwald bedeckten Tafelberg. Ihre Berühmtheit verdankt die Region in erster Linie den zum Teil mehr als tausend Jahre alten Wohnstätten, die Indianer im Schutz der Sandsteinklippen errichteten.
Im Bergland von Guayana in Südamerika überragt der Roraima, ein rotes Sandsteinmassiv von 15 Kilometer Länge und fünf Kilometer Breite, seine Umgebung um mehr als 2800 Meter. Erosionskräfte haben Spalten im Plateau zu Tälern erweitert – ein Prozeß, der andauert, wie der Roraima verdeutlich, über dessen Felskanten Wasserfälle stürzen und das reißende Wasser stark genug ist, selbst hartes Gestein abzuschleifen und fortzuwaschen.

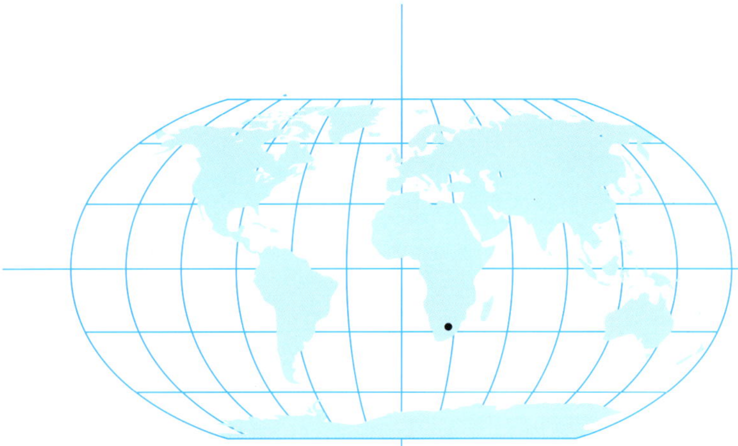

Südafrika

PLATIN, GOLD UND DIAMANTEN

Unter der Erde Südafrikas ruhen Edelmetalle und Edelsteine von unschätzbarem Wert.

Die Stadt Rustenburg liegt in Transvaal rund 80 km westlich von Pretoria, der Hauptstadt des Landes. Kimberley, das zum Oranje-Freistaat gehört, ist 450 km weiter entfernt, von Pretoria mit Auto oder Bahn aber gleichfalls gut erreichbar.

Platin

Platin ist das teuerste Edelmetall und wird zu Schmuckstücken verarbeitet, aber auch in der Industrie eingesetzt. Sein hoher Schmelzpunkt (bei 1772 °C) prädestiniert dieses Metall zum Einsatz in Hochöfen. Außerdem ist es nahezu inaktiv, reagiert also kaum mit anderen chemischen Elementen, eignet sich aber hervorragend als Katalysator, da es andere chemische Reaktionen ermöglicht bzw. beschleunigt, ohne sich selbst dabei zu verändern. Platin findet auch in medizinischen, chemischen und elektrischen Geräten Verwendung.

Rechts: Das »Big Hole« in Kimberley – gigantisches Relikt einer Diamantenmine aus dem 19. Jahrhundert.

Südafrika zählt zu den an Bodenschätzen reichsten Ländern unserer Erde. Platin, Gold und Diamanten werden hier in ungeheuren Mengen gefördert.

Zur Bildung von Mineralen kommt es, wenn glühende Gesteinsschmelze (Magma) in Schüben in die Erdkruste aufsteigt und dort in Schichten kristallisiert. Die Zusammensetzung der Schmelze verändert sich von Schicht zu Schicht, und der letzte Rest des nach oben gedrängten Magmavorkommens enthält oft Elemente, die man in gesteinsbildenden Mineralen sehr selten findet und die dementsprechend wertvoll sind. Eine bedeutende Platin-Lagerstätte ist die Merensky-Ader im westlichen Transvaal, wo Bewegungen der Erdkruste und Erosion einen Teil der mineralhaltigen Schicht in die Nähe der Erdoberfläche gehoben haben. Die Ader mißt nur ein bis zwei Meter, ist aber rund 250 Kilometer lang. Sie wird von der Rustenburg Platinum Mines Group abgebaut, dem mit einer Jahresausbeute von 28 Tonnen bedeutendsten Platin-Produzenten der Welt.

Wie viele Minerale tritt Gold zuweilen in Verbund mit anderen Elementen – besonders mit Kupfer – auf. Einige Kupferminen verdanken ihren Profit nur dem »Nebenprodukt« Gold, ohne das die Zechen längst hätten schließen müssen. Der größte Teil des südafrikanischen Goldes wird jedoch in Seifenlagerstätten gewonnen. Seifen sind Sedimentgesteine, die durch Erosion aus den Ablagerungen anderer, in diesem Fall von Goldadern durchzogenen Gesteinsschichten entstanden. Da Gold wesentlich schwerer ist als die übrigen Gesteinsbestandteile, haben sich die kleinen, an anderer Stelle ausgewaschenen Goldkörner während des Sedimentationsprozesses in größeren Mengen abgelagert, was die Förderung relativ einfach macht.

Die Diamantenmine in Kimberley gehört zu den spektakulärsten ihrer Art. Die ursprüngliche Grube liegt innerhalb des Stadtgebietes und wurde in ein Museum umgewandelt. Man nennt sie treffend »Big Hole« –

und genau das ist sie auch: das größte von Menschenhand gegrabene »Loch« unserer Erde. Das diamanthaltige Gestein (Kimberlit) dürfte ursprünglich den Schlot eines Vulkans gebildet haben, der hier vor 70 bis 130 Millionen Jahren existierte. Solche Vulkane sind extrem selten. Ihr Gestein stammt aus mehr als hundert Kilometer Tiefe, wo Temperatur und Druck hoch genug waren, um Diamanten entstehen zu lassen – die härteste natürliche Substanz überhaupt. Am Big Hole ermöglicht eine Plattform den Blick in den vierhundert Meter tiefen Schacht, von dem aus Stollen bis in über 1200 Meter Tiefe getrieben wurden.

Fast 15 Hektar groß, hat die Kimberley-Mine einen Umfang von 1500 Metern. Im Laufe von rund vierzig Jahren wurden hier 14,5 Millionen Karat (fast drei Tonnen) Diamanten gefördert.

Oben: Diamanten von Edelsteinqualität schimmern im braunen Kies.

Unten: Ein Diamantschürfer präsentiert seinen Fund.

Gold und Diamanten

Schon in der Antike wurde Gold als kostbares Metall geschätzt und zu Schmuck und Kultobjekten verarbeitet. Wer es sich leisten konnte, ließ sich auch Gebrauchsgegenstände aus Gold fertigen. Um den Besitz von Gold wurden Kriege geführt und ganze Völker ausgerottet. Seine Eigenschaften machen es zu einem begehrten Rohstoff in der Industrie und Medizintechnik.
Diamanten sind begehrte Juwelen, doch werden sie aufgrund ihrer außerordentlichen, keiner anderen natürlichen Substanz vergleichbaren Härte auch für industrielle Zwecke benötigt. Der größte je gefundene Rohdiamant, Cullinan I genannt, wog 3106 Karat und wurde in der Premier-Mine in Pretoria entdeckt. Von ihm stammt auch der größte geschliffene Diamant (530,2 Karat), der das königliche Szepter der britischen Kronjuwelen schmückt.

GRÖNLAND

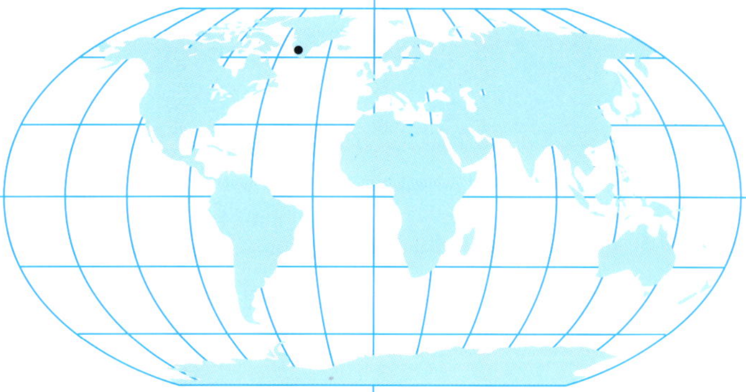

Mehr als zwei Drittel der größten Insel des Erdballs liegen unter einem mächtigen Eispanzer.

Grönland liegt 200 km westlich von Island. Da es auf der Insel keine größeren Schnellstraßen gibt, erfolgt der Verkehr im Landesinneren vorwiegend mit Flugzeug und/oder Schiff.

Grönland – Land gigantischer Gebirge, mächtiger blaugrüner Gletscher, spektakulärer Fjorde und kahler Felsen. Geologen haben herausgefunden, daß Teile hiesigen Gesteins zu den ältesten der Welt zählen und vor über 3700 Millionen Jahren entstanden.

Aus der Vogelperspektive wirkt Grönland wie eine riesige, menschenleere Wildnis, deren endlos schimmerndes Weiß nur vereinzelt von schwarzen Punkten unterbrochen wird – blanken Berggipfeln, die aus dem ewigen Eis ragen. Vom Boden aus aber offenbart sich die

Rechts: Wie Spielzeugbauten wirken die farbenfrohen Häuser vor der gewaltigen Gebirgskulisse. Die blanke Schneefläche im Hintergrund ist der vereiste Fjord von Angmassalik.

Gegenüber: Selbst in der hochsommerlichen Wärme taut das Eis an der Myggbukta-Bucht im Nordosten Grönlands niemals ganz weg.

großartige Vielfalt der Landschaft: Im Sommer breitet sich über die Wiesen in Küstennähe ein leuchtend bunter Teppich aus violettem Steinbrech und gelbem Mohn, dazwischen ragen Bergeschen und Birken in jungem Grün. Das Inselinnere aber bleibt das ganze Jahr über unter einem dicken Eispanzer.

Mit einer Fläche von rund 2,2 Millionen Quadratkilometern ist Grönland etwa zehnmal so groß wie Großbritannien. Von Peary Land im Norden bis zum Kap Farvel im Süden mißt die Insel gut 1500 Kilometer, ihre größte Breite beträgt 1300 Kilometer. Eindrucksvollstes Charakteristikum ist die stellenweise mehrere tausend Meter mächtige Eisdecke, die gut achtzig Prozent der Insel bedeckt. In diesem Inlandeis entstehen riesige Gletscher: Der Jakobshavn-Gletscher etwa, der mit einer Geschwindigkeit von ca. einem Meter pro Stunde auf die Küste zufließt, transportiert täglich mehrere Millionen Tonnen Eis zum offenen Meer, wo ungeheure Eisschollen abgestoßen werden. Einer der so entstandenen Eisberge versenkte 1912 die *Titanic*. Die erste Durchquerung des Binneneises gelang 1888 Fridtjof Nansen.

Grönland ist eine Insel von mannigfaltiger Schönheit. Die Ostküste liegt fast das ganze Jahr über unter einer geschlossenen Schneedecke. Die wenigen Siedlungen liegen weit auseinander, was der arktischen Flora und Fauna zugute kommt, die an anderen Stellen des Erdkreises akut bedroht ist.

Die Westküste hat einige der tiefsten Fjorde der Welt zu bieten; mehr als dreihundert Kilometer weit reichen sie ins Landesinnere hinein. Hier befindet sich auch die Hauptstadt Nuuk mit rund 12 000 Einwohnern. Lange Zeit dänische Kolonie, ist Grönland seit 1979 zwar noch Teil des Königreiches Dänemark, verfügt aber über autonome Selbstverwaltung.

Ein beträchtlicher Teil Grönlands liegt nördlich des Polarkreises und sieht demzufolge im Winter oft monatelang keinen Sonnenstrahl. Im Sommer genießen Zugvögel und Pflanzen in großer Zahl die langen Tage.

Die meisten Vogelarten kommen nur zum Brüten nach Grönland und fliegen südwärts, sobald der Winter droht. Einige wenige aber, wie Schneehuhn und Schneeammer, bleiben das ganze Jahr über hier. Grönland ist auch die Heimat des größten Landraubtiers, des Eisbären. Daneben gibt es Wölfe, Polarfüchse, Schneehasen, Rentiere und Lemminge. Im Norden der Insel scharren große Herden Moschusochsen im Schnee nach etwas Grün. Ihr dichtes, zottiges Fell schützt sie gegen die eisigen Winde der Arktis. Vor der Küste lassen sich mit etwas Glück verschiedene Wal- und Robbenarten beobachten.

Wikinger auf Grönland

Die nordische Sage berichtet von einem Wikinger, dessen Schiff im 9. Jahrhundert auf dem Weg von Irland nach Island abgetrieben wurde und an einer Insel vor der Ostküste Grönlands strandete. Über ein Jahrhundert später machte sich der Norweger Erich der Rote auf die Suche nach diesen Inseln. Aus seinem Heimatland und wegen Mordes an Siedlern auch aus Island verbannt, segelte er von Island westwärts, erkundete von See aus das neue Land und entdeckte die tiefen Fjorde an der Westküste Grönlands.

Damals war das Klima in Grönland milder als heute, und die Fjordlandschaft trug üppig-grüne Vegetation, die Erich und seine Gefolgsleute dazu veranlaßte, hier das Land zu bestellen und Vieh zu weiden. Als die Kunde von Erichs Erfolg seine Heimat erreichte, wagten weitere Siedler die gefährliche Reise von Island nach Grönland. Rund vierhundert Jahre lang florierte die Kolonie.

Ausgrabungen brachten die Überreste von gut dreihundert Gehöften ans Tageslicht, darunter auch das Haus Erichs des Roten und eine Kirche, doch bis heute weiß man nichts über das weitere Schicksal der Wikinger. Einige Wissenschaftler vertreten die These, daß die Siedler bei Kämpfen mit eingeborenen Inuit oder Piraten umkamen oder von einer Epidemie dahingerafft wurden.

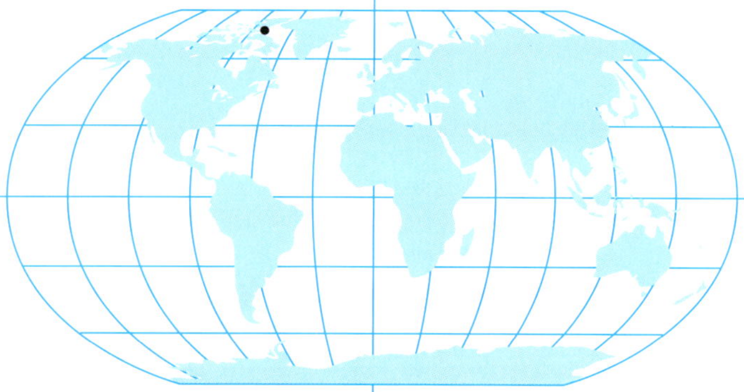

Kanada

AXEL-HEIBERG-FOSSILIENWALD

Jahrmillionenalte mumifizierte Bäume in der kanadischen Arktis.

Das bequemste Verkehrsmittel im arktischen Raum ist das Flugzeug, mit dem man auch Axel Heiberg Island erreicht. Der nächstgelegene größere Flugplatz ist Resolute auf Cornwallis Island, gut 550 km südlich gelegen. Besucher müssen auch im Sommer auf kühle bis frostige Temperaturen gefaßt sein.

Fährt man von der kanadisch-amerikanischen Grenze aus nordwärts, führt der Weg zunächst durch Mischwald, der nach und nach in Nadelwald übergeht, und passiert schließlich die Baumgrenze. Dahinter liegt die Tundra, deren rauhes Klima keine Bäume mehr gedeihen läßt. Einziges größeres Gewächs ist die arktische Weide. Auf den Inseln des Kanadisch-Arktischen Archipels existiert außer Flechten und Moosen, die jeden Sonnenstrahl des kurzen arktischen Sommers nutzen, kaum Leben. Kein Wunder also, daß der Amerikaner David Brainard, der 1883 von einer Expedition nach Ellesmere Island zurückkehrte, auf ungläubiges Staunen stieß, als er von konservierten Bäumen berichtete.

Seither wurden in der kanadischen Arktis noch weitere Fossilienwälder entdeckt. In manchen Fällen wurde das Holz durch Kalzitlösungen in Stein verwandelt, in anderen aber regelrecht mumifiziert. Ein besonders spektakuläres Beispiel für diese »Mumifizierung« findet man auf Axel Heiberg Island, kaum tausend Kilometer vom Nordpol entfernt, wo Baumstümpfe und Wurzeln genau so aus dem Boden ragen, wie sie einst wuchsen. Das Holz ist noch immer weich – 45 Millionen Jahre in dieser unwirtlichen Landschaft haben es kaum verändert. Entfernt man vorsichtig Sand und Schlick, der die Baumruinen umgibt, kommt nicht nur das Wurzelwerk ans Tageslicht, sondern auch die ursprüngliche Laubschicht des Waldbodens, komplett mit Zapfen und fossilierten Überresten von Käfern und anderen Insekten, die einst den Wald bevölkerten.

Man hat auch Reste größerer Waldbewohner gefunden, die unzweifelhaft nahelegen, daß hier einst Alligatoren, Landschildkröten, Schlangen, Salamander, Tapire, Kraniche, flugfähige Lemuren und Vorgänger unseres heutigen Flußpferdes lebten. Die fossile Flora und Fauna lassen vermuten, daß diese Region früher ein Sumpfland von der Art der Everglades in Florida war – verglichen mit dem heutigen Landschaftsbild ein Gegensatz, wie er größer kaum denkbar ist. Wie aber kann im Polargebiet ein tropischer Sumpf existiert haben? Man weiß heute, daß sich die Kontinente im Laufe der Erdgeschichte mehrfach in unterschiedliche Richtungen bewegten,

Rechts: Den Fossilienwald von Axel Heiberg Island sehen Sie rechts im Bild vor dem Schneefeld. Beachten Sie die weißen Zelte am Talboden. Die Aufnahme entstand um zwei Uhr früh an einem Morgen im Juli.

Gegenüber, oben: Die mumifizierten Blätter und Zapfen einer Redwood-Art (Mammutbaum), die hier vor 45 Millionen Jahren wuchs.

Gegenüber, unten: Perfekt konservierter Baumstumpf – letzter Rest eines vorzeitlichen Moorwaldes.

doch läßt sich mit einiger Sicherheit sagen, daß Axel Heiberg Island seine Lage in den letzten 45 Millionen Jahren kaum verändert hat. Es muß damals also sehr viel wärmer gewesen sein, vermutlich lag nicht einmal Eis auf den Polkappen, doch dürften die langen Winter ohne Sonnenlicht das Pflanzenwachstum beträchtlich behindert haben. Ihren Blättern nach handelte es sich bei den meisten Bäumen um eine Redwood-Art, die man nur aus Versteinerungen kannte und für ausgestorben hielt, bis 1946 Restbestände in Zentralchina entdeckt wurden. Eine Untersuchung der Jahresringe der auf Axel Heiberg gefundenen Exemplare belegt, daß die Bäume perfekt an die kurze Sommer-Wachstumsphase mit 24stündigem Tageslicht und die langen und dunklen Winter angepaßt waren. Diese Polarwälder sind einzigartig; heute gibt es keine größeren Pflanzen mehr, die in dieser Region überleben könnten. In Anbetracht der Tatsache, daß die Temperaturen auf Axel Heiberg Island heute selbst im Hochsommer kaum über den Gefrierpunkt steigen, fällt es schwer, sich an diesem Ort eine tropische Sumpflandschaft vorzustellen. Dennoch lauerten hier einst Krokodile im Sumpf auf Beute.

Fossilisation

Versteinerungen und andere Fossilisationen von Pflanzen und Tieren sind äußerst selten, da fast alles tote Material auf die eine oder andere Weise wieder in den natürlichen Kreislauf zurückgeführt wird. Um versteinert werden zu können, müssen Tiere ein Skelett, einen Knochenpanzer oder ein Muschelhaus haben oder sofort in Schlamm, Sand oder Harz eingebettet werden, so daß keine Verwesung stattfinden kann. Selbst dann kommt es vor, daß sie von darübergelagertem Sediment zerdrückt oder von Flüssigkeiten angegriffen werden, die durch Spalten im Gestein herabsickern. Auch Erdstöße, Hitze und Druck im Erdinneren vernichten Fossilien.
Bei umfangreicher Fossilisation kommt es zur Bildung von Gesteinen wie Kreide, die fast vollständig aus den Schalen mikroskopisch kleiner mariner Lebewesen besteht. Besonders selten sind sogenannte Körperfossilien, bei denen Tiere oder Teile von ihnen vollständig erhalten wurden. Ein Beispiel dafür sind die Federn des Archaeopteryx, des berühmten flugfähigen Reptils, das Wissenschaftler als Bindeglied zwischen Dinosauriern und den modernen Vögeln ansehen. Ebenso rar sind Abdrücke von Quallen in feinkörnigem Sedimentgestein.

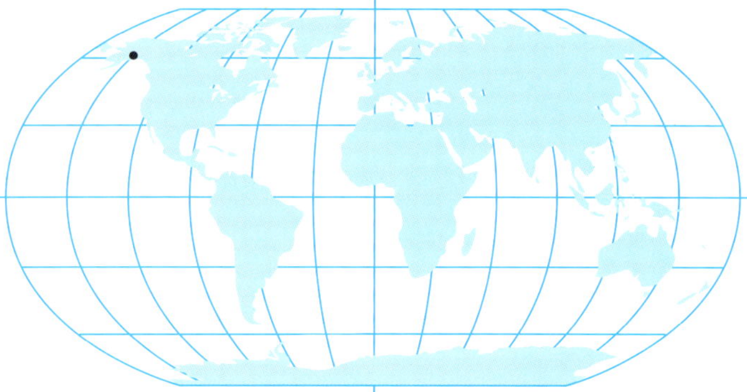

Alaska

DAS ÖKOSYSTEM ARKTIS

Die Lemmingpopulation nimmt großen Einfluß auf die arktische Fauna.

Lemminge trifft man überall in der Arktis, in Rußland und Nordamerika ebenso wie in Grönland und Norwegen, doch ist es noch keinem Wissenschaftler gelungen, ihre merkwürdigen Wanderungen vorherzusagen. Am besten beobachten lassen sich die Tiere wahrscheinlich in Alaska und Kanada.

Rechts: Halsbandlemminge sind im hohen Norden weit verbreitet und bilden ein wichtiges Glied in der Nahrungskette der Arktis.

Gegenüber: Der Timberwolf ist nur einer von vielen Räubern, die von der Massenvermehrung der Lemminge profitieren.

Lemminge verdanken ihre Bekanntheit sogenannten »Massenselbstmorden«. Forscher haben inzwischen jedoch bewiesen, daß die Tiere keineswegs absichtlich in ihr Verderben rennen. Vielmehr handelt es sich bei ihren Massenwanderungen um die Suche nach neuen Futterplätzen, die zuweilen tragisch endet. Die damit verbundene Reduktion der Lemmingpopulation dient dazu, das fragile Gleichgewicht im Ökosystem der Arktis aufrechtzuerhalten.

Die bekanntesten Lemminggattungen sind der in Nordeuropa, Asien und Nordamerika heimische Echte Lemming (mit fünf Arten), der Waldlemming und der Halsbandlemming, der in Nordasien und in den arktischen Gebieten Amerikas einschließlich Grönland lebt. Lemminge sind putzige Kerlchen, gedrungen, etwa 13 Zentimeter lang und mit einem dichten, meist braunen Pelz gegen die Kälte gewappnet. Das Fell des Halsbandlemmings wird im Winter rein weiß, was ihn im Schnee nahezu unsichtbar macht.

Die kleinen Nager halten keinen Winterschlaf, sondern verbringen die kalten Monate unter der Schneedecke in Hohlräumen, die vom noch warmen Erdreich aufsteigende Luft gebildet hat. Gibt es keine solchen Höhlen, graben sich die Lemminge selbst Tunnel und leben in unterirdischen Bauten. Ein Weibchen kann 3–6 Würfen mit je fünf bis sechs Jungen, das heißt 36 Junge pro Jahr zur Welt bringen. Bereits im Alter von zwei bis drei Monaten werden die Tiere geschlechtsreif – ein im Frühjahr geborenes Weibchen kann also bereits im September Enkelkinder haben.

Die Anzahl der Geburten hängt von der Nahrungsversorgung und dem Wetter ab. Ist die Vegetation gering, bleibt ihre Zahl gering, doch alle drei bis vier Jahre gibt es reichlich Grünzeug, was die reinste Bevölkerungsexplosion zur Folge hat.

Da die arktische Tundra diese Unzahl von Lemmingen unmöglich ernähren kann, kommt es zu einer Hungersnot; die kleinen Nager fressen dann manchmal giftige Pflanzen und werden zunehmend aggressiv und greifen manchmal sogar größere Tiere an. In ihrer verzweifelten Suche nach Nahrung beginnen sie schließlich ihre Massenwanderungen. Zu Tausenden ziehen die Tierchen dann durch die Tundra. Wölfe, Füchse und sogar Fische profitieren von dieser leichten Beute. Stoßen die Lemmingzüge auf Flüsse oder das Meer, werden die vorderen Reihen von den Nachdrängenden ins Wasser getrieben. Kleinere Gewässer können sie schwimmend durchqueren, doch ertrinken viele.

Die Massenvermehrung der Lemminge läßt auch die Zahl ihrer Räuber ansteigen, zu denen Polarfuchs, Hermelin, Schnee-Eule, Wanderfalke, Bussard, Raubmöwe und andere Greifvögel zählen. Hält sich die Population der Lemminge in Grenzen, müssen diese Tiere anderswo nach Nahrung suchen. Füchse verlassen die Tundra, um in den riesigen Wäldern weiter südlich auf Jagd zu gehen. So hängt der Lebenszyklus vieler Arktisbewohner direkt mit diesem putzigen Nagetier zusammen – ein weiteres Beispiel dafür, wie die Natur – sofern sie, wie hier im frostigen Norden, noch ungestört – für ein gesundes Gleichgewicht zwischen Jägern und Gejagten sorgt.

Nagetiere der Arktis

Neben dem Lemming gibt es viele andere kleine Pflanzenfresser, die in den kargen Weiten der Tundra überleben, u. a. Wühlmäuse, Pfeifhasen, Murmeltiere, Bisamratten und Parry-Ziesel. Sie alle haben sich der extremen Kälte des arktischen Winters auf besondere Art und Weise angepaßt.

Einer der einfachsten Überlebensmechanismen für kleine Tiere besteht darin, die kälteste Zeit schlafend zu überbrücken. Die in Alaska heimischen Parry-Ziesel verbringen die Wintermonate in Gemeinschaftsbauten. Murmeltiere suchen sich in Böschungen tiefe Höhlen, in denen sie fünf bis sechs Monate lang Winterschlaf halten. Ein rechtzeitig angefressenes Fettpolster schützt zum einen gegen die Kälte und bildet eine Nahrungsreserve, die während der Ruhezeit abgebaut wird. Pfeifhasen, die man vor allem in Westkanada antrifft, sammeln im Sommer Gras und trocknen es in der Sonne. Das fertige Heu wird dann in eine unterirdische Höhle gebracht, wo es den langen Winter über gleichzeitig als Futter und Streu dient. Wühlmäuse leben wie die Lemminge unter der Schneedecke, wo sie Samen, Pflanzen und Insekten finden. So müssen sie weder Winterschlaf halten noch hinaus in die eisige Dunkelheit. Das weiße Winterfell bietet Schneehasen Tarnung, so daß sie sich draußen aufhalten und an den tiefgekühlten Pflanzen knabbern können, ohne von ihren Feinden gesehen zu werden.

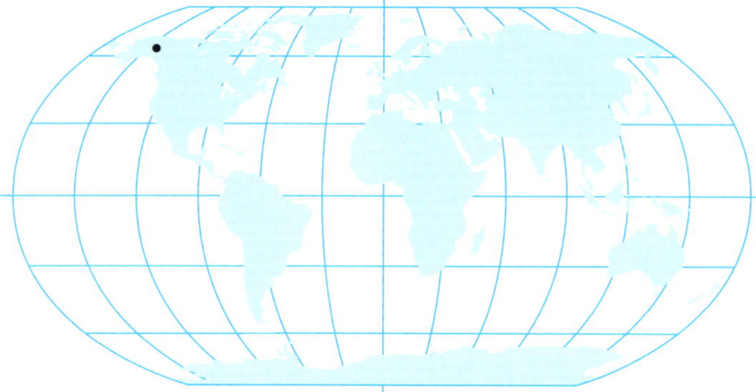

Kanada

WANDERUNG DER KARIBUS

In riesigen Herden ziehen die Tiere durch die arktische Tundra.

Die Barren-Ground-Karibus Nordkanadas wandern von der artkischen Tundra nordwestlich der Hudsonbai in die Taiga des Yukon Territory und der Provinz Manitoba. In diese weite, nahezu unberührte Wildnis führen nur wenige Verkehrswege, am bequemsten erreicht man sie mit Wasserflugzeug oder Hubschrauber. Das Gelände abseits der Straßen ist äußerst unwegsam, und den Pfaden der Karibus zu folgen, sollte man Zoologen oder professionellen Tierfotografen überlassen.

Karibu und Mensch

Über Generationen hinweg paßten die einheimischen Inuit und Indianer der Region die Karibuherden ab, die alljährlich durch ihr Gebiet zogen, und erlegten so viele Tiere, wie sie zum Überleben brauchten. Das natürliche Gleichgewicht funktionierte so lange, bis auch hier eine Massenabschlachtung einsetzte, die die Zahl der Karibus auf ein gefährliches Minimum reduzierte. Inzwischen stehen die Tiere unter Naturschutz, doch wird es lange dauern, bis sich die Bestände wieder erholt haben.

Oben: Eine Karibu-Herde in vollem Galopp.

Karibus sind Pflanzenfresser, die bei einer Schulterhöhe von rund 1,50 Meter mehr als 250 Kilo auf die Waage bringen können. Mit ihrem dichten, bis fünf Zentimeter langen Fell sind sie hervorragend an das unwirtliche Klima Nordkanadas angepaßt. Die Haare sind hohl und enthalten isolierende Luftkammern – der wohl beste Wind- und Kälteschutz, über den ein Säugetier verfügen kann. Renhirsche, zu denen auch die Karibus zählen, sind die einzigen Hirsche, bei denen männliche und weibliche Tiere ein Geweih tragen. Sie haben breite, spreizbare Hufe, die ihnen auch auf Schnee Trittsicherheit verleihen, und sind, was ihren Speiseplan angeht, recht anspruchslos: Blätter und Flechten bilden rund dreißig Prozent ihrer Nahrung.

Die Barren-Ground-Karibus der kanadischen Tundra, die für gewöhnlich in Gruppen von etwa hundert Tieren zusammenleben, su-

Rechts: Die Herden können mehrere hunderttausend Tiere zählen, und oft ziehen sie tagelang ohne Unterlaß durch Tundra und Taiga.

chen zum Winter hin die geschützteren Wälder der Taiga auf, wo sie Blätter, Gras und Flechten finden. Fichte, Kiefer und Lärche bestimmen das Bild der Taiga, daneben gedeihen hier Birke, Espe, Buche, Hemlocktanne und Ahorn. Wie in der im Norden anschließenden Tundra fällt auch in der Taiga reichlich Schnee, doch bieten die Wälder Schutz, so daß die Karibus mit den Vorderhufen grüne Blättern und Flechten freischarren können. Viele Tiere kommen nur zum Überwintern in diese Region, andere verbringen ihr ganzes Leben hier und lassen die jährliche Wanderung einfach aus.

Alljährlich schließen sich die Karibus zu einem Riesenzug zusammen – vor wenigen Jahrzehnten waren es noch bis zu einer Million, inzwischen sind es allerdings viel weniger geworden – und ziehen von ihren Winterweiden in der Taiga nach Norden, um dort ihre Jungen zur Welt zu bringen. Zwischen Februar und April sammeln sich Karibugruppen zu großen Herden, die zum Teil aus hochträchtigen Kühen bestehen. 25–50 Kilometer legen sie im Schnitt pro Tag zurück, und da die Reise bis 500 Kilometer weit ist, sind sie bis zu drei Wochen unterwegs.

Die ersten Karibukühe erreichen gegen Ende Mai die Tundra und gebären sehr bald nach ihrer Ankunft. Schon wenige Stunden nach der Geburt können die Kälber laufen, und es dauert nur einige Wochen, bis sie auch selbständig nach Nahrung suchen. Während ihres Aufenthaltes in der Tundra fressen die Karibus fast unentwegt, um die im letzten Winter verbrauchten Reserven aufzufüllen und für den kommenden neue anzulegen.

Im Frühsommer verwandelt sich die Tundra in ein leuchtend buntes Blütenmeer; überall sprießt üppig frisches Grün. Da die Temperaturen während dieser Zeit der langen Tage drastisch steigen können, suchen die hitzeempfindlichen Karibus gerne höher gelegene Orte auf, wo eine frische Brise Kühlung bringt, oder ziehen sich an Stellen zurück, an denen sich Schneereste gehalten haben.

Wenn im September die Temperaturen sinken und die Tage kürzer werden, machen sich die Karibus wieder auf den Rückweg zu ihrem relativ geschützten Winterquartier. Die Wanderung beginnt in kleinen Grüppchen von zwei bis drei Tieren, die sich unterwegs zu immer größeren Verbänden zusammenschließen. Die Reise zurück in die Taiga geht rascher vonstatten, da die Karibus in dieser Richtung durchschnittlich sechzig Kilometer pro Tag hinter sich bringen.

Wölfe und Dasselfliegen

Karibus haben – neben dem Menschen – im wesentlichen nur zwei Feinde zu fürchten: Timberwölfe und Hautdasseln. Die Wölfe, die den Herden in Rudeln folgen, stellen für ein gesundes und ausgewachsenes Karibu keine Gefahr dar, fallen aber über kranke und schwache Tiere oder Kälber her. Da sich ihre Zahl in Grenzen hält, bilden sie keine akute Bedrohung für die Karibu-Population. Ein kleinerer Plagegeist, der den Karibus schwer zu schaffen macht, ist die Hautdassel, die ihre Eier im Fell des Tieres ablegt. Ihre Larven bohren sich durch die Haut und überwintern dort. Im Frühjahr arbeitet sich der Schmarotzer wieder nach außen und läßt sich auf den Boden fallen, um sich dort zu verpuppen. Dann beginnt der Kreislauf von neuem. Manchmal werden Karibus derart schwer befallen, daß sie ernsthaft geschwächt sind und so eine leichte Beute für die Wölfe werden.

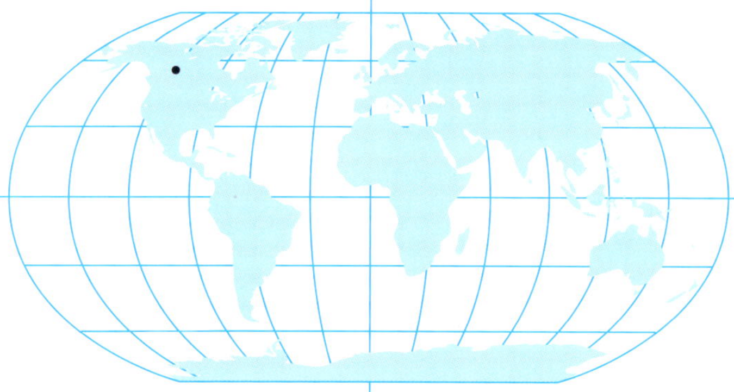

Kanada

DINOSAUR PROVINCIAL PARK

Trostlos-karge Landschaft mit spektakulären Dinosaurier-Fossilien.

Der Dinosaur Provincial Park liegt im Süden der kanadischen Provinz Alberta, gut 200 km östlich von Calgary und rund 135 km nördlich von Medicine Hat.
Man erreicht ihn über den Highway 1, Ausfahrt Bassano, und weiter über Highway 550, oder Ausfahrt Brooks und weiter über Highway 876.

Rechts: Die eindrucksvolle Landschaft im Süden der kanadischen Provinz Alberta ist das Werk längst versickerter Flüsse und Ströme.

Gegenüber: Großer Sorgfalt bedarf es, um die Überreste von Dinosauriern freizulegen, die in dem weichen Gestein viele Jahrmillionen überdauert haben. Dinosaur Provincial Park zählt zu den bedeutendsten Fossilien-Fundstätten der legendären Riesenechsen.

Der Dinosaur Provincial Park, im Herzen der Prärieprovinz Alberta gelegen, erstreckt sich zu beiden Seiten des Red Deer River. Das Erdreich über dem Sedimentgestein eignet sich ideal zum Anbau von Weizen. Wo Flüsse durch die Region strömten, haben sie tiefe Täler in das weiche Gestein geschnitten und eine typische »Badlands«-Landschaft geformt, wie man sie auch in anderen Teilen Nordamerikas antrifft. Hier in Alberta bergen die Badlands eine Fülle von Dinosaurier-Fossilien. So zahlreich und so bedeutend sind die Funde, daß das Gebiet zu einer World Heritage Site erklärt wurde.

Der Park ist relativ klein, gerade sechzig Quadratkilometer groß, dabei aber unglaublich faszinierend. Seit rund 75 Millionen Jahren ist diese Region geologisch stabil – Zeit genug für die Erosionskräfte, spektakuläre Klippen, Canyons und Schluchten in den Stein zu schneiden. Während des Mesozoikums, als dieses Gestein entstand, stampften Dinosaurier durch die damalige Sumpflandschaft. Bisher hat man hier Überreste von 35 Dinosaurierarten entdeckt. Viele sind in dem ausgezeichneten Tyrrel Museum der Paläontologischen Forschungsstation zu bestaunen, wo auch ein audio-visuelles Display über die Geschichte des Parks und die bisherigen Ausgrabungsarbeiten informiert. Weitere Exponate zeigen, wie die fossilen Knochen freigelegt und geborgen werden. Ausschilderungen führen die Besucher zu nahe gelegenen Fundstätten. Groß und klein sind immer wieder von den lebensgroßen Dinosauriernachbildungen fasziniert, auf denen Kinder sogar herumturnen dürfen. Ein Großteil des Parks mußte für die Öffentlichkeit gesperrt werden, weil der Besucherstrom den Erosionsprozeß beschleunigen könnte und noch verborgene Schätze dann auf immer für die Wissenschaft verloren wären.

Weiter nordwestlich am Red Deer River liegt Drumheller, Ausgangspunkt für zwei Rundfahrten: den Dinosaur Trail und den East Coulee Drive. Der East Coulee Drive führt durch besonders eindrucksvolle Badlands-Szenerie, wo sogenannte »Hoodoos« das Landschaftsbild prägen. Hoodoos sind pilzförmige Gesteinsformationen, deren »Kopf« aus härterem, widerstandsfähigerem Sandstein besteht, der die darunterliegenden weicheren Lehm- und Schieferschichten vor Verwitterung schützt.

In dieser heute sehr trockenen Landschaft gedeihen viele verschiedene Kakteen. Außerdem gibt es hier die Überreste verlassener Kohlebergwerke und Siedlungen zu besichtigen, die beredt die Geschichte der Bergleute in dieser Region erzählen.

Dinosaurier

Laut Lexikon sind Dinosaurier ausgestorbene Reptilien, die im Erdmittelalter die Erde bevölkerten; ihr Name bedeutet nichts anderes als »Schreckliche Echse«. Sie entwickelten sich während der Trias (vor ca. 240 Millionen Jahren) und beherrschten zur Jura- und Kreidezeit die Erde. Vor 65 Millionen Jahren starben sie aus.

Die größten Dinosaurier waren Pflanzenfresser und ob ihrer gewaltigen Körpermasse nur zu gemächlichen Bewegungen fähig. Die fleischfressenden Dinosaurier waren kleiner und gewandter – sie mußten schließlich ihre Beute erlegen. Die Körpergröße von Sauriern zu bestimmen, ist nicht einfach, da kaum komplette Skelette gefunden werden. Man nimmt jedoch an, daß zum Beispiel der *Seismosaurus halli* zwischen 39 und 52 Metern lang war. Forscher haben ausgerechnet, daß das maximal mögliche Gewicht eines Landlebewesens bei 150 Tonnen liegt, und es gibt Wissenschaftler, die es für möglich halten, daß einige Dinosaurier diese Masse tatsächlich annähernd erreichten.

Der wohl berühmteste Dinosaurier ist der fleischfressende *Tyrannosaurus rex*, der bisherigen Funden zufolge bis zu sechs Meter hoch, elf Meter lang und sieben Tonnen schwer gewesen sein könnte. Eindrucksvollster Teil dieses Tieres war zweifellos sein furchterregendes Maul mit riesigen, messerscharfen Zähnen.

Kanada

DER BURGESS SHALE

Die Gesteinsformation des Burgess Shale birgt faszinierende Fossilien von unschätzbarer Bedeutung.

Der Burgess Shale gehört zum Fossil Ridge und liegt zwischen dem Mount Field und dem Wapta Mountain in der kanadischen Provinz British Columbia, gut 550 km nordöstlich von Vancouver.

Fossilienfunde

Die meisten Fossilienfunde liefern nur unvollständige Informationen, da gewöhnlich nur die harten Teile von Tieren und Pflanzen zu erkennen sind. Ganze Lebewesen oder voll erhaltene Teile von ihnen findet man nur, wenn die Kadaver sofort in Schlamm oder Sand eingebettet wurden, bevor sie verwesen oder Opfer von Aasfressern werden konnten. Man kennt viele tausend Fossilienarten, die jedoch nur rund 0,001 Prozent der Spezies darstellen dürften, die seit Entstehung der ersten Lebewesen unseren Planeten bevölkerten. Angesichts dieser Tatsache sind die Funde, die im Burgess Shale gemacht wurden, um so bemerkenswerter und von unschätzbarer Bedeutung für die Wissenschaft.

Rechts: Unweit bedeutender Fossilienfunde hat eine Gruppe von Paläontologen auf einem Hügel ihr Lager aufgeschlagen.

Die ersten Fossilien in jenem Gestein, das heute als Burgess Shale bekannt ist, entdeckte 1909 Charles Doolittle Walcott. Die rund 60 Meter lange, knapp 2,5 Meter dicke Schieferschicht, die auf einem Höhenzug zwischen zwei Bergen in British Columbia verläuft, gilt als bedeutendste Fundstätte ihrer Art – was um so bemerkenswerter ist, da sie nur Fossilien von Wirbellosen birgt, die allerdings überraschend gut erhalten sind.

In den ersten Jahren förderten Wissenschaftler eine beträchtliche Anzahl von Arten zutage, deren Untersuchnung bis heute fortdauert, stehen den Paläontologen inzwischen doch neue Techniken zur Verfügung, die es ermöglichen, aus den hauchdünnen Eindrücken weitreichende Schlüsse zu ziehen. Der Fundort steht heute als Teil des Yoho Nationalparks unter Schutz.

Den Burgess-Shale-Fossilien verdanken wir bahnbrechende Erkenntnisse über Tiere und Pflanzen, die vor 515 Millionen Jahren den Meeresboden und darüberliegende Wasserschichten bevölkerten. Was diese Fundstätte so bedeutend macht, sind nicht nur Menge und Alter der Fossilien, sondern vor allem ihr außergewöhnlich guter Zustand.

Die Vielzahl der hier freigelegten marinen Lebewesen vermittelt einen einzigartigen Einblick in eine urzeitliche Welt. Es sind rund 120, verschiedenen Stämmen zuzuordnende Arten, deren Nachfahren zum Teil noch heute in den Ozeanen leben: Schwamm- und Nesseltiere (wie heute Quallen, Korallen), Gliederwürmer (heute Sand- und Regenwürmer), Stachelhäuter (Seegurken, Seelilien, Haarsterne), Weichtiere und Gliederfüßer. Sind alle Zuordnungen erfolgt, bleiben noch rund zwanzig Arten, von denen keine modernen Nachfahren bekannt sind. Diese Entdeckung hat das bisherige Bild vom kambrischen Lebensraum Meeresboden revolutioniert und neue Informationen über Größe, Zahl und Art der Tierwelt vermittelt, wie sie kurz nach der explosionsartigen Diversifikation mehrzelliger Lebensformen aussah.

Damals gab es viele merkwürdige Geschöpfe, und die Wissenschaftler sind noch immer damit beschäftigt, die einzelnen Teile dieses Puzzle zu einem Ganzen zusammenzufügen. *Hallucigenia* zum Beispiel wurde

zunächst als ein etwa 2,5 Zentimeter langes Tier beschrieben, mit sieben Paar stacheligen, stelzigen Beinen und sieben schnorchelartigen Auswüchsen am Rücken. Die Frage, ob ein solches Geschöpf tatsächlich existierte, stand im Raum, bis man in China ein anderes frühkambrisches Fossil mit raupenähnlichem Körper, kurzen Beinen und Schutzstacheln am Rücken entdeckte, was eine nochmalige genaue Untersuchung der *Hallucigenia* bedingte. Man fand heraus, daß die »Schnorchel« jeweils noch ein verstecktes Gegenstück besaßen. Die ursprüngliche Beschreibung hatte buchstäblich auf dem Kopf gestanden: Die stelzigen Beine waren in Wahrheit Rückenstacheln, die Schnorchel kurze Beine.

Das bislang größte Fossil mißt sechzig Zentimeter: *Anomalocaris.* Es war ein gefräßiger Räuber, der sich mittels einem Flossenpaar fortbewegte. Zunächst wurden nur einzelne Teile des *Anomalocaris* gefunden, von denen man glaubte, sie stammten von verschiedenen Tieren. Das Rätsel löste sich erst, als Wissenschaftler ein vollständiges Fossil entdeckten.

Oben: Im Burgess Shale hat man verschiedene weiche Meereslebewesen entdeckt, die hervorragend konserviert sind.

Unterwasserwelt im Erdaltertum

Beschreibungen von Tieren, die aus hauchdünnen Fossilienfunden rekonstruiert wurden, vermitteln einen Einblick in die mannigfaltige Flora und Fauna, die vor mehr als fünfhundert Millionen Jahren auf der Erde existierte. Darüber hinaus können Wissenschaftler heute aber auch ein Bild davon geben, wie es damals auf dem Meeresboden ausgesehen haben mag.
Die im Burgess Shale konservierten Tiere lebten in oder auf einem morastigen Grund, der sich, etwa hundert Meter unter der Meeresoberfläche, am Fuße einer unterseeischen Felswand erstreckte. An der tiefsten Stelle gab es so gut wie keine Strömung, und das Wasser war sauerstoffarm, enthielt aber sehr viel Schwefelwasserstoff, was es als Lebensraum eher untauglich machte. Wo der Schlamm hoch genug lag, war das Wasser sehr viel sauerstoffreicher und somit auch die Heimat vieler verschiedener Tiere. Obwohl sich die Arten im Aussehen wesentlich von den heutigen Meeresbewohnern unterschieden, füllten sie doch ähnliche Nischen: Zahlreiche unbewegliche Lebensformen ragten senkrecht vom Meeresboden auf, andere lebten in Höhlen und wieder andere krabbelten oder krochen über den Grund, während Vorgänger unserer Fische im Wasser umherschwammen.

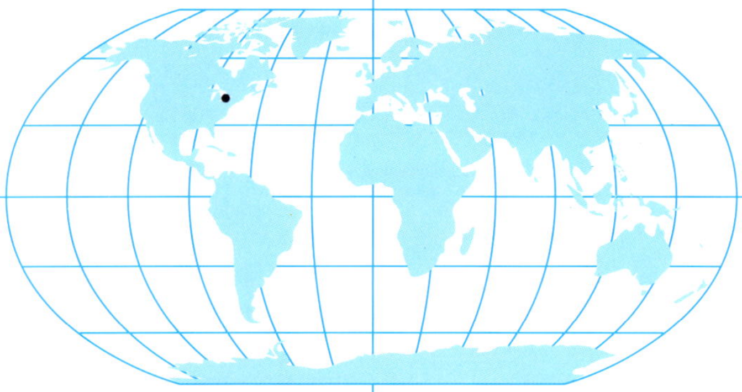

Kanada

NIAGARA-FÄLLE

Zwischen Lake Erie und Lake Ontario ergießen sich die Wassermassen des Niagara River mit donnerndem Tosen senkrecht in die Tiefe.

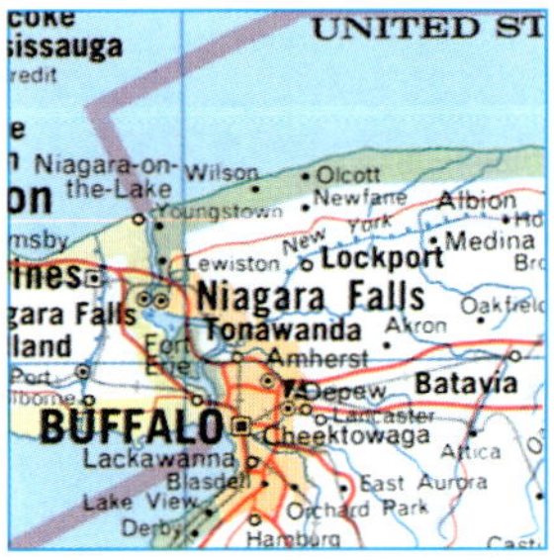

Der Niagara River, der den Lake Ontario mit dem Lake Erie verbindet, bildet streckenweise die Grenze zwischen den Vereinigten Staaten und Kanada. Die Wasserfälle liegen etwa auf halbem Weg zwischen den beiden Großen Seen und sind von Buffalo in den USA und Toronto in Kanada aus leicht zu erreichen.

Weitere Wasserfälle in Kanada

Das zweitgrößte Land der Erde kann neben den Niagara Falls mit vielen anderen Katarakten aufwarten. Bei den Virginia Falls in den Northwest Territories stürzt der South Nahanni River über eine Felswand in die Tiefe, die fast doppelt so hoch ist wie in Niagara. Dabei sind diese Fälle nicht der einzige spektakuläre Teil dieses kaum bekannten Flusses, der auf einer Länge von sechshundert Kilometern einen Höhenunterschied von fast tausend Metern auszugleichen hat und dabei über Stromschnellen und durch Schluchten strömt. Die Hunlen Falls und die Helmcken Falls (British Columbia) liegen beide in landschaftlich reizvollen Gegenden. Bei den Helmcken Falls ergießt sich die Murtle über Kaskaden in ein 140 Meter tiefer liegendes Becken. Die Hunlen Falls sind siebenmal höher als die Niagara-Fälle und stürzen in einer mächtigen Gischtwolke fast vierhundert Meter weit in die Tiefe.

Rechts: Sprühnebel hängt in dichten Wolken über den donnernden Wassern der Horseshoe Falls.

Eine ständige Gischtwolke hängt über der Stelle, wo die dunkelgrünen Wasser des Niagara River tosend in den schäumenden Kessel am Fuße der Fälle stürzen. Der berühmte Wasserfall teilt sich in zwei Katarakte: Die American Falls und, auf der kanadischen Seite, die bekannteren hufeisenförmigen Horseshoe Falls. Dazwischen liegt das Inselchen Goat Island. Von der Straße, die ein Stück weit neben dem Fluß herführt, bietet sich eine schöne Aussicht auf das Wasser, das hier die Farbe und Klarheit von flaschengrünem Glas hat, bevor es sich in schäumender Weiße über die Fallkante ergießt.

Die kleineren American Falls donnern über eine Länge von dreihundert Metern auf einen Haufen mächtiger Felsbrocken. Beide Fälle sind gut fünfzig Meter hoch. Die Niagara Falls sind mit ihren 10 000 Jahren nach geologischer Zeitrechnung noch sehr jung. Als sich die mächtigen Gletscher gegen Ende der letzten Eiszeit zurückzogen, entstanden die Großen Seen, und um den beträchtlichen Höhenunterschied zwischen Lake Erie und Lake Ontario überbrücken zu können, muß der die Seen verbindende Niagara River auf einer Strecke von gut fünfzig Kilometern hundert Höhenmeter ausgleichen.

Das Grundgestein oberhalb der Fälle ist harter Dolomit, unter dem jedoch weichere Gesteinsschichten wie Schiefer und Sandstein liegen. Ursprünglich ergoß sich der Fluß gut zehn Kilometer nördlich der heutigen Fälle über eine Schichtstufe. Da die weicheren Gesteine jedoch von den Turbulenzen am Fuß der Fälle weggefressen wurden, stürzte nachfolgend auch die harte Dolomitschicht abschnittsweise ein, so daß die Fälle heute ein gutes Stück weiter hinter liegen als zu ihrer Entstehungszeit. Fast einen Meter pro Jahr nagen die Wassermassen an der Absturzkante, und heute sind sie gut dreihundert Meter weiter flußaufwärts zu bestaunen als zur Zeit ihrer Entdeckung durch den Franzosen Louis Hennepin (1678). Heute teilt allerdings Goat Island den Strom, und weil darüber hinaus rund die Hälfte des Niagara umgeleitet und zwecks Energiegewinnung verschiedenen Wasserkraftwerken zugeführt wird, dürfte der Erosionsprozeß jetzt wesentlich langsamer fortschreiten.

Besonderer Beliebtheit erfreut sich die Rainbow Bridge, benannt nach den Regenbogen, die in dem Sprühnebel oberhalb der Fälle schimmern. Am eindrucksvollsten erlebt man die Macht der herabdonnernden Wassermassen von einem der Boote aus, die bis tief in die Gischt hineinfahren.

Oben: Bob Leech war einer der wenigen waghalsigen Menschen, die sich in einem Faß o. ä. die Fälle hinabtreiben ließen und dieses tollkühne Unternehmen auch überlebten.

Über die Niagara-Fälle

Die Niagara-Fälle wurden von manchen als persönliche Herausforderung begriffen. Einige ließen sich in verschiedensten Behältnissen – Fässern, Booten, versiegelten Gummibällen u.ä. – über die Absturzkante treiben. Einer der berühmtesten Bezwinger dieses Naturwunders war Jean François Gravelet, besser bekannt als Charles Blondin, der die Fälle am 30. Juni 1859 auf einem 335 Meter langen Seil überquerte. Ein Jahr später wiederholte der französische Akrobat sein todesverachtendes Unternehmen, diesmal mit seinem Manager huckepack auf dem Rücken.

Unten: Auf der amerikanischen Seite der Fälle brechen herabgestürzte Felsbrocken die Kraft der Wassermassen.

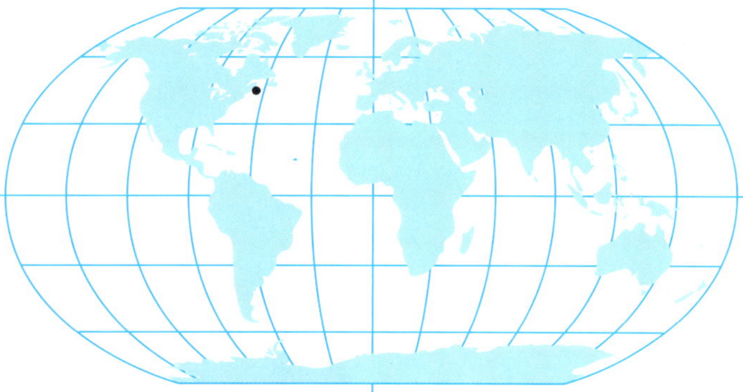

Kanada

DIE BAY OF FUNDY

Eine langgestreckte Bucht mit den extremsten Gezeitenunterschieden der Erdkugel.

Die Bay of Fundy erstreckt sich zwischen New Brunswick und Nova Scotia. Der Ort St John liegt an der Nordküste von New Brunswick, 175 km von der Spitze der Chignecto Bay entfernt, Halifax auf der dem Atlantik zugewandten Seite von Nova Scotia, etwa 130 km vom Kopfende der Dobequid Bay entfernt. Von den Klippen über der Herring Cove läßt sich die anrückende Flut wunderbar beobachten.

Die Kraft der Gezeiten

Flut und Ebbe sind durch die Gravitationskraft des Mondes, geringfügig aber auch durch die Sonne bedingt. Der Mond umkreist die Erde in derselben Richtung, in der sie sich selbst dreht, und die Wassermassen auf dem dem Erdtrabanten jeweils nächstgelegenen Meridian werden vom Mond angezogen, das heißt, dort herrscht Flut. Auch auf der dem anziehenden Gestirn abgewandten Seite der Erde entsteht ein Flutberg. Während der Mond die Erde umkreist, zieht er das Wasser gleichsam mit sich und verursacht dadurch ein periodisches Ansteigen und Absinken des Meeresspiegels.

Rechts: Die Bore (stromaufwärts gerichtete Flutwelle), die mit Macht die breite Bay of Fundy heimsucht, wirkt sich auch auf die hier einmündenden Flüsse aus.

Gegenüber: Geschwindigkeit und Kraft der Bore haben den Sandstein der Region zu phantastischen Formen geschliffen.

Die schmale, sich rasch verengende Form der Bay of Fundy drängt die mit der Flut kommenden Wassermassen auf immer kleiner werdendem Raum zusammen. Laienhaft ausgedrückt ist das so, als versuche man, Wasser aus einer großen Flasche in eine wesentlich kleinere umzufüllen. Hier in der Bucht läßt sich das überschüssige Volumen natürlich dadurch auffangen, daß der Meeresspiegel steigt. Die Gestalt der Bay of Fundy und ihre Lage vor der US-amerikanischen Festlandsküste führt zu einem gewaltigen Tidenhub –

nirgendwo auf der Erde ist der Unterschied zwischen Ebbe und Flut ähnlich groß. (Das Gegenteil davon findet man etwa auf der isoliert im Zentrum des Pazifik gelegenen Insel Tahiti, wo die Gezeiten kaum merklich sind.)

Der mittlere Tidenhub bei Burncoat Head im Minas Basin am oberen Ende der Bucht beträgt 14,5 Meter, die größte jemals gemessene Differenz wurde im Leaf Basin, Ungava Bay in Quebec verzeichnet. Diese Zahlen entsprechen etwa dem Dreifachen des durchschnittlichen Gezeitenunterschieds der British Isles, der bei 4,5 Metern liegt, und sind in der Höhe einem vierstöckigen Wohnblock vergleichbar. Trifft die Flut auf eine Steilküste, steigt und fällt der Wasserspiegel zweimal täglich, wahrhaft spektakulär wirkt der Anblick jedoch an sanft ansteigenden Stränden. Sich an einem solchen Strand in der Bay of Fundy aufzuhalten, wäre lebensgefährlich, denn die Flut kommt schneller herein als ein Mensch laufen kann, und wen sie einholt, wird mit größter Wahrscheinlichkeit ertrinken. Die Ankunft der Flutwelle von einem sicheren Aussichtspunkt aus zu beobachten, ist jedoch ein unvergeßliches Erlebnis.

Auch der Wind hat beträchtlichen Einfluß auf das Wasser; folgt der Flut nämlich ein Sturm, kann der Wasserstand noch zusätzlich steigen. Manchmal scheint in einem solchen Fall eine regelrechte Wasserwand die Bucht zu stürmen; Fachleute nennen diese Flutwelle auch Bore. Geschieht dies an einer Flußmündung, drängt das ankommende Wasser gegen die Strömung. Ein berühmtes Beispiel dafür ist die Bore des River Severn oberhalb von Bristol in Großbritannien, wo die Welle drei bis vier Meter Höhe erreicht und mehrere Kilometer weit flußaufwärts wandert. Weitere bekannte Flüsse mit Boren sind die Seine in Frankreich und der Jangtsekiang in China.

USA

KÖNIGSKRABBEN

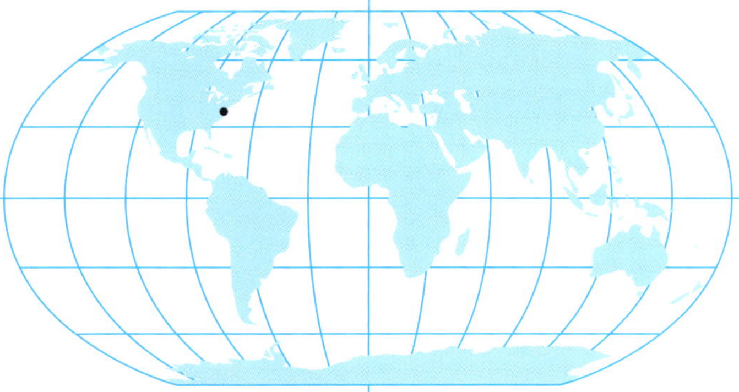

Königskrabben leben in den Küstengewässern des Nordatlantik, und kommen zur Eiablage an exponierte Sandstrände.

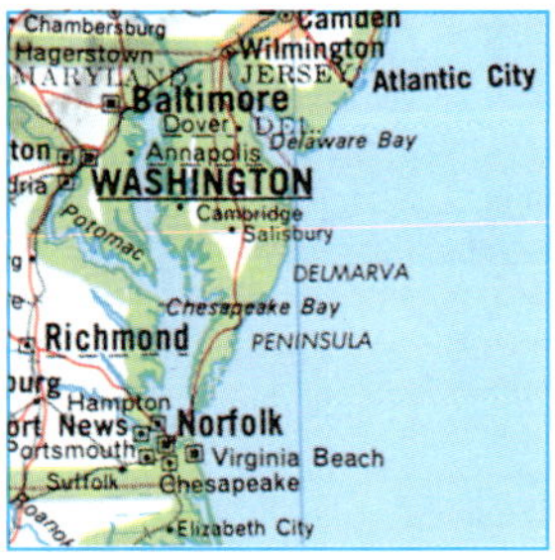

Königskrabben verbringen den größten Teil des Jahres im tiefen Wasser vor der Küste, tauchen jedoch zu bestimmten Zeiten an einigen Stränden der US-Bundesstaaten Virginia und Maryland auf.

Der Stammbaum der Königskrabbe reicht zweihundert Millionen Jahre zurück und macht sie zu einer der ältesten lebenden Tierarten überhaupt. Eng verwandt mit der Gattung der Königskrabben (*Limulus*) mit nur einer Art (*Limulus polyphemus*) sind die ebenfalls zu den Schwertschwänzen gerechneten Pfeilschwanzkrebse mit den Gattungen *Trachypheus* und *Carcinoscorpinus* und vier Arten, die im südostasiatischen Raum beheimatet sind. Gattungsmäßig stehen sie Skorpionen und Spinnen wesentlich näher als den eigentlichen Krabben. Königskrabben werden oft als lebende Fossilien bezeichnet, weil sie sich, seit dem Erdaltertum kaum verändert haben. Die große Zahl, in der man Fossilien dieses

Rechts: Die Königskrabbe gehört zur Ordnung Schwertschwänze und ist nahe mit dem Skorpion verwandt. Sie gilt als lebendes Fossil.

Gegenüber: In wahren Massen kommen die Königskrabben zur Eiablage an die Küste des US-amerikanischen Bundesstaates New Jersey.

Tieres gefunden hat, läßt darauf schließen, daß sie damals weit verbreitet waren, doch könnte es natürlich auch sein, daß sie sich dank ihrer harten Rückenplatte besser konservierten als andere, in vielleicht noch größerer Zahl vorhandene Weichtiere.

Den Körper der Königskrabbe schützt ein gewölbter Kopfschild, der mit der großen Rückenplatte verankert ist, aus der ein langer Schwanzstachel hervorragt. Ausgewachsene Tiere erreichen eine Länge von bis zu sechzig Zentimetern. Unter dem schweren Panzer verbirgt sich ein gegliederter Körper mit fünf Paar Laufbeinen und einem Paar Scheren.

Königskrabben bevorzugen tiefe Gewässer in Küstennähe. Als schlechte Schwimmer rudern sie eher ungeschickt durch das Wasser oder kriechen langsam über den Meeresboden. Sie sind hervorragend an das Leben im Schlamm angepaßt, wo sie sich von kleinen Muscheln und Würmern ernähren, die sie mit Hilfe ihres Kopfschildes aus dem weichen Boden »herausbaggern«.

Den größten Teil des Jahres verbringen die Königskrabben weit vor der Küste, doch im Frühjahr suchen die geschlechtsreifen Tiere bestimmte Küstengebiete zur Eiablage auf. Meist handelt es sich dabei um vom Meerwasser überspülte Sandstrände. Beim Wasserhöchststand kriechen die Tiere zu Tausenden ans Ufer und graben Löcher, in die die Weibchen 200–300 Eier legen, die dann von den Männchen befruchtet werden.

Während der Eiablage in der Brandungszone exponierter Strände werden viele Königskrabben von Wellen erfaßt und auf den Rücken geworfen, was ihren weichen Körper schutzlos der Sonne aussetzt und sie zu einer leichten Beute für die Möwenschwärme macht. Trotzdem scheint es das Risiko wert zu sein, denn diejenigen Königskrabben, die ihre Eier an geschützteren Stränden ablegen, sind zwar selbst weniger gefährdet, doch ist die Fortpflanzungsrate hier wesentlich geringer. Nach sechs Wochen schlüpfen die Larven – rechtzeitig für die nächsten Springfluten, die sie ins Meer hinaustragen.

Warum diese Tierart viele Jahrmillionen offentlich unverändert überdauerte, bleibt ein Rätsel. Jedenfalls liegt es nun an uns, ihr weiteres Überleben durch konsequenten Umweltschutz zu gewährleiten.

Spektakuläre Massenhochzeit

Königskrabben sind keineswegs die einzigen Tiere, die zur Laichzeit Massenwanderungen unternehmen. Bis heute nicht erklärbar ist die Massenvermehrung des Palolowurms, der im westlichen Pazifik in den Korallenriffen von Fidschi und Samoa lebt. Im Morgengrauen der ersten drei Tage des letzten Mondviertels im Oktober oder November stoßen Millionen dieser bis zu 30 Zentimeter langen Ringelwürmer ihre hintere Körperhälfte ab, in der sich Eier und Sperma befinden. Diese Teile schwimmen an die Wasseroberfläche und geben dort die Geschlechtsprodukte frei. Eine Vielzahl von Räubern – darunter auch die Inselbewohner – fischen Unmengen der auf dem Wasser treibenden Teile auf und verspeisen sie als Delikatesse. Dennoch bleiben immer noch genügend, um die Fortpflanzung des Palolowurms sicherzustellen. Wie so viele Tiere ein derart präzises Timing einzuhalten vermögen, gibt den Wissenschaftlern bis heute Rätsel auf.

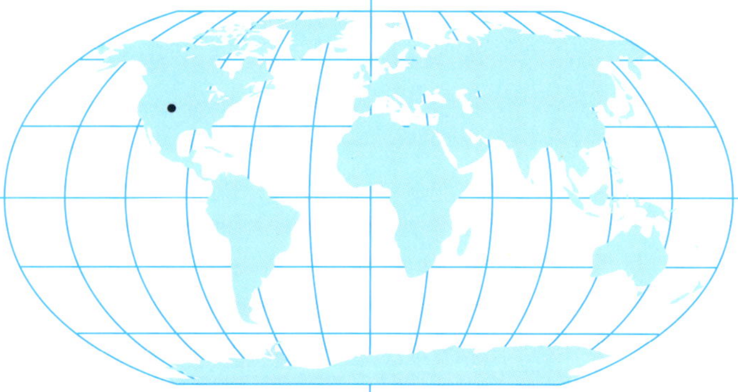

USA

DEVIL'S TOWER TEUFELSTURM

In gewaltiger Größe wacht der mächtige kannelierte Monolith aus Vulkangestein über die weiten Ebenen und den Belle Fourche River im Nordosten Wyomings.

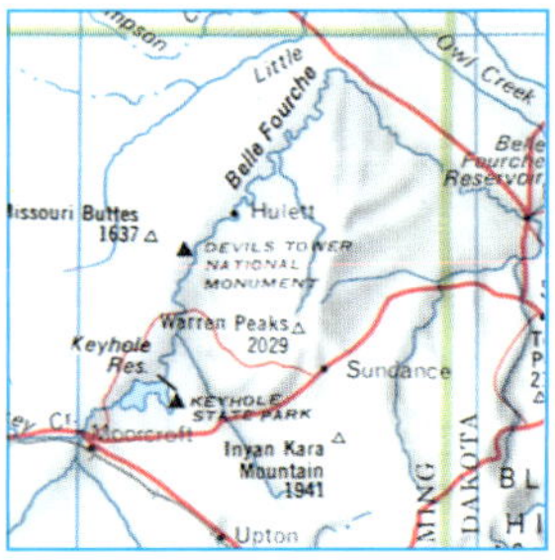

Devil's Tower National Monument liegt in der nordöstlichsten Ecke des US-amerikanischen Bundesstaates Wyoming an der Grenze zu Montana und South Dakota. Der nächste Flughafen befindet sich in Rapid City, South Dakota, rund 160 Straßenkilometer von dem Nationalmonument entfernt.

Chimney Rock

Vor 25 Millionen Jahren lagerte sich eine mächtige Sand-und-Lehm-Schicht über dem westlichen Teil Nebraskas ab, die später von Sandstein überdeckt wurde. Jahrtausendelange Erosion hat die meisten dieser Ablagerungen entfernt und nur kleinere Segmente aus geringfügig widerstandsfähigerem Gestein übriggelassen. Eines davon ist Chimney Rock, eine fast hundert Meter hohe Sandsteinsäule. Zur Zeit der großen Trails diente der weithin sichtbare »Kamin-Fels« westwärts ziehenden Pionieren als Wegmarke. Obwohl entlang des Oregon Trail viele andere geologisch interessante Formationen liegen, gilt doch gerade der Chimney Rock weithin als Symbol des »westward movement« im 19. Jahrhundert.

Rechts: Die gigantischen Lavasäulen des Devil's Tower sind mehr als fünfzig Millionen Jahre alt.

Eine alte Indianerlegende erzählt von sieben Jungfrauen, die sich vor einem riesigen Bären auf das Gipfelplateu des Devil's Tower flüchteten. Unermüdlich versuchte der Bär hinter ihnen her zu klettern und schlug dabei seine Pranken so kraftvoll in den Fels, daß er tiefe Furchen hinterließ. Als er endlich zum Gipfel gelangte, sprangen die Mädchen auf einen flachen Stein, der sie hoch in die Lüfte trug und so vor dem gefräßigen Untier rettete. Der Name des Felsstrotzen rührt – so man einer anderen Sage Glauben schenkt – daher, daß einst ein böser Dämon auf dem Gipfel seine Trommeln schlug, Donnergrollen erzeugte und das ganze Umland in Furcht und Schrecken versetzte. Jüngeren Datums ist die Szene, die Devil's Tower als Kulisse eines Landeplatzes von Außerirdischen zeigt – sie stammt aus dem Film »Unheimliche Begegnung der Dritten Art«.

Devil's Tower ist wahrlich ein Gigant und überragt die sanfte Hügellandschaft Wyomings um fast vierhundert Meter. Als höchster Punkt der Region ist er an klaren Tagen noch aus 150 Kilometer Entfernung zu sehen. An seiner Basis mißt der markante Monolith 300 Meter im Durchmesser, zum Gipfelplateau hin verjüngt er sich auf 80 Meter.

Die Steinsäulen des Devil's Tower sind ca. fünfzig Millionen Jahre alt. Damals lag Wyoming auf dem Grund eines Meeres, wo sich Sedimentgesteine wie Sand- und Kalkstein, Schiefer und Gips absetzten. Gleichzeitig drängte aus dem Erdinneren Magma nach oben in das Sedimentgestein, wo der Gesteinsfluß abkühlte und dabei polygonale Säulen ausbildete – ähnlich denen am Giant's Causeway in Nordirland. Ein vergleichbarer Vorgang ist übrigens auch in trockenen Flußbetten zu beobachten, wo das Wasser aus dem Schlamm verdunstet ist und kleine polygonale Mosaikteile mit verkrusteten, leicht nach oben gebogenen Rändern hinterlassen hat.

Das aus dem Erdinneren stammende magmatische Gestein war wesentlich härter als das umliegende sedimentäre, das im Laufe der Jahrmillionen – der Meeresboden war längst an die Erdoberfläche gehoben worden – zusehends verwitterte. Schließlich stand nur mehr dieser gigantische flachkuppige Monolith. Doch auch hartes Eruptivgestein ist nicht völlig gegen Erosion gefeit: Wasser sickert in die Zwischenräume der Säulen, dehnt sich bei sinkenden Temperaturen aus und sprengt einige Felssäulen vom Hauptgesteinskorpus ab. Heute umgeben diese Steinbrocken den Turm als sanft ansteigende Geröllhalde. Da der Erosionsprozeß nicht aufzuhalten ist, wird der Devil's Tower dereinst ganz einstürzen – doch bis dahin dürften noch einige Millionen Jahre ins Land gehen.

Oben: Die charakteristische Form dieser beiden roten Sandsteinbutten hat ihnen den Namen »The Mittens« eingetragen, ähneln sie doch in der Tat einem Paar riesiger Fäustlinge. Sie gehören zu den Hauptattraktionen des Monument Valley.

Monument Valley

Aus der endlosen Ebene der Wüste Arizonas ragen seltsam geformte, zum Teil bis dreihundert Meter hohe Sandsteinblöcke auf. Diese mächtigen Monolithe galten den Navajo-Indianern als heilig, und wer sie einmal im Licht der Abendsonne rotgolden hat leuchten sehen, versteht, warum sie seit Jahrtausenden mit ehrfürchtigem Staunen betrachtet werden. Die Entstehungsgeschichte der Sandsteinbutten ähnelt der des Devil's Tower, der jedoch nicht aus Sandstein, sondern aus erkalteter Lava besteht. Die gesamte Region war einst von einer Schicht aus Sedimentgestein bedeckt, die im Laufe der Jahrmillionen erodierte und nur die witterungsbeständigeren Teile übrigließ. Sie überragen heute als freistehende Säulen und Gesteinsblöcke die weite Wüsenlandschaft. Viele dieser Monumente tragen bezeichnende Namen. »The Mittens« (Fäustlinge) sind zwei Felsformationen mit etwas abgesetzten Säulen, die an die Daumen eines Paars Fäustlinge erinnern, während die »Prioress« (Priorin) wie eine kniende Gestalt mit weitem Gewand und zum Gebet gefalteten Händen aussieht.

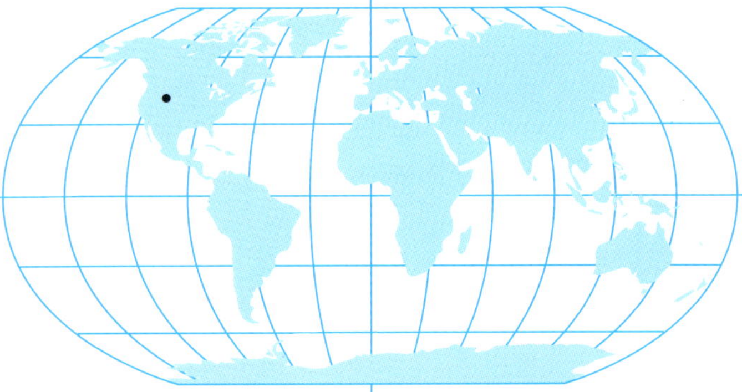

USA

DINOSAUR NATIONAL MONUMENT

Ein Fossilienfriedhof inmitten der amerikanischen Wüste.

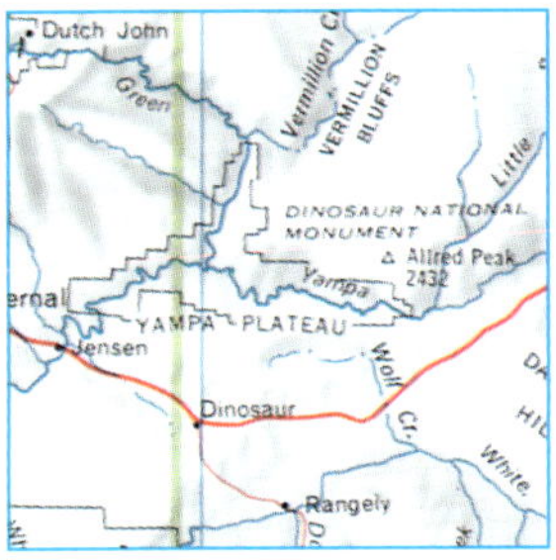

Dinosaur National Monument liegt rund 225 km östlich von Salt Lake City am US-Highway 40. Zum Eingang zu dem Nationalmonument verlassen Sie den Highway in Jensen, Utah, und halten sich nördlich.

Oben: Frühling über der Badlands-Landschaft des Dinosaur National Monument.

Gegenüber: Um die versteinerten Dinosaurierknochen freizulegen, bedarf es großer Sorgfalt und Sachkenntnis.

Versteinerte Überreste von Dinosauriern wurden und werden in vielen Teilen der Erde entdeckt, doch trifft man sie besonders häufig in Gegenden, die die letzten zweihundert Millionen Jahre geologisch stabil waren. Regionen, in denen sich während des Mesozoikums (vor 245 bis 65 Millionen Jahren) und später Sedimente anhäuften und die danach keine größeren geologischen Veränderungen erfuhren, scheinen also ideale Fundstätten für Dinosaurierknochen. Ein solcher Ort ist das Dinosaur National Monument an der Grenze zwischen Colorado und Utah im Bereich des Green River und Yampa River.

Die ersten Dinosaurierfossilien wurden hier 1909 im Dinosaur Quarry gefunden, und seither haben Wissenschaftler insgesamt mehr als 450 Tonnen Knochen freigelegt. Die Ausgrabungsstätte ist etwa zwölf Meter hoch, zwölf Meter breit und 120 Meter lang – ein riesiger Dinosaurierfriedhof. Warum hier so viele tote Dinosaurier auf einem Haufen liegen, weiß man nicht, doch scheint ein früherer Fluß ihre Kadaver auf eine urzeitliche Sandbank gespült zu haben, wo sie dann unter einer Sedimentschicht begraben wurden. Ein Fossilienfund wie dieser ist eine wahre Goldgrube für Paläontologen, denn obwohl der erste Fund immer der schwierigste ist, hätte doch niemand auf einen derart reichen Schatz zu hoffen gewagt. Noch ist längst nicht alles Material zutage gefördert, und die Forschungsarbeiten vor Ort dauern an.

Die Fundstätte liegt in einer reizvollen Landschaft. Die beiden Flüsse haben tiefe Täler und Schluchten durch den horizontal

gelagerten Sandstein geschnitten und eindrucksvolle Gesteinsmaserungen freigelegt. Der beste Weg, die Region zu erkunden, ist sicherlich der vom Boot aus, doch darf man die Strömung nicht unterschätzen, und Stromschnellen machen die Fahrt zu einem waghalsigen Unterfangen. Schon ein Blick auf die Namen in der Landkarte – Big Joe Rapids, Whirlpool Canyon und Hell's Half Mile – deutet die Gefahren an. Und schließlich bieten sich auch von dem Plateau wunderschöne Panoramen, und an vielen Stellen ist der Abstieg alles andere als schwierig.

Dinosaur Quarry (quarry = Steinbruch) liegt am Westende des Monuments an einer Südbiegung des Green River. Die Ausgrabungsstätte ist nicht öffentlich zugänglich, doch lohnt ein zum Monument Headquarters gehöriges Museum den Besuch. Besondere Aufmerksamkeit zieht eine Rekonstruktion auf sich, die auf einem hier gefundenen mannshohen Schulterblatt basiert und zeigt, daß das dazugehörige Tier hundert Tonnen schwer gewesen sein könnte – was einer Herde von 15 ausgewachsenen Elefanten entspräche. Kein Wunder, daß dieses Wesen den Spitznamen »Supersaurus« erhielt. Ebenfalls zu dem Museum gehört eine Grabung, an der die Wissenschaftler bis heute tätig sind: Ein mit Hunderten von Dinosaurierknochen bestückter Felsvorsprung wurde überdacht, und interessierte Besucher können zusehen, wie sie die Fossilien minutiös genau freilegen.

Wie die Saurier lebten und viele andere Fragen werden uns aber auch diese Funde nicht beantworten können.

Das große Sterben

Es gibt verschiedene Theorien, warum die urzeitlichen Riesenechsen ausstarben, doch keine davon kann den Sachverhalt wirklich befriedigend erklären. Das Aussterben ganzer Tierarten ist auch aus anderen Epochen der Erdgeschichte bekannt, und man muß sich vor Augen halten, daß ein scheinbar abrupter Wechsel innerhalb weniger Gesteinsschichten eine Zeitspanne von mehreren Millionen Jahren repräsentieren kann. Viele Geologen vertreten heute die Ansicht, daß die Dinosaurierpopulation relativ rasch abnahm und binnen fünf bis zehn Millionen Jahren von der Erdoberfläche verschwand. Vor 65 Millionen Jahren war dieser Prozeß abgeschlossen, doch einige kleinere Arten – die Vorfahren unseres Krokodils etwa – überlebten. Wahrscheinlich, weil sie in der Lage waren, sich an die Veränderungen anzupassen, mit denen ihre größeren Vettern nicht fertig wurden.

Einen wichtigen Hinweis könnte das Element Iridium geben, das man in vielen sedimentären Gesteinen dieser Epoche entdeckte. Es läßt auf verstärkte Vulkantätigkeit schließen, und die daraus resultierende Staub- und Gasbelastung der Atmosphäre könnte die größeren Saurier regelrecht vergiftet haben. Einer anderen These zufolge ließ ein gewaltiger Meteoriteneinschlag den Iridiumgehalt ansteigen. 1991 entdeckten Wissenschaftler sogar den potentiellen Täter: Vor der zentralamerikanischen Halbinsel Yucatán fanden sie einen gigantischen Krater, dessen Alter auf 65 Millionen Jahre geschätzt wird.

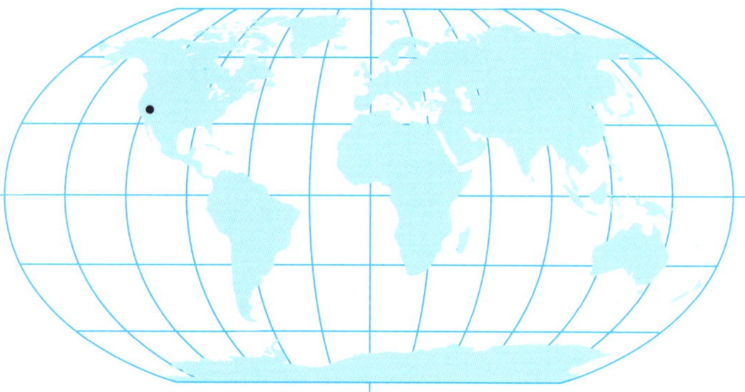

YOSEMITE NATIONAL PARK

Blanke Felswände aus Granit, rauschende Bäche, liebliche Seen und malerische Wiesen erwarten den Besucher des populärsten Nationalparks der USA.

Der Yosemite Nationalpark liegt in der Sierra Nevada in Kalifornien und ist problemlos mit Auto oder Bus zu erreichen.

Nur wenige Plätze auf unserer Erde können auf vergleichbar beschränktem Raum mit ähnlich vielen grandiosen Landschaftsbildern aufwarten wie das Yosemite Valley, ein rund zwölf Kilometer langes Tal, dessen natürliche Vielfalt und Schönheit dem großen Naturforscher John Muir die Bemerkung entlockte, der Herrgott habe sich an diesem Ort schier selbst übertroffen.

Im Herzen der kalifornischen Sierra Nevada gelegen, beindruckt Yosemite durch eine Vielzahl spektakulärer Sehenswürdigkeiten. Unter anderem locken Merced River und Yosemite Falls, der mit 739 Metern drittlängste Wasserfall der Erde und doch nur einer von mehreren Katarakten des Parks. Das Landschaftsbild umfaßt eine Reihe majestätischer Berge – der eindrucksvollste und wohl auch bekannteste ist El Capitan, ein Granitblock, der vom Talboden nahezu senkrecht 1100 Meter in den Himmel ragt.

Genaugenommen bildet Yosemite Valley nur einen kleinen Teil des 3100 Quadratkilometer großen Yosemite Nationalparks. 1864 wurde das Tal zum ersten State Park der USA erklärt, und 1890 erfolgte die Gründung des Nationalparks, der seit 1906 auch das Gebiet des State Park einschließt.

Unweit vom Südeingang des Parks kann man in Mariposa Grove gigantische Sequoia-Bäume bestaunen, nicht wenige davon sind mehrere tausend Jahre alt. Östlich liegt das Hochland von Tuolumne Meadows, wo sich mächtige Felskuppen schützend über satten Wiesen und Seen mit spiegelglatten, kristallklaren Wassern erheben. Hinter Toulomne Meadows erreicht man den auf 3031 Meter gelegenen Tioga Pass, den höchsten Punkt des Parks, von dem aus eine kurvenreiche Straße durch den Inyo National Forest zur Ostflanke der Sierra Nevada hinabführt. Nördlich liegt die High-Sierra-Region mit dem Grand Canyon des Toulumne River und dem Hetch Hetchy Reservoir, einem 1913 geschaffenen Stausee, der ein Tal überflutet, das Yosemite an Schönheit kaum nachsteht.

Rechts: Die beeindruckende Schönheit von Yosemite spiegelt sich in den Wassern malerischer Seen wider.

Gegenüber: Der majestätische El Capitan ist einer der größten Granitberge der Erde.

Bis 1851, als das Mariposa Bataillon einige aus einem Indianerreservat geflohene Ahwahneechee in das Tal verfolgte, war Yosemite völlig unbekannt. Der Name des Parks ist eine Verballhornung des indianischen Wortes für Grizzly – »uzumati«. Schon wenige Jahre nach seiner Entdeckung strömten Besucher herbei, um den Blick über den Talboden zu bewundern, der sich dem heutigen Touristen beim Verlassen des Wawona-Tunnels offenbart: linker Hand der ehrfurchtgebietende El Capitan und rechts die eleganten, 189 Meter hohen Bridalveil Falls, die sich über die rückwärtige Flanke der Cathedral Rocks ergießen, sowie der scheinbar unbezwingbare Sentinel Rock und – geradeaus – der von Gletschern geformte Half Dome.

Seine Berühmtheit verdankt Yosemite John Muir, einer Schlüsselfigur im Kampf um die Errichtung amerikanischer Naturparks, der einen Großteil seiner Freizeit mit Wanderungen durch die Region verbrachte und über die hiesigen Naturwunder schrieb. Muirs Nachfolge als Prophet der phantastischen Wildnis der Sierra trat später der amerikanische Fotograf Ansel Adams an, der die faszinierende Schönheit von Yosemite in großartigen Schwarz-Weiß-Aufnahmen einfing.

Bergsteigen in Yosemite

Yosemite ist ein Mekka für Kletterfreunde aus aller Welt: Spalten, Kamine, blanke, senkrecht aufragende Felswände, Überhänge – alles, wovon das Bergsteigerherz nur träumt. Die mächtigen Talwände stellen selbst für geübte Kraxler eine Herausforderung dar; dazu kommen Touren, die bis zu fünf Tage in Anspruch nehmen: Half Dome, Sentinel Rock, Royal Arches sowie der gewaltige El Capitan, einer der größten Granitberge der Welt.
Schon in den fünfziger und sechziger Jahren entwickelte sich Yosemite zum Zentrum der amerikanischen Bergsteigergilde. Damals glückte Royal Robbins, Yvon Chouinard und Warren Harding die Erstbesteigung von Gipfeln, die man vorher für unerreichbar gehalten hatte. 1957 bezwangen Robbins, Jerry Galwas und Mike Sherrick die 610 Meter hohe Nordwestwand des Half Dome, und im folgenden Jahr stiegen Harding, Wayne Merry und George Whitwore als erste über die sogenannte »Nose Route« zum El Capitan auf. Die nächste Bergsteigergeneration kam in den Genuß vieler technischer Neuerungen, doch die Anziehungskraft von Yosemite ist ungebrochen.
Zu den bekanntesten Namen, die hier in den siebziger und achtziger Jahren kletterten, zählt auch der der Bergsteigerin Bev Johnson.

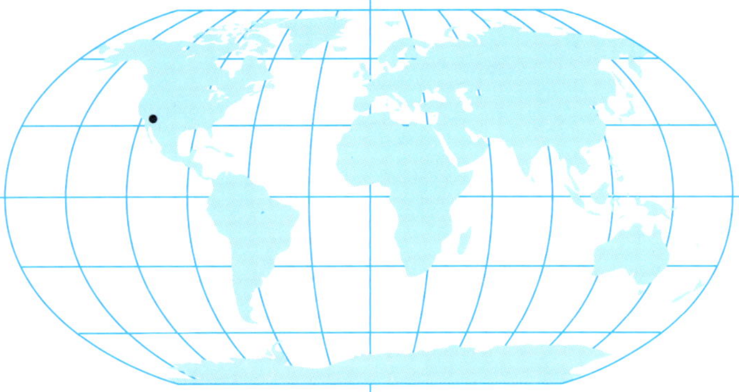

USA

ZION NATIONAL PARK

Wind und Wetter haben dem roten Sandstein dieses kleinen, aber grandiosen Parks faszinierende Formen verliehen.

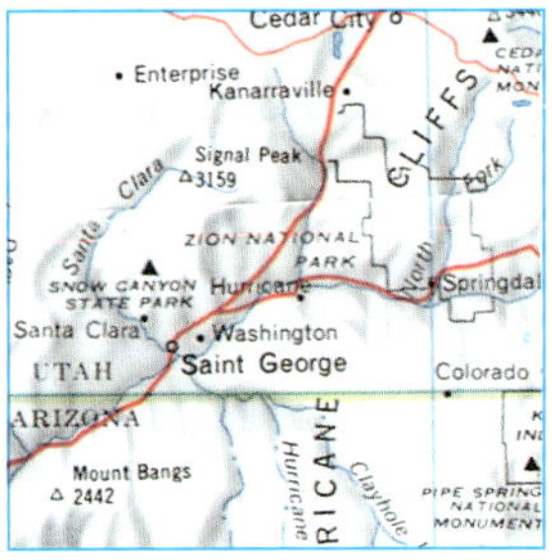

Der Zion Nationalpark liegt im Südwesten des Bundesstaates Utah inmitten der gewaltigen Wüstenregion der südwestlichen Vereinigten Staaten. Der nächste größere Flughafen befindet sich in Las Vegas, von wo aus man aber noch rund 250 km zu fahren hat.

Naturschätze Amerikas

Die Vereinigten Staaten sind außerordentlich reich an Naturwundern – angefangen bei großartigen Landschaften wie dem Grand Canyon und Yosemite Valley bis hin zum John Day Fossil Beds National Monument, wo seltene urzeitliche Tiere und Pflanzen entdeckt wurden. Insgesamt stehen mehr als 300 000 Quadratkilometer Land unter der Obhut des National Park Service, der sich darüber hinaus auch um »Historical Sites« kümmert. Unter diese Bezeichnung fallen Schlachtfelder (wie Saratoga und Gettysburg), frühe Handelsposten und archäologische Ausgrabungsstätten, an denen Überreste von Ureinwohnern dieses Kontinents zutage gefördert werden. Der erste Nationalpark – 1872 gegründet und bis heute einer der meistbesuchten – war Yellowstone. Inzwischen stehen eine Vielzahl bedeutender Landschaften als Nationalparks oder Nationalmonumente unter Schutz.

Rechts: Die merkwürdig regelmäßige Musterung der Checkerboard Mesa (Schachbrett-Mesa) ist das Werk von Wind und Regen.

Vor vielen Jahrtausenden mäanderte ein Fluß gemächlich durch das weiche Gestein eines Sandsteinplateaus gen Süden. Als sich das Land hob, begann er sich einen Weg hineinzufressen. Sand und Kiesel, stromaufwärts abgetragen, schürften das Bett weiter aus; im Laufe der Zeiten entstand so Zion Canyon, eine stellenweise mehr als 750 Meter tiefe Schlucht, die in weiten Windungen durch den Navajo-Sandstein und den darunterliegenden Kaibab-Kalkstein führt. Auch formten sich andere Canyons und Schluchten, doch findet keiner mehr Zulauf als der Zion Canyon des Fork Virgin River.

Mormonenpioniere entdeckten den Canyon in den sechziger Jahren des letzten Jahrhunderts und benannten ihn nach der heiligen Stadt Zion. 1919 wurde ein knapp vierhundert Quadratkilometer großes Areal zum Nationalpark erklärt, 1956 vergrößerte man das Schutzgebiet auf insgesamt sechshundert Quadratkilometer. Zion Canyon besteht zum größten Teil aus Navajo-Sandstein und fasziniert durch mannigfaltige Felsformationen – ehrfurchtgebietende Steilwände und tiefe Schluchten, deren Farbe zwischen leuchtendem Tiefrot und zartem Rosé wechselt und wie im Grand Canyon auch je nach Sonnenstand und Jahreszeit changiert.

Zu den meistbesuchten Attraktionen von Zion zählen Checkboard Mesa, ein mächtiger Sandsteinblock mit schachbrettartigen (daher der Name) Erosionsrinnen, Verkin Canyon mit einer natürlichen Brücke und Great White Throne, dessen Gipfelplateau mächtige rote Klippen überragt. Mit 1158 Metern über dem Canyonboden ist West Temple der höchstgelegene Punkt des Parks. Die Towers of the Virgin, eine Gruppe zerklüfteter Sandsteingipfel, erkennt man an der Westflanke des Canyon, und vom Amphitheater des Temple of Sinawava bietet sich ein prachtvoller Panoramablick.

Bekannt ist auch der Weeping Rock, dessen Name (Weinender Fels) von Rinnsalen aus höher gelegenen Quellen herrührt, die wie Tränen über die Felsvorsprünge tropfen. Ein ähnliches Phänomen ist bei den Hanging Gardens zu beobachten, wo das herabrinnende Wasser jedoch von den Pflanzen aufgesogen wird, die sich an den Steilhang klammern. An der blasseren Westseite (West Rim) des Zion Canyon sind deutliche Linien zu sehen, die die Schichtlagerung des Navajo-Sandsteins erkennen lassen. Reißende Wasser haben Höhlen in das Gestein geschnitten, in denen Vögel, kleinere Säugetiere und Insekten Zuflucht finden. In größeren Höhlen haben Archäologen auch Artefakte von Pueblo-Indianern entdeckt.

Oben: Im Licht der untergehenden Sonne nehmen die phantastischen Sandsteinzinnen von Bryce Canyon ein intensives Rotgold an.

Bryce Canyon

Der Bryce Canyon Nationalpark liegt nicht weit von Zion entfernt. Reißende Ströme haben hier das sedimentäre Gestein erodiert und in eine Vielzahl von Schluchten und Tälern zerschnitten, ein Prozeß, der bis heute andauert. Flutartige Überschwemmungen bringen Felswänden tiefe Risse bei und Sandsteinsäulen zum Einsturz. Die rotgoldene, orange und stellenweise sogar blaßviolette Färbung ist durch die Einlagerung metallhaltiger Minerale bedingt.
Eine der bekanntesten Formationen sind die Pink Cliffs, ein phantastischer Urwald aus Zinnen, Schluchten und seltsam geformten Säulen – wie Ebenezer Bryce, der als erster Europäer diese Region erkundete, treffend bemerkte: »ein Ort, an dem ich verdammt keine verirrte Kuh suchen möchte«.

Zion Canyon

Der Zion Canyon ist nur knapp 25 Kilometer lang, bietet aber spektakuläre Panoramen. Bei »The Narrows«, am Nordende der Schlucht, beginnen die turmhoch aufragenden Felswände zusammenzulaufen, bis sie streckenweise gerade noch sechs Meter voneinander entfernt liegen. In der Trockenzeit kann man »The Narrows« zu Fuß durchwandern, doch besteht immer die Gefahr plötzlicher Überflutung. Im Frühjahr, wenn Regenfälle den Fluß anschwellen lassen, ist die Schlucht unpassierbar, und man erkennt die Kraft des Wassers, das sich hier mehr als sechshundert Meter tief in den Stein gefressen hat.

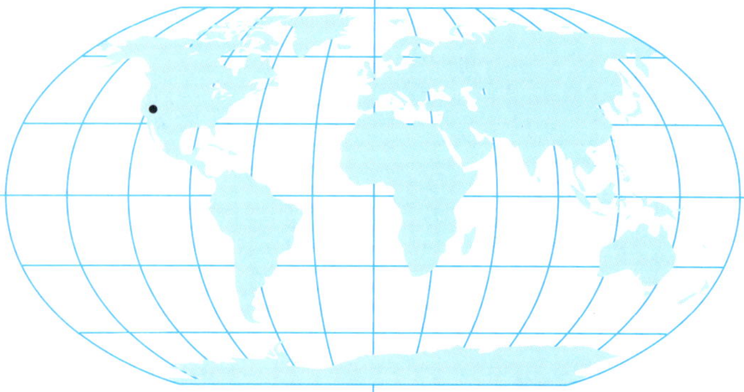

USA

DER GRAND CANYON

Die wohl gewaltigste Schlucht der Erde ermöglicht einen Blick auf das älteste freiliegende Gestein unseres Planeten.

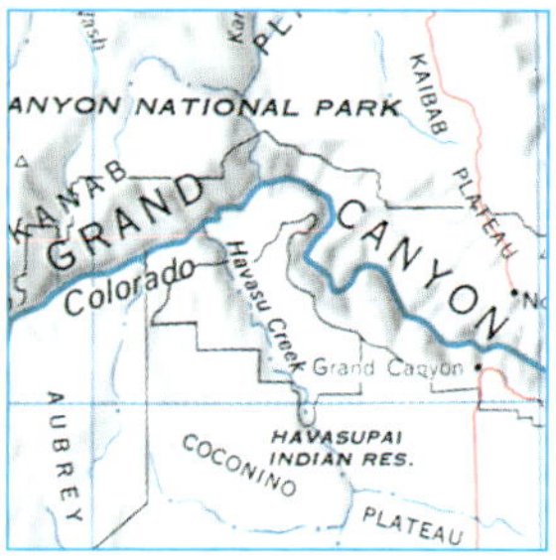

Der Grand Canyon liegt auf dem Gebiet des US-Bundesstaates Arizona zwischen Lake Mead und Lake Powell. Die nächste größere Stadt ist Las Vegas, rund 40 km vom Lake Mead entfernt. Das Haupttouristenzentrum Grand Canyon Village erreicht man freilich einfacher von Flagstaff aus, rund 130 km südlich der Schlucht gelegen.

Roosevelt und der Grand Canyon

Einer der ersten Besucher des Grand Canyon war der amerikanische Präsident Theodore Roosevelt, der 1903 die Landschaft bestaunte und die Region 1908 zum Nationalmonument erklärte. Schon um die Jahrhundertwende war sich Roosevelt der Gefahr menschlichen Eingriffs in die Natur bewußt, und er beschwor die Amerikaner, den Canyon in Ruhe zu lassen: »Ihr könnt ihn nicht noch schöner machen. Die Zeitalter haben ihn geschaffen, und der Mensch kann ihn nur verunstalten.«

Rechts: Höhlenfunde lassen vermuten, daß schon im dritten vorchristlichen Jahrtausend Menschen im Gebiet des Grand Canyon lebten.

Keine noch so faszinierende Beschreibung vermag den Besucher auf das Ausmaß und die Grandiosität dieser gigantischen Schlucht vorzubereiten. So weit das Auge reicht, blickt man über einen Komplex aus Canyons, Wasserfällen, Höhlen, Felstürmen und Schluchten. Der Grand Canyon verändert sein Aussehen fast minütlich, denn Sonnenstand und vorüberziehende Wolken lassen das Gestein ein breites Farbspektrum durchwandern: von Schwarz und Braunviolett bis hin zu Blaßrosa und Blaugrau.

Wer von einem der vielen Aussichtspunkte in die Tiefen des Canyons blickt, vermag sich kaum vorzustellen, daß es dieses braune Rinnsal war, das diese gewaltige Schlucht schuf. Vom Talboden aus zeigt sich der Colorado River allerdings als reißender Fluß – die Lava Falls Rapids zählen zu den schnellsten noch schiffbaren Stromschnellen der Erde.

Vor zehn Millionen Jahren schlängelte sich der Colorado River durch eine große Ebene. Dann führten Bewegungen der Erdkruste dazu, daß sich das Land hob, und der Fluß begann, sich ein Bett in den Fels zu schneiden. Als erstes wurde der weiche, zwei Millionen Jahre alte Kalkstein erodiert, danach auch die älteren Schiefer- und Sandsteinschichten. Ältestes Gestein sind zwei Milliarden Jahre alte Granite und Schiefer, die heute am Grund der Schlucht zutage treten.

Der Hauptcanyon ist 365 Kilometer lang, erreicht an der breitesten Stelle 29 Kilometer und ist streckenweise mehr als anderthalb Kilometer tief. Keine Brücke überspannt diese Kluft; wer vom North Rim Headquarters zum zwölf Meilen entfernten Grand Canyon Village will, muß einen Umweg von mehr als 320 Kilometern zurücklegen.

In die Hauptschlucht des Grand Canyon münden eine Vielzahl anderer Schluchten. Gemeinsam bilden sie den Grand Canyon Nationalpark, der mit mannigfaltigen Attraktionen aufwartet. Vulcan's Stone etwa ist eine Aschekuppe, die vor rund 10 000 Jahren durch Vulkantätigkeit entstand; die Esplanade, eine stark verwitterte Sandsteinterrasse, leuchtet im Licht der Abendsonne dunkelrot; und an vielen Stellen ragen hohe Felszinnen waghalsig am Rand eines Abhanges empor.

Obwohl die berühmtesten Orte wie Grand Canyon Village ständig überlaufen sind, gibt es doch viele Stellen, an denen der Besucher noch völlige Einsamkeit findet. Fern Glen Canyon verdankt seine Berühmtheit einem bemerkenswerten Mikroklima: Mitten in der Wüste sprießt hier üppiges Grün. North Canyon Wash bietet ruhige, grüne Teiche am Fuße steil aufragender cremeweißer Felswände.

Oben: 1948 hatten keine hundert Menschen den Colorado River auf seiner vollen Länge befahren. Heute zählt diese Tour zu den beliebtesten Attraktionen und wird alljährlich von mehreren tausend Besuchern gebucht. Reißende Stromschnellen – die gefährlichsten sind die Lava Rapids – machen die Fahrt zu einem echten Abenteuer.

Die Entdeckung des Grand Canyon

Indianer wußten bereits um die Existenz des Grand Canyon Jahrtausende bevor der erste Weiße ihn erblickte. In den Grotten und Höhlen des Nationalparks sind Archäologen auf Felsmalereien, Keramikgefäße und Holzfigurinen gestoßen. 1540 war eine kleine Gruppe spanischer Goldsucher zum Grand Canyon vorgedrungen, doch, da sie nicht fündig wurden, bald weitergezogen. Auf seiner ganzen Länge erforscht wurde der Canyon erst 1857, doch mußten die Teilnehmer weite Strecken zu Fuß zurücklegen, da sie ihre Boote frühzeitig einbüßten. Die wohl berühmteste Expediton leitete Major John Wesley Powell 1869. Powell, ein Bürgerkriegsveteran und College-Professor, machte sich gemeinsam mit neun Männern daran, den Canyon zu kartieren. Sein Bericht über diese Fahrt wurde jedoch erst mehr als zwanzig Jahre später veröffentlicht.

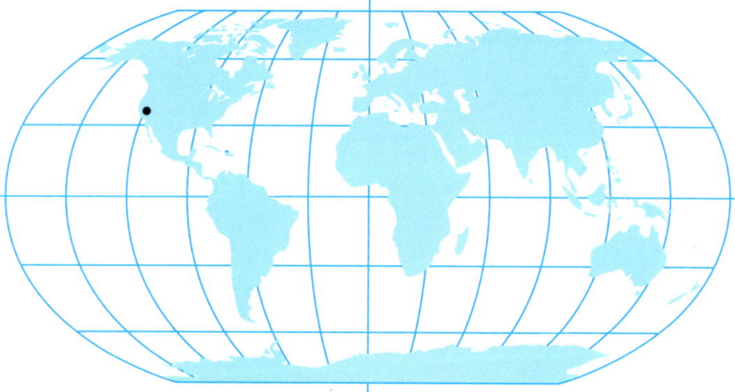

REDWOODS UND GIANT SEQUOIAS

Die Kronen uralter Mammutbäume, der größten Lebewesen unseres Planeten, schließen sich über dem Waldboden zu einem luftigen Blätterdach.

Der Sequoia Nationalpark liegt rund 130 Straßenkilometer von der zentralkalifornischen Stadt Fresno entfernt, während sich Redwood Nationalpark entlang der Pazifikküste zwischen Crescent City und Eureka erstreckt.

Ausbeutung der Baumriesen

Redwood und Giant Sequoia liefern hochwertiges Hartholz, das für Hausbau und Möbelfabrikation ebensogerne verwendet wird wie für Eisenbahnschwellen und Zaunpfähle. Es wächst sehr gerade, mit feiner Maserung und wenigen Astlöchern; es ist leicht, aber außerordentlich widerstandsfähig, da es von einer Mischung aus natürlichen Ölen und Harzen gegen Termiten und anderen Insektenbefall geschützt wird. In der zweiten Hälfte des 19. Jahrhunderts wurden diese Bäume deshalb in Massen geschlagen und waren ihrer geringen Verbreitung wegen akut vom Aussterben bedroht. Die Abholzung der Mammutbäume hat bis heute nicht aufgehört, und der US National Park Service ist bemüht, die letzten noch nicht unter Naturschutz stehenden Bestände in die bereits existierenden Parks einzubeziehen.

Oben: Diese Giant Sequoias wurden ihres würdigen Alters und Aussehens wegen auf den Namen »The Senate« getauft.

Rechts: Giant Seqouias haben eine ausgesprochen widerstandsfähige, feuerfeste Rinde.

Heute trifft man Redwoods bedauerlicherweise nur mehr an einem schmalen Küstenstreifen zwischen den Klamath Mountains in Südoregon und der Monterey Bay in Nordkalifornien an, während Giant Sequoias fast ausschließlich auf den Hängen der Sierra Nevada Mountains gedeihen. Die schönsten Exemplare der Redwood-Bäume findet man im Redwood Nationalpark an der nordkalifornischen Küste, die größten der Giant Sequoias im Sequoia Nationalpark in Mittelkalifornien.

Fossilienfunde zeigen, daß diese eindrucksvollen Baumriesen schon vor zweihundert Millionen Jahren existierten, damals aber weite Teile der nördlichen Hemisphäre bedeckten. Das in moderner Zeit bereits auf rund sechstausend Quadratkilometer geschrumpfte Verbreitungsgebiet wurde durch menschliche Ausbeutung noch weiter reduziert, so daß man die Mammutbäume heute eigentlich nur mehr in den beiden Schutzgebieten bestaunen kann. Der Redwood Nationalpark, zugleich eine World Heritage Site, umfaßt 425 Quadratkilometer, der Sequoia Nationalpark, zugleich Biosphärenreservat, 1630 Quadratkilometer.

Im Redwood National Park bestimmen Redwoods (*Sequoia sempervirens*) das Landschaftsbild. Als heute größte Lebewesen der Erde erreichen sie im Durchschnitt Höhen von mehr als neunzig Metern, ein Baum wurde sogar 112,10 Meter hoch. Die Baumriesen stehen auf dem Meer zugewandten Hängen und in Bergtälern des Küstenstreifens, wo sie beinahe täglich von warmen Nebelschwaden des Pazifiks umhüllt werden. Ihr Stamm ist von einer dicken, feuerbeständigen Borke umkleidet. Die jungen Sprößlinge verzweigen sich auf ihrer gesamten Länge, doch werden die unteren Äste mit zunehmendem Alter abgeworfen, und es kommt zur Ausbildung dichter Baumkronen, durch die kaum Sonnenlicht auf den Waldboden dringt, auf dem deshalb nur Farne und andere Schattengewächse gedeihen. Redwoods produzieren viele Samen, von denen jedoch nur ein sehr geringer Teil zur Keimung kommt. Bis sie das Blätterdach erreichen, haben sie zudem mit dem niedrigen Lichtpensum zum kämpfen. Ursprünglich war diese geringe Regenerationsquote durchaus angemessen, denn die Bäume können dreitausend Jahre und älter werden, doch um die gefällten Bäume zu ersetzen, reicht sie keineswegs aus.

Der Sequoia Nationalpark wurde zum Schutz der Riesensequoia (*Sequoiadendron giganteum*) gegründet, deren Name an den Cherokee-Indianerhäuptling Sequoyah erinnert. Während Redwoods für sich den Titel höchster Baum beanspruchen können, sind Giant Sequoias die ältesten. Bis zu 4000 Jahre alt, wird ihre Lebenserwartung nur noch von einer Kiefernart übertroffen, die im Bergland der Sierra Nevada gedeiht und mit bis zu 4900 Jahre alten Exemplaren aufwarten kann. Giant Sequoias wachsen bis zu 95 Meter hoch, doch erreicht ihr Stamm Durchmesser von bis zu elf Metern. Der größte dieser Baumriesen, »General Sherman«, ist etwa 4000 Jahre alt und dürfte rund drei Tonnen wiegen.

Die Wälder der Nationalparks Redwood und Sequoia sind die Heimat einer mannigfaltigen Fauna, darunter Elche, Schwarzbären, Biber, Weißwedel- und Großohrhirsche.

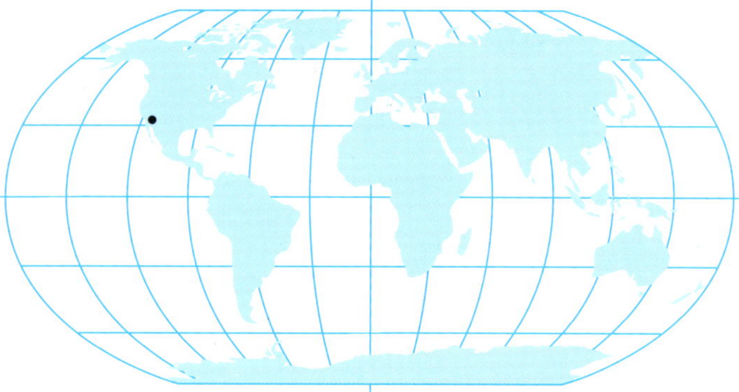

USA

MOJAVE- UND SONORA-WÜSTE

Nach sporadischen Regenfällen breitet sich ein leuchtender Blütenteppich über diese unfruchtbare Region von eigenwilliger Schönheit.

Die Mojave-Wüste erstreckt sich von Südostkalifornien nach Nevada hinein, an ihrem östlichen Ende liegt die Stadt Las Vegas. Im Süden grenzt sie an die Sonora-Wüste, die sich durch Nevada hindurch bis nach Mexiko zieht.

Oben: Die majestätische, absolut vegetationslose Weite des Death Valley.

Rechts: Nach ergiebigen Regenfällen verwandelt sich die Mojave-Wüste ganz plötzlich in ein buntes Blütenmeer. Die leuchtend orangeroten Blüten sind Kalifornischer Mohn.

Vom Norden des US-Staates Oregon aus südwärts erstreckt sich eine scheinbar endlose Wüstenlandschaft, die nahezu die gesamten Bundesstaaten Nevada und Utah umfaßt und aus Hochgebirgen und Kaltwüsten des Great Basin besteht. Im Süden schließt die Mojave-Wüste an, die mit 65 000 Quadratkilometern einen Großteil Südostkaliforniens bedeckt und weiter südlich, Richtung Arizona und Mexiko, in die Sonora-Wüste übergeht.

Ein Großteil dieser Region liegt auf vom geologischen Aspekt aus betrachtet noch jungen, nur 1,6 Millionen Jahre alten Ablagerungen; lediglich die verschiedenen Gebirgszüge weisen ein höheres Alter auf. Viele Jahrtausende lang von Wind, Regen und längst versiegten Flüssen erodiert, ist hier eine Landschaft von einzigartiger, herber Schönheit entstanden.

Das Klima dieser Region ist rauh. Eine Vielzahl wolkenloser Tage setzt das Land hoher Sonneneinstrahlung aus, die Luftfeuchtigkeit sinkt auf ein Minimum. In den Wüstengebieten Mojave und Sonora herrscht eine Durchschnittstemperatur von 23 °C, im Death Valley sind es 25 °C, doch sind die Schwankungen beträchtlich. Innerhalb von 24 Stunden kann die Temperatur von über 40° C bis auf knapp über den Gefrierpunkt fallen.

Speziell das Death Valley zählt zu den unwirtlichsten Regionen der Erde. 86 Meter unter dem Meeresspiegel gelegen, erhält es weniger als fünf Zentimeter Regen pro Jahr und umfaßt weiträumige lebensfeindliche Salzebenen. Die Wüstenregionen der Mojave Desert und Sonoran Desert können dagegen zwar mit einer Niederschlagsmenge von immerhin 5 bis 15 Zentimeter rechnen, doch gibt es auch hier Gegenden, in denen jahrelang kein einziger Tropfen fällt.

Diese Zonen stellen dementsprechend hohe Anforderungen an die Anpassungsfähigkeit von Flora und Fauna. Die Vegetation hat sich an diese Klimabedingungen perfekt angepaßt. In der Mojave-Wüste bestimmen halbhohe Josuahbäume, Kreosotbüsche und niedere Sträucher das Landschaftsbild, hie und da wachsen auch Kakteen. Die Sonora-Wüste trägt über weite Gebiete dichtes Dornengestrüpp aus Mesquitestrauch, Paloverde (Grünholz), Eisenbaum und diversen Sukkulenten. Zu diesen ausdauernden Pflanzen gesellen sich viele einjährige Mohn-, Sonnenröschen- und Grasarten, deren Samen für unbestimmte Zeit im Boden liegen und auf den nächsten Regen warten, der sie zu einem kurzen, aber unvergleichlich intensiven, farbenprächtigen Leben erweckt.

Wasser ist das seltenste und daher auch das wohl kostbarste Element in diesen ariden Landschaften. Um das kostbare Naß optimal zu nutzen, reagieren Wüstenpflanzen sehr schnell auf Niederschläge. Keimung, Wachstum, Blüte und Vermehrung brauchen nur geringe Zeit, und so kommt es, daß sich die Wüste manchmal fast über Nacht in ein leuchtendes Blütenmeer verwandelt.

Auch die ausdauernden Kakteen halten mit ihren Wasserreserven haus und treiben nur selten Blüten, die sich häufig im Laufe der Nacht öffnen und unter der intensiven Sonneneinstrahlung bereits am nächsten Tag wieder verwelken. Die Samen aller Wüstenpflanzen können monate-, ja sogar jahrelang im Boden schlummern, bevor die äußeren Umstände günstig genug erscheinen, um den kurzen Reproduktionszyklus in Gang zu setzen.

Wie die Flora ist auch die Fauna der Wüste exzellent an die kargen Lebensbedingungen adaptiert. Neben diversen Insektenarten leben hier vorwiegend Reptilien, Schlangen und Eidechsen, sowie Vögel, aber auch einige Säugetiere; die meisten sind aufgrund der hohen Tagestemperaturen nachtaktiv.

Der Desert Pupfish

Selbst in der unwirtlichen Region des Death Valley haben einige Fische Möglichkeiten zum Überleben gefunden. Viele Arten leben in isolierten Populationen und sind in ihrer Verbreitung auf einzelne Flüsse oder Wasserlöcher beschränkt. Der Desert Pupfish wird mit extremen Temperaturunterschieden (von knapp über dem Gefrierpunkt bis zu 43 °C) ebenso gut fertig wie mit starken Schwankungen des Salzgehaltes. Aufgrund dieser außergewöhnlichen Anpassungsfähigkeit konnten die Fische rund 30 000 Jahre lang im Death Valley überdauern. Eine Unterart, der Devil's Hole Pupfish, ist akut gefährdet: Seinem Lebensraum – einer einzigen Quelle – droht die Austrocknung, da Bohrungen in der näheren Umgebung zum Absinken des Grundwasserspiegels geführt haben.

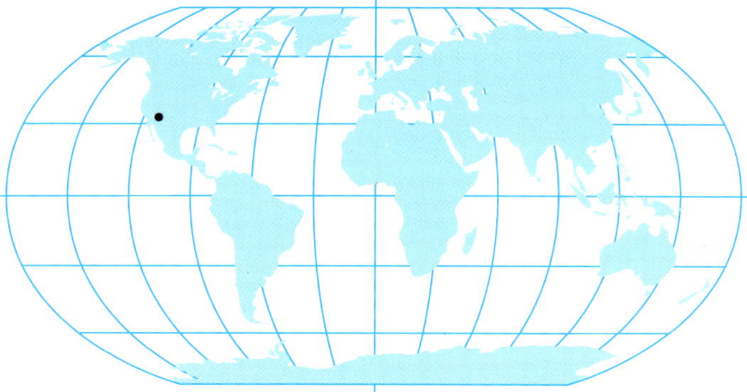

USA

METEOR CRATER

Ein gähnendes Loch in der Wüste Arizonas markiert die Stelle, an der ein Meteorit mit der Erde kollidierte.

Der Meteor Crater befindet sich gleich neben der US Interstate 40 zwischen Flagstaff und Winslow im US-Staat Arizona.

Vor Tausenden von Jahren hätte man am Himmel über Nordarizona ein bizarres Phänomen beobachten können: Eine phantastische Lichtspur hinterlassend, raste ein Feuerball mit 20 km/sek. auf die Erde zu und schlug mit unvorstellbarer Wucht auf. Millionen Tonnen Gestein wurden in die Luft geschleudert – die Explosionsgewalt muß tausendmal größer gewesen sein als die Sprengkraft der Hiroshima-Bombe.

Rechts: Der fast kreisrunde Einschlagtrichter, den der Meteorit hinterließ, mißt im Durchmesser fast anderthalb Kilometer.

Der Krater ist ein riesiges, kreisrundes Loch mit einem Durchmesser von 1220 Metern, einer Tiefe von 180 Metern und einem Kraterrand, der die umliegende Ebene um fast fünfzig Meter überragt. Über die Frage, wie groß der Meteorit war, streiten sich die Gelehrten noch; jüngsten Schätzungen zufolge handelte es sich um einen Eisen-Nickel-Brocken mit einem Durchmesser von etwa vierzig Metern und einem Gewicht von 300 000 Tonnen. So gewaltig war seine Aufschlagkraft, daß Teile davon noch in zehn Kilometer Entfernung gefunden wurden.

Glücklicherweise passiert es nicht oft, daß derart riesige Meteore unseren Planeten treffen, doch dringen jeden Tag rund fünfzig Tonnen extraterrestrische Gesteinsmaterialien in die Erdatmosphäre ein. Die meisten sind kleine Partikel, die beim Eintritt in die Atmosphäre verglühen und die Erdoberfläche nie erreichen. Folglich sind Meteoritfunde auch außerordentlich selten; die meisten enthalten Eisen, das die gewaltige Hitzeentwicklung beim Herabfallen relativ gut übersteht. Der größte bekannte Meteorit, Hoba, wurde 1920 in der Nähe von Grootfontein (Namibia) entdeckt. Obwohl nur zwei mal zwei mal ein Meter groß, wiegt er schätzungsweise 66 Tonnen. Den zweitgrößten fand man in Cape York (Westgrönland), wo die eingeborenen Inuit jahrelang Eisen davon abgeschlagen hatten, bevor der amerikanische Forscher Robert E. Peary ihn 1897 für das New Yorker Naturkundemuseum beschlagnahmte. In der Antarktis wurden zahlreiche Meteorite entdeckt, einige davon sollen vom Mond oder vom Mars stammen.

Oben: Einem Vulkankrater nicht unähnlich, überragt der Kraterrand das Umland um rund fünfzig Meter und ist schon von weitem zu erkennen.

Meteoriteneinschläge sind ausgesprochen selten. 1908 ereignete sich bei Tunguska in Sibirien in rund zehn Kilometern Höhe eine gewaltige Explosion, die noch in tausend Kilometern Entfernung zu hören war und auf einer Fläche von zweitausend Quadratkilometern Bäume wie Streichhölzer umknicken ließ. Wissenschaftler nehmen an, daß diese Detonation von einem Asteroiden oder Kometenfragment herrührte. Manche Forscher führen auch das Aussterben der Saurier auf einen gewaltigen Meteoriteneinschlag zurück. Ihrer Theorie nach prallte vor 65 Millionen Jahren ein gewaltiges Stück Weltraumschutt auf unseren Planeten und riß einen 40 Kilometer tiefen und 200 Kilometer großen Krater in den Meeresboden, woraufhin neben mehreren Millionen Tonnen Staub auch vulkanisches Material und (giftige?) Gase in die Atmosphäre gelangten. Die dichte Staubschicht schirmte die Sonnenstrahlen ab. Da in der daraus resultierenden Dunkelheit und Kälte kein Pflanzenwachstum mehr möglich war, verhungerten (und erfroren) zahllose Tiere. Viele Arten, darunter die Dinosaurier, starben aus. Ein gewaltiger Krater, der vor der mexikanischen Küste entdeckt wurde, könnte den Beweis für diese Theorie liefern.

Meteoriten

Bevor Weltraumsonden erste Mondgesteinsproben zur Erde brachten, konnten Wissenschaftler außerirdisches Material nur anhand von Meteoriten untersuchen – Exemplare unterschiedlichster Größe gibt es in vielen Museen. Viele Meteorite stammen aus der Zeit der Entstehung unseres Sonnensystems vor 4,6 Milliarden Jahren, und einige enthalten Partikel von Sternen oder Planeten, die sogar noch älter sind.

Für die Herkunft dieser Meteoriten gibt es zwei Erklärungen: Sie können aus dem Asteroidengürtel zwischen Jupiter und Mars stammen, der riesige Gesteinsmengen aus der Zeit enthält, zu der sich unser Sonnensystem bildete. Durch die Gravitationskraft des Jupiter werden einige davon zuweilen in Richtung Erde gestoßen. Die zweite Möglichkeit ist, daß sie nach dem Zusammenstoß mit einem Kometen zur Erde hin abgelenkt werden.

Nach ihrer chemischen Zusammensetzung unterscheidet man drei Hauptgruppen: Stein-Meteorite, Stein-Eisen-Meteorite, Eisen-Meteorite und Glas-Meteorite. Am häufigsten sind Stein-Meteorite, in denen sich manchmal rundliche Silikatkörper befinden, wie es sie auf der Erde sonst nicht gibt.

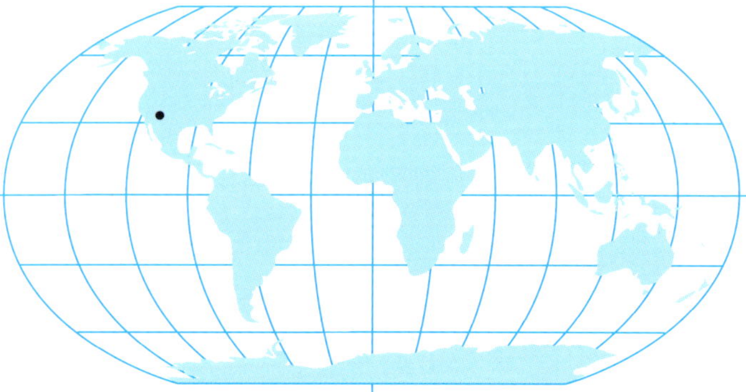

USA

PETRIFIED FOREST

Versteinerte Baumriesen in urzeitlicher Sumpflandschaft.

Der Petrified Forest Nationalpark liegt unweit der US Interstate 40. Die nächsten größeren Flughäfen befinden sich in Albuquerque, New Mexico (325 km östlich), und in Phoenix, Arizona (370 km südwestlich).

Das Colorado-Plateau im Südwesten der Vereinigten Staaten erstreckt sich über die sogenannten Four Corners, das Grenzgebiet der vier nordamerikanischen Bundesstaaten Utah, Colorado, Arizona und New Mexico. Eingebettet zwischen dem kalifornischen Küstengebirge im Westen und den Rocky Mountains im Osten, birgt diese Wüstenregion eine Fülle spektakulärer Landschaften: Im Umkreis von dreihundert Kilometer um die Four Corners liegen nicht weniger als 27 Nationalparks und National Mo-

Rechts: Teile eines versteinerten Baumstumpfes vor der Blue Mesa im Petrified Forest.

numents, und eines davon ist der bizarr anmutende Petrified Forest – der versteinerte Wald.

Ein Großteil der Region besteht aus Sandstein, der vor zweihundert Millionen Jahren im Mesozoikum entstand. Durch wissenschaftliche Untersuchung der versteinerten Bäume fanden Geologen heraus, daß sich hier derzeit eine Schwemmlandebene mit üppiger Vegetation befand. Allerdings wuchsen nicht alle der bis zu sechzig Meter hohen Baumriesen an derselben Stelle, an der man sie heute sehen kann. Viele nämlich wurden Opfer von Stürmen und dann von reißenden Strömen aus dem umliegenden Bergland angetrieben. Da die Regenfälle auch Sand und Schlick auswuschen, versanken die Baumstämme allmählich im Sumpf.

Unter normalen Umständen wäre das Holz verfault, doch verlief die Einbettung hier ausgesprochen rasch, das Holz wurde nahezu »vakuumverpackt«, und Vulkanasche tat ein übriges, die Stämme zu begraben. Später löste dann durch die Sedimentschichten sickerndes Wasser einen Teil der dortigen Minerale heraus, die sich schließlich in den Zellen der Bäume ablagerten. So wurde die ursprüngliche Substanz mit der Zeit durch Minerale ersetzt – das Holz verwandelte sich buchstäblich in Stein. Danach lag die Region einige Zeit auf dem Grund eines flachen Meeres, und die Stämme wurden unter weiteren Sandstein- und Schieferschichten immer tiefer verschüttet. Der versteinerte Wald verschwand also sozusagen in der Versenkung.

Vor etwa siebzig Millionen Jahren dann setzten größere geologische Veränderungen ein, in deren Verlauf die Rocky Mountains entstanden. Das Wasser des Binnenmeeres lief ab, und die Erosionskräfte begannen ihr Werk. Die sedimentären Gesteinsschichten wurden abgetragen, bis die versteinerten Stämme schließlich wieder an die Oberfläche gelangten.

Das erstaunlich vielfältige Farbspektrum der Stein gewordenen Bäume hängt mit der Zusammensetzung der Minerale zusammen, die das Holz ersetzten. Jaspis zeigt ein opakes Ziegelrot, Amethyst ein durchsichtiges Violett, und Achat tritt in einer mannigfaltigen Palette von Farben auf.

Einige der ehenmals gigantisch aufragenden Bäume sind riesig, bis zu dreißig Meter lang, die meisten aber liegen in Stücke gebrochen, die sich jedoch mit viel Geduld wie ein überdimensionales Puzzle zusammenfügen lassen.

Oben: Das Holz dieses fossilen Baumstammes wurde durch Achat ersetzt, doch Jahresringe und andere ursprüngliche Merkmale sind noch immer deutlich sichtbar.

Wüstenschätze

Nicht weit vom Petrified Forest entfernt sind noch eine Reihe weiterer faszinierender Naturwunder der Wüstenregion zu bestaunen. Die Painted Desert, eine der farbenprächtigsten geologischen Formationen der Erde, erstreckt sich vom Petrified Forest aus nordwestwärts bis zum Grand Canyon. Ein Stück flußaufwärts am Colorado River in Utah verdienen die Rainbow Bridge, das Natural Bridges National Monument und der Arches National Park einen Besuch. Hier haben urzeitliche Ströme gewaltige Bögen aus dem Stein gefressen. Rainbow Bridge ist mit 82 Meter Länge und mehr als 6,5 Meter Breite die größte natürliche Brücke der Erde, wird an Länge jedoch vom Landscape Arch im Arches National Park übertroffen, der bei 1,80 Meter Breite eine Länge von 89 Metern zu bieten hat. Westlich von hier liegt der phantastische Bryce Canyon.

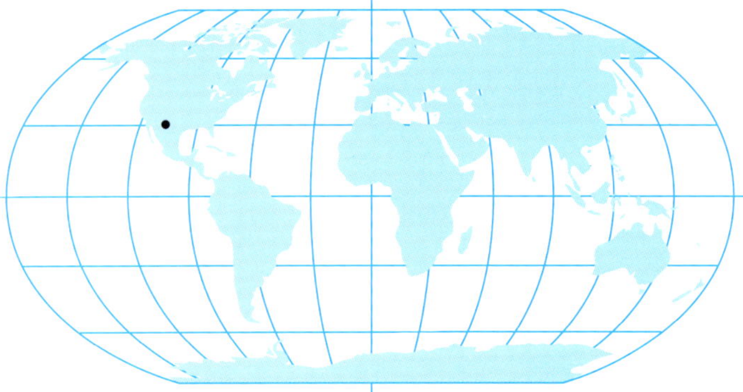

USA

CARLSBAD CAVERNS

Die Guadalupe Mountains in New Mexico bergen ein gewaltiges Grottensystem mit faszinierenden Tropfsteinhöhlen – und einer riesigen Fledermauskolonie.

Zur nächsten größeren Stadt – El Paso in Texas – sind es vom Carlsbad Caverns Nationalpark rund 120 km. US Highway 180 führt direkt von der Stadt zum nordöstlich gelegenen Nationalpark.

Nach Sonnenuntergang verdunkelt sich der Eingang zu den Carlsbad Caverns, wenn Millionen Fledermäuse ihre Schlafplätze in der Bat Cave verlassen, um die Nacht zur Insektenjagd zu nutzen. Fledermäuse sind geschickte Flieger und verfügen über ein exzellentes Sonarsystem, das ihnen die Orientierung im Dunklen ermöglicht und Zusammenstöße vermeiden hilft.

Doch die Heerschaaren von Fledermäusen sind bei weitem nicht die einzige Attraktion der eindrucksvollen Carlsbad Caverns, deren tiefste bislang erforschte Grotte mehr als dreihundert Meter unter der Erdoberfläche liegt. Und in der größten der rund sechzig Höhlen, dem Big Room, hätten sage und schreibe vierzehn Fußballplätze Platz.

Die Geschichte der Carlsbad Caverns begann vor 250 Millionen Jahren, als sich hier eine mächtige Kalksteinschicht ablagerte. Durch Risse und Spalten im Fels drang leicht saures Regenwasser ein, das das weiche Gestein löste und die Grotten und Tunnel entstehen ließ. Später hoben sich die Kalksteinschichten und formten die Guadalupe Mountains. Das Guadalupe Ridge, unter dem sich die Höhlen befinden, ragt fast 2000 Meter hoch. Das Wasser lief aus den unterirdischen Räumen ab, tropfte aber weiter und schuf mit der Zeit Stalagmiten, Stalagtiten und andere bekannte Tropfsteingebilde.

Heute erleichtern fünf Kilometer gesicherte Wege den Besuch der bekanntesten Grotten; begeisterten Hobbyhöhlenforschern stehen aber noch weitere dreißig Kilometer Gänge zur Verfügung. Die Tour beginnt mit dem Abstieg durch den 250 Meter langen Main Corridor zum Green Lake Room, einer der tiefsten zugänglichen Höhlen, der nach dem smaragdgrünen Teich benannt ist und eine Vielzahl zarter Tropfsteine birgt, darunter eine eindrucksvolle Kaskade, die sogenannte Veiled Statue.

In der Queen's Chamber sind Stalaktiten zu märchenhaft zarten »Vorhängen« aus Stein zusammengewachsen, während der Temple of the Sun mit faszinierenden Tropfsteingebilden in den verschiedensten Pastelltönen – gelb, rosa und blau – fasziniert. In allen Höhlen gibt es phantastische Formen zu bestaunen: Der Bashful Elephant sieht aus wie ein Elefant, der verlegen das Gesicht zur Wand dreht; der berühmte Rock of Ages steht in einsamer Majestät allein in seinem Alkoven; in der Hall of Giants halten drei mächtige Stalagmiten Wacht, und von der Decke des King's Palace hängen Stalagtiten, die im Spiel von Licht und Schatten selbst prosaische Besucher beeindrucken. Weitere Attraktionen sind die hauchzarten Big Room Draperies und Höhlenperlen, die immer dann entstehen, wenn winzige Sandkörner zusätzliche Kalziumkarbonatschichten ansammeln und – wie ein Schneeball – beim Herabrollen immer größer werden. Das Ergebnis sind schimmernde Steinkugeln, die sich in Vertiefungen sammeln und an ein Vogelnest mit Eiern erinnern.

Oben: Die Höhlen sind die Heimat vieler tausend Fledermäuse, die die heißen Tage schlafend in der dunklen Kühle verbringen, allabendlich aber in riesigen Gruppen ausschwärmen.

Gegenüber: Die phantastischen Tropfsteinbildungen gewinnen durch künstliche Beleuchtung zusätzlich an Dramatik.

Mammoth Cave – das längste Höhlensystem der Erde

Rund 320 Kilometer unterirdischer Räume und Korridore machen Mammoth Cave in Kentucky zum längsten bekannten Grottensystem der Erde. Zwar können es die Stalagmiten und Stalagtiten an Pracht nicht mit denen von Carlsbad aufnehmen, doch überwältigt Mammoth allein schon durch seine Größe. Eine Höhle, der sogenannte Temple, mißt 165 mal 88 Meter und ist 38 Meter hoch, während der größte Fluß, Echo River, stellenweise eine Breite von zwölf Metern und eine Tiefe von acht Metern erreicht. Eine der phantastischen Tropfsteinformationen wurde aufgrund ihrer Ähnlichkeit mit einem zu Stein erstarrten Wasserfall Frozen Niagara getauft.

Eishöhlen

Hoch in den Österreichischen Alpen liegt die Eisriesenwelt, ein mehr als vierzig Kilometer langes Höhlensystem mit herrlichen Stalagmiten, Stalagtiten und Stalagnaten, die jedoch im Unterschied zu den Tropfsteingebilden anderer Kalksteinhöhlen nicht aus Kalziumkarbonat bestehen, sondern aus Eis.
Die Höhlen entstanden vor mehreren Millionen Jahren, als Wasser durch Risse und Spalten im Gestein sickerte und aufgrund seines Säuregehaltes den Kalkstein zerfraß. Da die Temperatur in den Grotten niemals über den Gefrierpunkt steigt, erstarrt herabtropfendes Wasser augenblicklich zu Eis, wodurch manchmal meterdicke Wände, manchmal aber auch hauchzarte »Spitzenvorhänge« entstehen. Die Eishöhlen faszinieren mit vielfältigen und zuweilen auch pastellfarbenen Stalagniten, Stalagtiten und anderen phantastischen Skulpturen, die richtigen Tropf-»Steinen« zum Verwechseln ähnlich sehen.

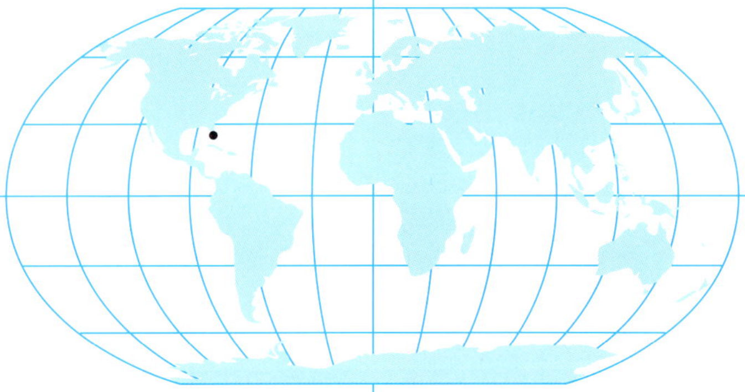

USA

DIE EVERGLADES

Riesiger Süßwassersumpf an der Südspitze Floridas.

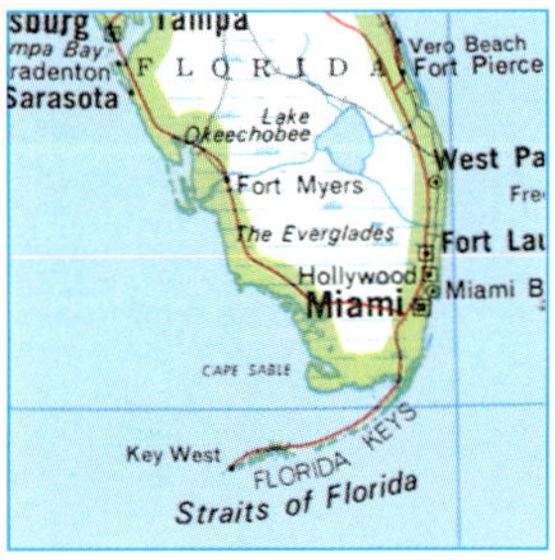

Die Everglades liegen an der Spitze der Halbinsel Florida und grenzen im Westen an den Golf von Mexiko und im Süden an die Inseln der Florida Keys. Die Region wird von mehreren Straßen erschlossen, und weite Gebiete sind mit dem Boot befahrbar.

Die einzigartige subtropische Wildnis, von Indianern einst »Wasser voll Gras« genannt, erstreckt sich über eine Fläche von ca. 7000 Quadratkilometern und zählt, obwohl bereits um mehr als ein Drittel geschrumpft, zu den weitläufigsten Süßwassersümpfen der Erde. Der Everglades Nationalpark (5700 Quadratkilometer) wurde zusammen mit dem Fort Jefferson National Monument (rund 200 Quadratkilometer) zur World Heritage Site und zu einem Biosphärenreservat erklärt.

Das riesige Sumpfland verdankt seine Existenz dem Lake Okeechobee, dem drittgrößten Binnengewässer der USA. Das Wasser des Sees sickert durch den darunterliegenden Kalkstein und speist über wasserführende Gesteinsschichten das Feuchtgebiet. Das Bild der Everglades wird von Riedgras bestimmt, das stellenweise bis zu vier Meter hoch wächst und eine undurchdringliche Wildnis bildet. Viele Kanäle zerschneiden die weiten Riedflächen, hie und da sammelt sich das Wasser in kleineren Teichen, in denen üppige Seerosen gedeihen. Besonders gut an das Leben in solch nährstoffarmen Gewässern angepaßt sind Wasserschlauchgewächse, die an ihren Blättern blasenförmige Fallen ausbilden, in denen sich Insekten und Larven fangen, die die Pflanze dann verdaut.

Die kleinen Inselchen oder Hammocks, an denen der Kalkstein den Wasserstand überragt, tragen verschiedene Harthölzer, Orchideen und Farne. Zur Küste hin geht der Süßwassersumpf oder Glade dann in einen Mangrovegürtel über – den einzigen bewaldeten Küstensumpf Nordamerikas.

Trotz zahlreicher menschlicher Eingriffe ist die Region noch relativ unberührt; die Vielzahl der Lebensräume spiegelt sich in der mannigfaltigen Flora und Fauna wider: Wissenschaftler haben mehr als 1000 Blütenpflanzen, darunter 25 verschiedene Orchideen, und

Der Florida-Manati

Diese friedliebenden, etwas plumpen Säugetiere gehören zur Ordnung der Seekühe oder Sirenen, die Seeleute früher für Meerjungfrauen hielten. Manatis (Rundschwanz-Seekühe) ernähren sich hauptsächlich von Seegras und leben in den seichten Küstengewässern vor den Mangrovesümpfen. Es sind liebenswürdige, harmlose Geschöpfe, denen durch die zunehmende Meeresverschmutzung und Zerstörung ihres Lebensraumes unglücklicherweise akute Gefahr droht. Auch durch Schiffe werden Rundschwanzsirenen häufig verletzt oder gar getötet.

Oben: Die Manati-Population vor der Küste Floridas leidet unter der wachsenden Zerstörung ihres Lebensraumes und wird auch durch den zunehmenden Schiffsverkehr reduziert.

Gegenüber: Die Mangrove ist Teil der üppigen Sumpfvegetation, die weite Teile der vollkommen flachen Everglades-Landschaft bedeckt.

120 Baumarten gezählt – von tropischen Palmen und Mangroven über »gemäßigte« Wälder mit Eiche und Esche bis hin zu Wüstenpflanzen wie Yucca und Kaktus.

Viele der hier heimischen Tiere benötigen zum Überleben mehr als nur ein Teilchen dieses bunten Mosaiks an Lebensräumen. Einige kolonienbildende Vögel etwa nisten in Zypressen- und Mangrovewäldern, fliegen zur Nahrungssuche aber in die Riedgrassümpfe. Als Vogelschutzgebiet kommt den Everglades große Bedeutung zu. Unter den mehr als 320 Arten sind Weißkopf-Seeadler, Ibisse und Reiher. Der Everglades-Milan ernährt sich ausschließlich von Schnecken, deren Fleisch er mit seinem langen, gebogenen spitzen Schnabel aus dem Schneckenhaus zieht. In den Süßwassersümpfen trifft man Fischfresser jeder Größe, und die Mangrove ist die Heimat von Schlangenhalsvogel, Rosalöffler, Pelikanen, Ibissen und Reihern.

Neben den ca. 150 Fischarten der Küstengewässer, die Vögeln, Reptilien und Säugetieren als Nahrung dienen, haben hier zwölf Schildkrötenarten, darunter Geier- und Suppenschildkröte, sowie der Florida-Manati überleben können. König der Sümpfe ist der Mississippi-Alligator, doch gehen hier auch Krokodile, der selten gewordene Florida-Panther und diverse Otterarten auf Jagd.

Bedrohte Wildnis

Der Nationalpark ist durch Trockenlegungsmaßnahmen und Hochwasserschutz bedroht, denn beide greifen in die für den Sumpf lebenswichtige Wasserzufuhr ein. Weniger Wasser führt zum Rückgang der Sumpffläche und reduziert die Zahl der Tiere und Pflanzen. 1930 nisteten hier 1,5 Millionen Vögel, inzwischen sind es weniger als 50 000; im gleichen Zeitraum ist auch die Alligator-Population um mehr als neunzig Prozent zurückgegangen.

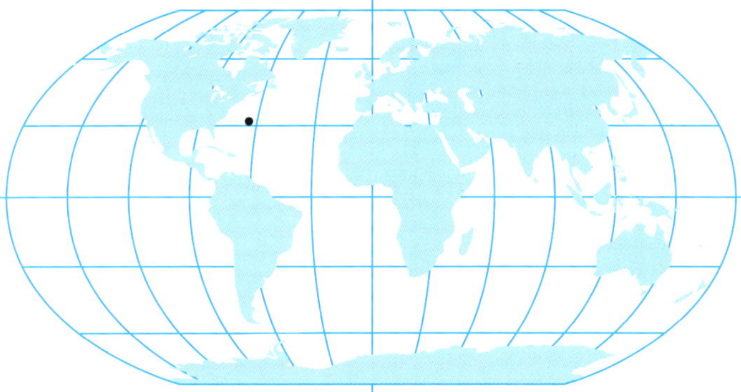

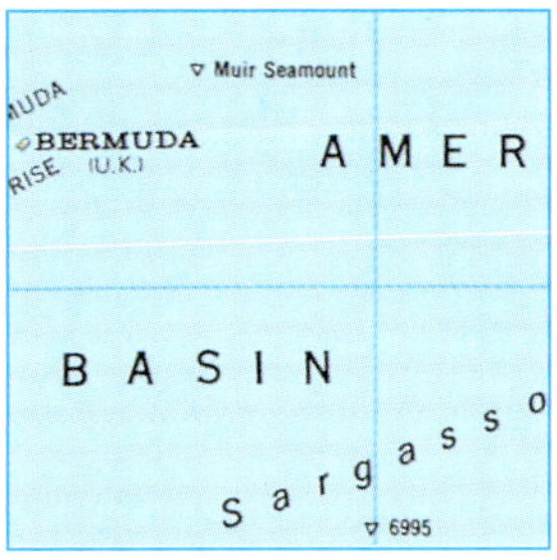

Die Sargasso-See liegt im Südwesten des Nordatlantiks zwischen den Bermudas und den Westindischen Inseln. Die Region ist nur mit dem Schiff erreichbar. Wer diesen Meeresteil besuchen will, muß viel Zeit mitbringen und mit beträchtlichen Kosten rechnen.

Atlantischer Ozean

DIE SARGASSO-SEE

Eine sonderbare Region des Nordatlantiks mit warmem, fast stehendem Wasser.

Der Laichzug der Aale

Außer dem Europäischen Flußaal wandert auch der Amerikanische Aal zur Laichablage in die Sargasso-See. Warum aber werden diese gewaltigen Strecken zurückgelegt, die die Jungtiere zudem einer anstrengenden und gefährlichen Rückreise aussetzen? Der Grund dafür dürfte in der erdgeschichtlichen Vergangenheit zu suchen sein: Vor hundert Millionen Jahren lagen Europa und Nordamerika viel näher beisammen. Es könnte sein, daß die Aale jener Ära die reichen Futtergründe in den Mündungsgebieten der Süßwasserflüsse entdeckten und zwischen den beiden zu wandern begannen. So entwickelte sich ein Verhaltensmuster, das bis heute – und über die wachsende Entfernung der Kontinente hin – aufrechterhalten wurde.

Oben: Auf ihrer Wanderung schlängeln sich Aale sogar über feuchte Wiesen.

Gegenüber, oben: Sargassum (Beerentang).

Gegenüber, unten: Am Ende der zweieinhalbjährigen Reise nach Europa haben sich die Larven in »Glasaale« verwandelt.

Die Sargasso-See wird von einer im Uhrzeigersinn zirkulierenden warmen Strömung – dem Golfstrom – begrenzt, die von der Straße von Florida entlang der Küste nach Norden fließt, wobei verschiedentlich warme und kalte Wirbel auftreten. Reste des Golfstromes durchqueren den Nordatlantik und passieren die Britischen Inseln, bevor sie sich im Nordpolarmeer verlieren.

Die Sargasso-See ist ein merkwürdiger Ort – mit nahezu »stehendem«, warmem Wasser und einer Algenart (Sargassum), die aufgrund ihrer kugeligen Schwimmblasen (»Beeren«) an der Meeresoberfläche treibt. Dieser Beerentang schafft einen Lebensraum, der von den Bedingungen her eher einer Gezeitenküste ähnelt als dem offenen Meer, und die hier heimische Fauna – darunter mehrere endemische Arten – spiegelt dies deutlich erkennbar wider.

Bekannter als für ihre Algen ist die Sargasso-See aber als Laichgebiet des Europäischen Flußaals, dessen faszinierender Lebenszyklus den Wissenschaftlern noch Anfang unseres Jahrhunderts Rätsel aufgab.

Erwachsene Flußaale leben gewöhnlich in europäischen Süßwasserströmen und -seen, wo sie sich jahrelang aufhalten, wachsen und Fettpolster ansetzen. Der Drang zur Laichablage tritt auf, sobald männliche Tiere vierzig Zentimeter, weibliche sechzig Zentimeter Länge erreicht haben. Im Herbst beginnen diese Tiere, ihre Farbe zu wechseln (von Gelbbraun zu Schwarz), und ihre Augen vergrößern sich. Vorwiegend nachtaktiv, folgen sie Bächen und Flüssen stromabwärts. So ausgeprägt ist der Drang, zum Meer zurückzukehren, daß sie von abflußlosen Binnenteichen aus sogar taufeuchte Wiesen überqueren, um zum nächsten Wasserweg zu gelangen. Am Meer angekommen, schwimmen die Aale in einer Tiefe von etwa sechzig Metern beständig südwestwärts, bis sie den Rand der Kontinentalplatte erreichen. Dann tauchen sie in Wassertiefen von mehr als vierhundert Metern ab. Nach gut achtzig Tagen und fast 6000 Kilometern treffen sie in der Sargasso-See ein. Hier laichen sie in einer Tiefe von 1200 Metern und sterben dann.

Aus den Eiern entwickeln sich winzige, durchsichtige, blattförmige Larven (»Weidenblattlarven«), die ihren Eltern so wenig ähnlich sehen, daß man sie lange Zeit für eine völlig andere Gattung hielt. Vom Meeresboden schwimmen diese »Leptodephalus«-Larven auf eine Wassertiefe von gut zweihundert Metern, wo sie vom Golfstrom erfaßt und ostwärts getrieben werden. Diese Rückreise dauert zweieinhalb Jahre. Je näher sie an Europa herankommen, desto mehr

nehmen sie die typische Aalgestalt an, sind jedoch in diesem Stadium noch durchsichtig (»Glasaale«). Einige schwimmen durch die Straße von Gibraltar ins Mittelmeer, manche sogar bis zum Schwarzen Meer. Andere halten sich nördlich und landen in den Flüssen und Strömen Westeuropas – zuweilen trifft man sie sogar an der Ostsee. Einige Monate nach ihrer Ankunft im Süßwasser verfärben sie sich dunkelgelb. Haben sie nach einigen Jahren die entsprechende Größe erreicht, machen auch sie sich auf die lange, gefahrvolle Reise in die Tiefen der Sargasso-See. Der Zyklus beginnt von neuem.

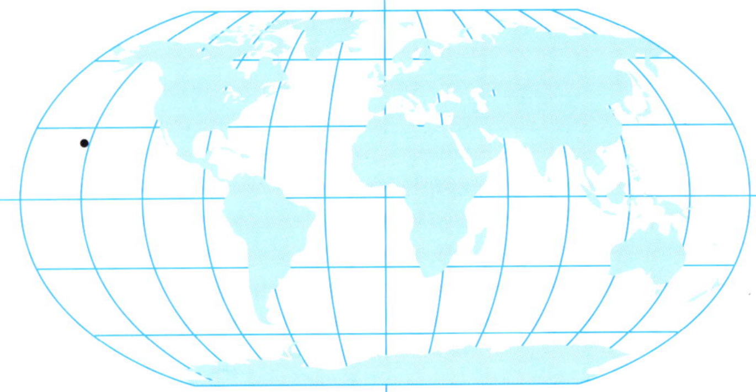

USA

DIE HAWAII-INSELN

Feuerspeiende Berge im Nordpazifik.

Die Hawaii-Inseln liegen im Nordpazifik. In Honolulu, auf der Insel Oahu, gibt es einen internationalen Flughafen. Wer einen Ausbruch des Kilauea beobachten will, muß dort oder auf einem anderen der zahlreichen Flugplätze des Archipels in eine kleinere Maschine nach Hilo oder Kona umsteigen.

Oben: Feurig-flüssige basaltische Lava bringt das Wasser des Pazifischen Ozeans zum Kochen. Diese Aufnahme entstand in Kalapana an der hawaiischen Südostküste.

Gegenüber: Aus der Flanke eines Vulkans steigt eine Fontäne rotglühender Gesteinsschmelze empor.

Rund 2400 Kilometer lang, zieht sich der Hawaii-Archipel zwischen dem 18. und dem 28. Grad nördlicher Breite durch den zentralen Nordpazifik – von Kure und Midway Island im Westen bis zur östlich gelegenen Hauptinsel Hawaii. Zu anderen Vulkanen des sogenannten »Feuergürtels« am Pazifiksaum besteht scheinbar keinerlei Verbindung.

Das ebenso zerstörerische wie eindrucksvolle Phänomen des Vulkanismus tritt häufig an Tiefseegräben auf, wo eine ozeanische Platte unter eine Kontinentalplatte abtaucht. Bei diesem Subduktionsprozeß entwickelt sich ungeheuere Hitze, die schließlich zur Bildung vulkanischer Küstengebirge führt.

Die Hawaii-Vulkane dagegen entstanden aus einem anderen Grund. Sie liegen nämlich über einem sogenannten »hot spot« (heißen Fleck) im sogenannten Erdmantel. Geologen gehen von der Existenz etwa dreißig solcher hot spots aus, die sich gegenüber dem Erdmittelpunkt nicht bewegen. Da sie zudem äußerst langlebig sind, erzeugt der dort aufsteigende überhitzte Lavastrom auf der über ihn hinweggleitenden tektonischen Platte eine Vulkankette wie die der Hawaii-Inseln.

Die westpazifische Platte, die beständig in westlicher Richtung driftet, dürfte sich seit der Bildung dieses hot spot ungefähr 2400 Kilometer bewegt haben. Sämtliche Inseln des Hawaii-Archipels sind vulkanischen Ursprungs, die erdgeschichtlich ältesten liegen im Westen, die aktivsten – und folglich jüngsten – auf der Insel Hawaii am östlichen Ende der Kette.

nomen (Höhe, Standort, klare, trockene Luft) mehrere Teleskope installiert.

Das spektakulärste vulkanische Geschehen Hawaiis ist am Kilauea zu bestaunen, einem Nebenschlot an der Flanke des Mauna Loa, dem mit 4170 Metern zweithöchsten Gipfel. Dieser Vulkan spuckt seit 1984 mit schöner Regelmäßigkeit stündlich rund fünf Kubikmeter Lava aus den Tiefen der Erde hervor. Seine 150 bis 180 Meter tiefe Caldera, Mokuaweoweo genannt, ist mehr als zehn Quadratmeter groß. Als bekannteste Attraktion locken faszinierende Lavafontänen, die den glühenden Gesteinsfluß neunzig Meter und

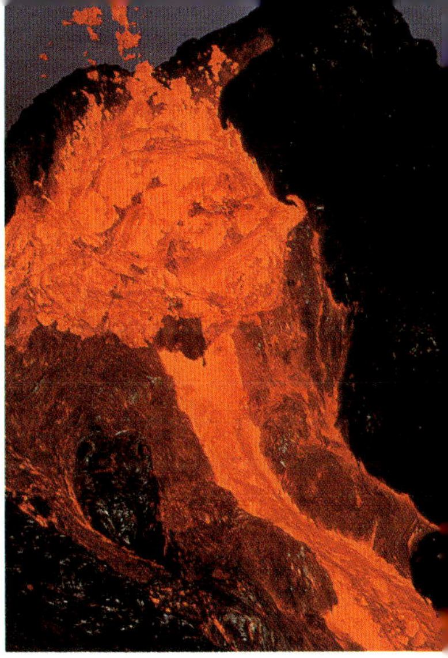

Hawaii hat die Form eines Dreiecks und ist 130 mal 150 Kilometer groß. Die höchste Erhebung dieser auch für den Tourismus attraktiven Insel ist der 4205 Meter aufragende Mauna Kea, der – von seinem Fuß am Meeresgrund (5998 Meter unter dem Meeresspiegel) aus gemessen – höchste Berg unseres Planeten. Auf dem Gipfel dieses Felsgiganten wurden aufgrund der dort herrschenden idealen Bedingungen für die Beobachtungstätigkeit und Himmelsforschung der Astro-

zuweilen noch weitaus höher in die Luft schleudern.

Blutrot fließt der Lavastrom aus dem Krater die Berghänge hinab. Bei Temperaturen zwischen 1100 und 1200 °C ist der Basalt sehr flüssig und erreicht Geschwindigkeiten von mehr als dreißig Stundenkilometern. Was von der Lava erfaßt wird, verbrennt, und wo der Gesteinsschmelzfluß das Meer erreicht, bringt er das Wasser zischend und dampfend zum Kochen.

Vorhersage von Eruptionen

Bisher ist es Wissenschaftlern nur selten gelungen, Vulkanausbrüche exakt vorherzusagen, was damit zusammenhängen mag, daß kein Feuerberg dem anderen gleicht. Vulkane, die wie die hawaiischen häufig ausbrechen, zeigen jedoch vor jeder Eruption bestimmte Symptome. Seismometer, die Größe und Art eines Erdbebens aufzeichnen, nehmen selbst minimale Erschütterungen wahr, deren Häufigkeit und Stärke bevorstehende Eruptionen ankündigen kann. Da verstärkter Druck vor einem Ausbruch den Feuerberg »anschwellen« läßt, und dieser nach dem Magmaausstoß wieder »schrumpft«, können auch hochsensible Neigungsmesser an den Vulkanflanken wichtige Informationen geben. Manchen Eruptionen geht ein dumpfes unterirdisches Grollen voraus, das die Hawaiianer nach der feuerhaarigen Vulkangöttin »Ruf der Pele« nennen. Andere Vorzeichen sind Veränderungen in den örtlichen Magnetfeldern: Auf über 600 °C erhitztes Magma verliert seinen Magnetismus, wodurch sich große Lavaansammlungen lokalisieren lassen. Auch abrupte Temperaturschwankungen, Fumarolenaktivität und das Auftreten heißer Quellen in unmittelbarer Nähe des Schlotes können einem Ausbruch vorangehen.
Die Vorhersage von Eruptionen ist auch heute noch in vieler Hinsicht Glückssache, aber doch wesentlich zuverlässiger als die von Erdbeben. Trotzdem kommt es vor, daß sogar erloschen geglaubte Vulkane überraschend wieder ausbrechen.

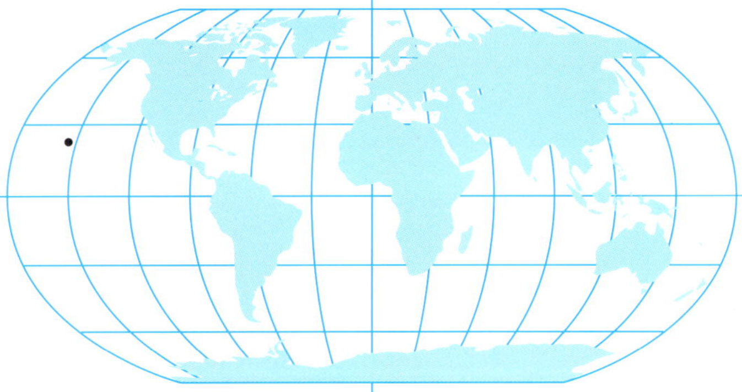

USA

KAUAI: HAWAIIS SMARAGDINSEL

Die schönste Insel des Hawaii-Archipels besticht durch üppig grüne Vegetation, weißgoldene Strände und türkisblaue Wasser.

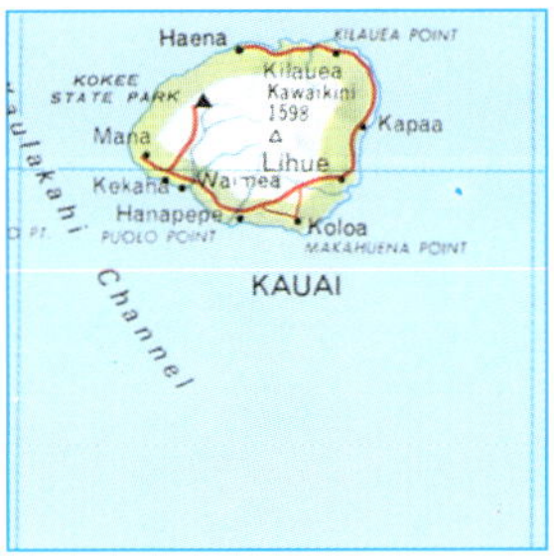

Die Hawaii-Inseln liegen weit vor der Westküste der Vereinigten Staaten im Nordpazifik. Die meisten Flugzeuge landen in der Hauptstadt Honolulu, Anschlußflüge bringen Besucher zu den übrigen Inseln. Verwaltungszentrum von Kauai ist Lihue. Um die Insel herum führt ein gut ausgebautes Straßennetz – nur die wildromantische Na-Pali-Küste ist davon ausgenommen.

Captain Cook und die Hawaii-Inseln

Auf einer Lichtung im Dorf Waimea auf Kauai steht eine Statue und blickt auf den Pazifik hinaus. Sie stellt den Erdumsegler Captain James Cook dar, der im 18. Jahrhundert drei ausgedehnte Forschungsreisen unternahm. Sein Standbild markiert die Stelle, wo Cook 1778 als erster Europäer Fuß auf die damals Sandwich Islands genannten Hawaii-Inseln setzte. Nicht weit von hier, am Strand der Kealakekua-Bucht auf der Insel Hawaii erinnert eine Tafel daran, daß Cook dort ein Jahr später infolge einer bewaffneten Auseinandersetzung zwischen Briten und Insulanern völlig unerwartet den Tod fand.

Mächtige blaugrüne Brecher branden gegen sonnige, palmgesäumte Strände, hinter denen das Land in steilen, mit üppiger Vegetation bedeckten Hängen zu fast ständig von Wolken umhüllten Gipfeln ansteigt.

Kauai ist eine Insel von atemberaubender Schönheit, was sicherlich nicht zuletzt damit zusammenhängt, daß sie bislang vor größeren Eingriffen des Menschen verschont geblieben ist – was hoffentlich so bleiben wird.

Rechts: Steile, dicht bewaldete Hänge und ein Riff schützen den Küstenstrich von Na Pali.

Gegenüber: Die Banzai Pipeline ist ein spektakulärer, von Surfern überaus geschätzter natürlicher Wassertunnel.

1992 fegte der Zyklon Iniki mit 280 Stundenkilometern über die Hawaii-Inseln hinweg und zerstörte 10 000 Häuser sowie siebzig Hotels, was einen schweren Rückschlag für den Fremdenverkehr bedeutete.

Kauai entstand vor etwa fünf Millionen Jahren durch vulkanische Aktivität, woran Mount Waialeale, ein erloschener Feuerberg im Zentrum der Insel, erinnert. 1500 Meter hoch, gilt er als regenreichster Ort der Erde – die durchschnittliche Niederschlagsmenge liegt hier bei 1170 Zentimeter pro Jahr. Dank dieser Feuchtigkeit ist die Insel wunderbar grün. Mehr als siebzig Prozent der Fläche werden als Plantagen bewirtschaftet oder stehen als Nationalpark unter Naturschutz. Traditioneller Hauptwirtschaftszweig ist der Anbau von Zuckerrohr. Schon 1835 wurde die erste Zuckerraffinerie errichtet, in der neben Einheimischen auch Arbeiter aus China, Japan und von den Philippinen Arbeit fanden. Viele ließen sich dauerhaft auf Kauai nieder, was die bunte Bevölkerungsmischung erklärt.

Eine der spektakulärsten Landschaften Kauais ist die Na-Pali-Küste, Heimat einer Vielzahl seltener Vögel und exotischer Pflanzen. In einigen Tälern haben Archäologen Tempelruinen entdeckt, was auf eine frühzeitige Besiedelung dieser Insel schließen läßt.

Im Inselinneren klammern sich winzige Pflanzen an die steilen Felswände des Mount Waialeale. Regengüsse, die im oberen Teil niedergehen, strömen als rauschende Bäche talwärts. Unweit davon liegt Waimea Canyon, durch dessen zwanzig Kilometer lange grüne Schlucht reißende braune Wasser fließen. Malerisch wirkt auch die Farn-Grotte am Wailua River, wo herabhängende Pflanzen einen dichten Vorhang bilden. Kauai ist eine Insel der Gegensätze: leere Strände, haushohe Wellen, leuchtend gefärbte exotische Vögel und Pflanzen und frostige Gebirgsregionen – sie alle fügen sich zu einem paradiesischen Bild.

In Hanalei, einem Tal im Norden der Insel, soll – glaubt man dem gleichnamigen Lied – »Puff, the Magic Dragon« gehaust haben.

Die Banzai Pipeline

Wellen werden weit draußen auf den Weltmeeren geboren – Ursache sind Winde, Strömungen und die Erdanziehungskraft. Auf ihrem Weg zur Küste kommen andere Faktoren hinzu, die ihre Größe und Form bestimmen – einer davon ist die Gestalt des Meeresbodens. Ein in sanften Wellen verlaufender Sandstrand läßt nämlich völlig andere Wellen entstehen als ein Ufer, an dem der Meeresgrund steil ansteigt.
Der Meeresboden an der Nordwestküste der hawaiischen Insel Oahu bedingt eine Wellenformation, die als Banzai Pipeline berühmt geworden ist. Haushohe Wellen rollen hier auf das Ufer zu, wachsen im seichter werdenden Wasser weiter an und brechen schließlich, wobei ein Wassertunnel (pipeline = Röhre) entsteht. Durch diese blaugrüne, von transparenten Wasserwänden gebildete Röhre zu gleiten, ist der Traum jedes Surfers.

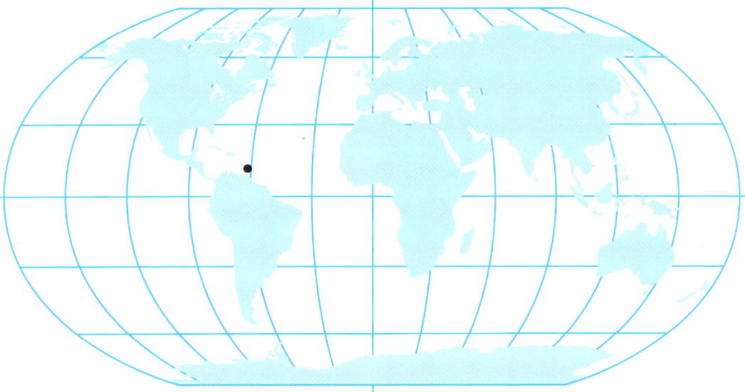

Trinidad

DER ASPHALTSEE PITCH LAKE

Unter der kochenden grauschwarzen Masse verbirgt sich das bedeutendste natürliche Asphaltvorkommen der Erde.

Der Pitch Lake liegt bei La Brea im Südwesten von Trinidad, rund 80 km von der Hauptstadt Port of Spain entfernt. Von dort erreicht man den Asphaltsee über die Küstenstraße in Richtung Bonasse.

Oben: Ein natürlicher Strom kochend heißen, schwarzen Asphalts.

Gegenüber: Die Asphaltförderung stellte einst den wichtigsten Wirtschaftszweig der Republik Trinidad dar. Heute werden noch rund fünfzig Prozent der Fördermenge exportiert.

Inmitten der tropischen Palmenlandschaft von Trinidad erstreckt sich eine Fläche aus klebrigem, grauschwarzem Morast, die zwar alles andere als attraktiv, aber trotzdem weltberühmt ist. Und so reißt der Besucherstrom am Pitch Lake nie ab – zu groß ist die Faszination dieses merkwürdigen Phänomens.

Der an der Südwestküste der Insel gelegene, 45 Hektar große See gilt als bedeutendstes Asphaltvorkommen der Erde und setzt sich aus etwa vierzig Prozent Bitumen, dreißig Prozent Sand und dreißig Prozent Salzwasser zusammen. Seine Tiefe wird auf etwa achtzig Meter geschätzt. Überraschenderweise liegen über den See mehrere kleine Inseln verteilt. Sie bestehen aus verrottetem Pflanzenmaterial, das auf der Teerfläche treibt, und tragen teilweise sogar größere Büsche.

Seit mehr als hundert Jahren werden am Pitch Lake Pech und Teer gefördert, doch quillt beständig neuer Asphalt nach, füllt die Gräben und verwischt die Spuren menschlicher Aktivität.

Trinidad wurde 1498 von Kolumbus entdeckt. Ein knappes Jahrhundert später besuchte der englische Seefahrer und Abenteurer Sir Walter Raleigh die Insel, verwendete etwas Pech für seine Schiffe und stellte fest, daß dieses von weit besserer Qualität war als das aus Norwegen, das man in England bislang benutzte. Heute dient der Asphalt primär zum Straßenbau.

Die teerartige, leicht gewellte Oberfläche des Sees ist an sich fest genug, um einen Menschen zu tragen, doch entstehen immer wieder Blasen, mit denen Schwefelgase an die Oberfläche treten. In den flachen Rinnen sammelt sich Regenwasser, und da sich darauf ein Ölfilm bildet, schimmert die Oberfläche des Sees in den wechselnden Farben des Regenbogens.

Der Legende zufolge liegt der See an der Stelle einer Siedlung der Chaima-Indianer, deren Bewohner sich an heiligen Kolibris vergriffen hatten und deshalb sterben mußten. Wissenschaftler dagegen vertreten die Ansicht, der Pitch-See sei auf dem Grund des Meeres entstanden: Vor fünfzig Millionen Jahren sanken die Überreste mariner Lebewesen auf den Meeresboden und wurden zu Öl, das dann durch eine durchlässige Gesteinsschicht sickerte. Aufwölbungen der Erdkruste hoben diese Ölvorkommen an die Erdoberfläche, wo sie unter der Sonneneinstrahlung zu einer harten Masse trockneten.

La Brea Tar Pits, Los Angeles

Der Pitch Lake in Trinidad ist ein bemerkenswertes Naturphänomen, aber keineswegs einzigartig. Ein weiterer Asphaltsee liegt in Venezuela, und unweit von Los Angeles gibt es die Asphaltvorkommen der La Brea Tar Pits (brea ist das spanische Wort für Teer). Diese Teergruben sind von einem hohen Zaun umgeben, damit sich neugierige Besucher nicht zu weit vorwagen und hineinfallen – ein Schicksal, das ungezählte Tiere und vielleicht auch den einen oder anderen der spanischen Eroberer ereilte, die vor zweihundert Jahren die heutige Vielmillionenstadt gründeten. Schon 1875 äußerten Geologen die Vermutung, daß man in dem Teer guterhaltene Fossilien finden könne. Inzwischen wurden mehr als eine halbe Million Knochen geborgen, darunter solche von Säbelzahntiger, Mammut, einer inzwischen ausgestorbenen Bärenart und Geiern mit Flügelspannweiten von mehr als vier Metern sowie Nagetiere, Eidechsen und Insekten. Die La-Brea-Skelette, die wohl weltgrößte Sammlung 15 000 Jahre alter Tierknochen, ist im Los Angeles County Museum zu besichtigen.

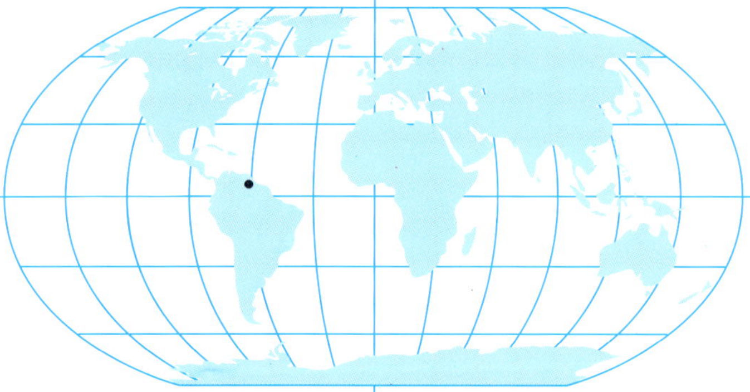

Venezuela

SALTO ANGEL

Der höchste Wasserfall der Erde

Der Südosten Venezuelas ist zwar weit abgelegen, aber nicht besonders schwierig zu erreichen. Die Flußfahrt von Porto Ordaz ist rund 240 km weit. Von El Dorado (Entfernung ca. 120 km) und Santa Elena (Entfernung ca. 240 km) aus verkehren auch Flugzeuge.

Wasserfälle

Jeder noch so kleine Wasserfall ist ein fesselndes Schauspiel der Natur. Zu beobachten, wie Wasser herabstürzt und sich einen Teich ergießt, ist ein Zeitvertreib, bei dem einem niemals langweilig wird. Wen wundert es da, daß primitive Völker Wasserfälle als Sitz von Göttern oder Geistern ansahen, denen man Ehrfurcht schuldete. Besondere Faszination üben größere Katarakte aus, bei denen Turbulenzen am Fuß der Fälle das Gestein ausgehöhlt haben, so daß man hinter die herabstürzenden Wassermassen treten und durch einen gischtsprühenden Vorhang blicken kann. Der moderne Mensch betrachtet Wasserfälle etwas pragmatischer, und häufig wird die Wasserkraft, die in mächtigen Gefällen steckt, in elektrische Energie umgewandelt.

Rechts: Steil fallen die blanken Felswände des Auyán Tepui zum tief unten zu seinen Füßen liegenden wolkenverhangenen Urwald ab.

Gegenüber: Der gewaltige Katarakt des Salto Angel hat eine Gesamtfallhöhe von fast tausend Metern.

In der entlegenen südöstlichen Ecke von Venezuela, unweit der Grenzen zu Guyana und Brasilien, findet man das Hochland La Gran Sabana. Montaña Roraima, der mit 2825 Metern höchste Gipfel Venezuelas, steht genau auf der Grenze, und an seiner Südflanke entspringt der später in den Orinoko mündende Rio Caroní. Im Nordwesten überragt der Auyán Tepui (mit 2515 Metern der höchste Punkt eines Hochplateaus) die umliegende üppig grüne Dschungellandschaft. Das Plateau besteht aus horizontal gelagertem blaßrotem Sandstein, in den die sintflutartigen tropischen Regenfälle, die häufig über der Region niedergehen, zahllose Schluchten und Abflußrinnen geschnitten haben. Ein Teil des Wassers speist auch den Rio Churœn, einen Nebenfluß des Caroní, der sich gemächlich über das Gipfelplateau schlängelt, bis er schließlich dessen Nordkante erreicht.

Hier gewinnt der Fluß auf einem kurzen Gefälle an Geschwindigkeit, um sich kurz darauf selbstmörderisch in das absolute Nichts zu stürzen: 807 Meter tief fällt das Wasser, bevor es auf ein erstes Hindernis trifft, und von dort aus gleich noch einmal 172 Meter – was sich zu einer gesamten Fallhöhe von 979 Metern addiert. Aus der Ferne gesehen, verbreitert sich die feine weiße Linie des fallenden Wassers nach unten zu einer weißen Gischtwolke, die sich weiter unten im sattgrünen Urwald verliert. Bei feuchtem Wetter wird der majestätische Katarakt von einer Reihe kleinerer Nebenfälle begleitet, die unterhalb der Absturzkante durch Spalten aus dem Sandstein dringen – ein Anblick von schlichter Eleganz und zugleich ehrfurchtgebietender Grandeur, der den Ruf des Salto Angel als höchster Wasserfall der Erde wahrlich rechtfertigt.

Die Indianer der Region kennen den Wasserfall schon lange, und Auyán Tepui heißt in ihrer Sprache soviel wie »Teufelsberg« – eine treffende Bezeichnung, vor allem dann, wenn sich dichte Wolkenbänder um die Felswände ziehen. 1910 berichtete Ernesto Sánchez la Cruz erstmals von den Fällen, doch war es der amerikanische Pilot Jimmy Angel, der sie über zwanzig Jahre später weltberühmt machte. Auf der Suche nach Gold entdeckte er am 14. November 1933 den Wasserfall, der später seinen Namen erhielt. Gold fand Jimmy Angel keines, aber seine Entdeckung brachte ihm Weltruhm ein.

Lange Zeit war es nahezu unmöglich, in diese Region zu gelangen, doch inzwischen hat die Tourismusbranche die magnetische Anziehungskraft des Kataraktes erkannt, und es gibt organisierte Bootsfahrten und Rundflüge. Abenteurernaturen können sich natürlich nach wie vor zu Fuß durch den Dschungel kämpfen.

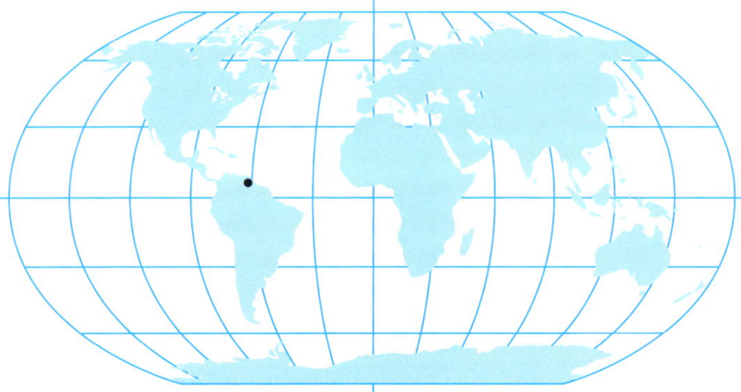

Venezuela

SCHWEMMEBENE UND ORINOKO-DELTA

Am Fuß der Anden beginnt eines der weitläufigsten Feuchtgebiete Südamerikas.

Dieses riesige Gebiet erstreckt sich von der Cordillera de Merida im Westen Venezuelas bis zum Guyana-Schild und dem Orinoko im Süden und Osten.

Oben: In weiten Windungen mäandert der Orinoko gemächlich durch die Sumpf-, Wald- und Savannenlandschaften Venezuelas, die sich, in der Trockenzeit dürr und unfruchtbar, nach den winterlichen Regenfällen in ein riesiges Marschland verwandeln.

Gegenüber: Typische Merkmale des Capybara sind seine flache Schnauze und die wachsamen Augen.

Die Llanos – das Überschwemmungsland der Ströme Orinoko und Apure sowie deren Zuflüssen – bilden eine weitläufige Feuchtzone, die allein auf dem Gebiet Venezuelas aus 180 000 Quadratkilometern Savanne und 60 000 Quadratkilometern Laubwald sowie landwirtschaftlich genutzten Flächen besteht.

Da die sedimentbeladenen Ströme die hohe Fließgeschwindigkeit, mit der sie die Vorgebirge der Anden verlassen, in der Ebene nicht beibehalten können, beginnen sie schon bald, ihre Fracht abzulagern. In der Regenzeit zwischen Juni und Oktober sind weite Teile der Llanos überflutet, und es bildet sich eine Sumpflandschaft mit einem Mosaik aus langsam dahinfließenden Bächen und Strömen, toten Flußarmen, Sümpfen, Süßwasserseen und überfluteter Savanne. Bis zum Ende der Trockenzeit im April hat sich das Wasser dann wieder weitgehend zurückgezogen: Die Ebenen sind größtenteils ausgetrocknet, kleinere Flußläufe zu einer Kette seichter Tümpel werden zu Rinnsalen.

Bevor der Orinoko die Küste erreicht, fächert er sich in eine große Zahl kleinerer Kanäle auf. Das Orinoko-Delta erstreckt sich über eine Fläche von 36 000 Quadratkilometern und beherrscht die Atlantikküste Venezuelas. Es umfaßt eine Reihe sehr unterschiedlicher Lebensräume – Mangroven, Süßwassersümpfe mit Palmenhainen, saisonal überflutete Savannen, Sumpfwälder und, an etwas erhöhten Stellen, weite Gebiete immergrünen Tropenwalds.

Die Llanos und das Orinoko-Delta sind von großer Bedeutung für Watvögel. Mehr als hundert Brutkolonien verschiedener Arten verteilen sich über die Feuchtgebiete. Der prächtige Rote Sichler, der im dichten Gebüsch nistet, ist mit mehr als 65 000 Paaren vertreten, was einem Großteil der gesamten Weltpopulation dieses Vogels entspricht. In derselben Region brüten auch rund 5500 Ibis-Pärchen, daneben Jabirus und diverse Reiherarten sowie die seltenen Pfeifgänse Schwarzbauch- und Witwenpfeifgans. Auch die Savanne hat ihre charakteristische gefiederte Fauna mit Nandus, Steißhühnern, Seriemas und einem breiten Spektrum an kleinen Grasmücken und großen Bussarden, Milanen, Falken und Geiern.

Weite Gebiete der Llanos werden heute zur Rinderzucht genutzt, doch hat man inzwischen damit begonnen, in großem Umfang auch Capybaras als Fleischlieferanten zu züchten. Capybaras – die größten Nagetiere der Welt – können bis zu achtzig Kilo auf die Waage bringen. Ein Capybara liefert bei gleicher Weidefläche das vierfache Gewicht an Fleisch wie ein Rind.

Weitere in der Savanne heimische Großsäuger sind Weißwedelhirsch, Puma, Ozelot und Jaguar. Die Süßwasserseen und Flüsse des Deltas beherbergen eine vielfältige Fauna, darunter die größte Schlangenart der Erde, die Anakonda. Brillenkaimane haben trotz starker Bejagung und Wilderei bisher überleben können, weniger günstig steht es um das Orinoko-Krokodil, das akut vom Aussterben bedroht ist. Auch Manatis (Rundschwanzseekühe) und Riesenotter sind zahlenmäßig stark zurückgegangen, woran zum einen rücksichtslose Wilderei, zum anderen aber auch die zunehmende Zerstörung ihres natürlichen Lebensraumes schuld sind.

Tio Tigre – Onkel Tiger

Der Jaguar oder Tio Tigre, wie ihn die Ureinwohner nennen, ist eine sehr anpassungsfähige Großkatze, die ebensogern auf Bäume klettert wie die Seen und Flüsse der Llanos durchschwimmt. Das majestätische Tier wurde aufgrund seines prachtvoll gezeichneten Fells fast ausgerottet und wird trotz hoher Strafen auch heute noch von Wilderern gejagt. Die meisten haben sich in die geschützteren Waldgebiete zurückgezogen. Jaguare sind Einzelgänger, die in der Regel nachts auf Jagd gehen und bis zu hundert Quadratkilometer große Reviere beherrschen. Auf ihrem Speiseplan stehen verschiedene Beutetiere, unter anderem Tapire, Kaimane und Capybaras.

Baumfrösche der Llanos

Die hohe Luftfeuchtigkeit des Marschlandes und des tropischen Regenwalds zieht viele Amphibien an, weshalb sich in den Llanos diverse Froscharten entwickelt haben. Baumfrösche sind an das Leben im Blätterdach des Waldes hervorragend angepaßt: An ihren Fingern und Zehen haben sie »Saugnäpfe«, die ihnen Halt geben, außerdem besitzen sie einen ausgezeichneten Gleichgewichtssinn. Sie ernähren sich hauptsächlich von Insekten, sind nachtaktiv und – zur Tarnung gegen Raubvögel – gewöhnlich blattgrün gefärbt.

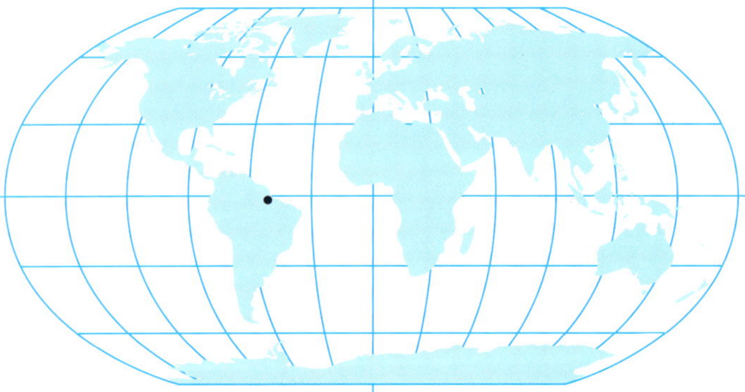

Brasilien

DAS AMAZONAS-BECKEN

Der Blick aus dem Flugzeugfenster verdeutlich die ungeheure Weite dieser großartigen Urwaldlandschaft.

Das Amazonas-Becken Nordbrasiliens erstreckt sich von den Anden bis zum Atlantik. Es umfaßt ein riesiges Areal, das von den zahlreichen Zuflüssen des mächtigen Stroms entwässert wird. Durch diese Wildnis führen kaum Straßen, es gibt aber eine ganze Reihe kleinerer Flugplätze.

Der Riesenotter

Dieses freundliche, neugierige Geschöpf ist heute akut vom Aussterben bedroht, weil der Mensch ihn zum einen rücksichtslos gejagt hat und zum anderen seinen Lebensraum zerstört oder vergiftet. Riesenotter sind gesellige Tiere, die in lebenslanger Einehe und in Großfamilien von bis zu dreißig Individuen zusammenleben. Männchen werden über einen Meter sechzig groß und können ein Gewicht von dreißig Kilogramm erreichen. Hauptnahrung des Riesenotters sind mittelgroße Fische, die sie in Gruppen jagen und an Land verzehren.

Rechts: Blick auf das Kronendach des Regenwalds; tiefere Teile liegen unter einem diesigen Wolkenschleier.

Der Amazonas ist mit 6565 Kilometern der zweitlängste Strom der Erde (nach dem Nil), dabei aber um ein vielfaches wasserreicher. In seinem Einzugsgebiet, dem Amazonas-Becken, liegt das weltgrößte Regenwaldgebiet, das nahezu sechs Millionen Quadratkilometer umfaßt und sich über neun Länder erstreckt. Die Lebensadern dieses riesigen Areals sind der Amazonas und seine Zuflüsse, die zusammengenommen nahezu 25 Prozent der Wassermenge aller Flüsse und Ströme unserer Erde transportieren.

Mehr als eine Million Tier- und Pflanzenarten sind in diesem Gebiet heimisch, und auf einer nur zehn Quadratkilometer großen Fläche Regenwald findet man bis zu 1500 Blütenpflanzen-, 750 Baum-, 125 Säugetier-, 400 Vogel- und ungezählte Insektenarten. Viele davon sind noch nicht einmal wissenschaftlich erfaßt.

Im Amazonas und seinen Nebenflüssen leben mehr als zweitausend Fischarten sowie eine Reihe merkwürdiger Säugetiere und Reptilien, darunter Amazonas-Manati, Amazonas-Delphin, Riesenotter und Brillenkaiman. Die mannigfaltige Fischfauna reicht von den kleinen, aber weltbekannten fleisch- und vor allem aasfressenden Piranhas bis hin zu anderen, die sich von ins Wasser gefallenen Samen und Früchten ernähren. Der Arowana oder Gabelbart, der bis zu einem Meter lang wird, springt sogar aus dem Wasser und holt sich von tief herabhängenden Ästen Käfer, die er dann mit Genuß verspeist.

Die Zerstörung des Regenwalds schreitet mit beängstigender Geschwindigkeit fort: Mehr als vier Quadratkilometer unersetzbarer Natur werden jede Stunde abgeholzt. Die rücksichtslose Vernichtung dieses komplexen und artenreichen Ökosystems zieht noch nicht absehbare Folgen nach sich – die weltweite Klimaänderung ist nur eine davon.

Bedroht sind neben den Wildtieren auch die indianischen Ureinwohner, die seit Jahrhunderten hier in vollkommenem Einklang mit der Natur leben. Sie nehmen sich vom Urwald nicht mehr, als sie zum Überleben brauchen, und fügen sich harmonisch in das ökologische Gleichgewicht ein. Jetzt ist die

Existenz auch ihres Lebensraumes gefährdet. Vorausschauend handelt man in Kolumbien, wo die Regierung in den Indianern die Hüter des Waldes sieht. 1989 gründete sie den Chiribiquete Nationalpark, dessen 10 000 Quadratkilometer von Indianern verwaltet werden. So groß diese Schutzzone auch sein mag, stellt sie doch kaum 0,17 Prozent des noch verbliebenen Regenwaldes dar.

Die Indianer roden kleine Waldgebiete, die *chagra* oder »Garten im Wald« genannt werden, um Yuccas, Mangos, Paprika u. ä. anzubauen. Läßt die Fruchtbarkeit des Bodens nach, ziehen sie weiter und überlassen das Land dem Dschungel. Obwohl es zweihundert Jahre dauert, bis eine brandgerodete *chagra* wieder vom ursprünglichen Regenwald bedeckt ist, ist diese Methode der völligen, unwiederbringlichen Zerstörung durch moderne Abholzung eindeutig vorzuziehen.

Oben: Messerscharfe Zähne und ausgesprochen kräftige Kiefer kennzeichnen den weithin gefürchteten Piranha.

Bedrohte Wälder

Die Abholzung des Regenwalds hat bereits zum Aussterben verschiedener Baumarten geführt, und viele mehr stehen kurz davor, ausgerottet zu werden. Brasilianisches Rosenholz darf inzwischen zwar nur noch als Furnier verarbeitet werden, doch gibt es nicht einmal mehr genügend Bäume, um diesen Bedarf zu decken, und der Bestand gilt heute als akut bedroht. Auch der Rio Palenque Mahagoni steht auf der Liste geschützter Pflanzen, er gehört sogar zu den zehn meistgefährdeten Arten unseres Planeten. Es gibt nur noch etwa zwanzig ausgewachsene Bäume, doch glücklicherweise gedeihen die sorgsam behüteten jungen Schößlinge recht gut. Aus Platzgründen müssen hier diese beiden Beispiele genügen, doch stehen sie nur stellvertretend für eine Vielzahl anderer Arten – und wie viele unbekannte oder noch nicht erfaßte Spezies gleichfalls bedroht sind, vermag niemand zu sagen.

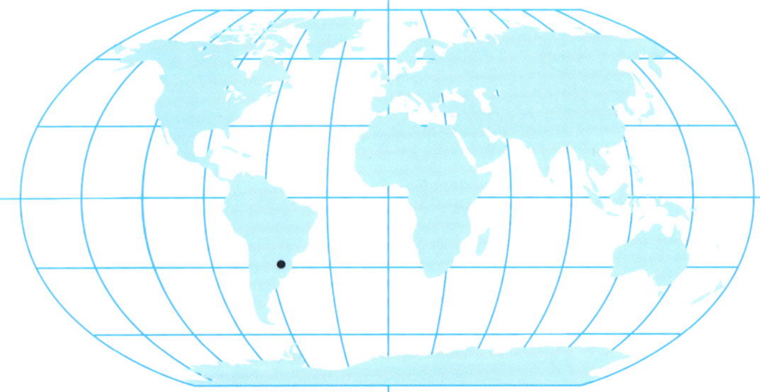

Brasilien

IGUASSU-FÄLLE CATARATAS DO IGASSU

Weiß schäumende Wasserfälle im smaragdgrünen Dschungel.

Die Iguassu-Fälle liegen an der brasilianisch-argentinischen Grenze, rund 325 km östlich von Asunción in Paraguay. Vom Flughafen in Asunción führt eine gut ausgebaute Schnellstraße durch Paraguay auf die brasilianische Seite der Fälle. Von dort ist es nicht weit auf die argentinische Seite.

Rechts: An den Iguassu-Fällen stürzt der Rio Iguassu zwischen Brasilien (links) und Argentinien (rechts) über eine Vielzahl von Einzelfällen in die Tiefe.

Gegenüber: Vorbei an Felsinseln mit tropisch-üppigem Bewuchs fallen die Wassermassen in Kaskaden hinab in eine tiefe, strudelnde Schlucht. Die Aufnahme entstand auf der brasilianischen Seite der Saltos do Iguassu.

Der Rio Iguassu entspringt in der Serra do Mar unweit der brasilianischen Atlantikküste südlich von São Paulo und fließt von dort rund 1320 Kilometer weit ins Landesinnere. Über die Paraná-Hochfläche schlängelt er sich, ständig von Zuflüssen gespeist, über rund siebzig kleinere Wasserfälle abwärts (die größten, die Nacunday-Fälle, stürzen rund vierzig Meter tief – fast dieselbe Fallhöhe wie die Niagara-Fälle). Am Rand der Hochebene, kurz vor seinem Zusammenfließen mit dem Rio Paraná, donnert er dann über die Iguassu-Fälle.

Der Fluß ist an dieser Stelle etwa 2,5 Kilometer breit, und seine Wassermassen ergießen sich – in einem herrlichen Halbrund – über die volle Breite talwärts. Je nach Jahreszeit und Wasserstand sind es bis zu 275 einzelne Fälle, von denen einige direkt in den mehr als achtzig Meter tiefen Kessel stürzen, während andere in Kaskaden von einer Terrasse zur nächsten fließen. Zwischen diesen kleineren Katarakten liegen Inseln aus widerstandsfähigem Gestein, die das herabströmende Wasser in Gischt- und Sprühnebelwolken aufsteigen lassen, über die die Sonne dann wiederum vielfarbig schillernde Regenbogen spannt. Auf den oberen Felsinseln wachsen größere Bäume, Bambusrohr und Baumfarne – Vorposten des umliegenden Dschungels. Weiter unten setzen tropische Wildpflanzen – Begonien, Bromelien und Orchideen – farbige Akzente. Den letzten Farbtupfer geben prächtige Vögel dazu: Papageien, Aras und andere Arten mit lebhaft gezeichnetem Gefieder, die in den Baumkronen nisten.

Sowohl auf der brasilianischen als auch auf der argentinischen Seite wurden Nationalparks eingerichtet. Den besten Eindruck gewinnt man sicherlich bei einem Hubschrauberflug über den Katarakten, eindrucksvoller ist es jedoch, die Fälle von dem Steg aus zu erleben, der dicht an der Absturzkante vorbei zum gegenüberliegenden Ufer führt. Immer wieder reißt die mächtige Strömung Teile davon fort, was dem Besucher die Kraft des Wassers bildhaft vor Augen führt.

Am spektakulärsten sind die Fälle während der Regenzeit, die von November bis März dauert, doch auch das restliche Jahr über bieten sie gewöhnlich ein phantastisches Naturschauspiel. Im Mai und Juni 1978 allerdings trocknete der Rio Iguassu völlig aus (das erste Mal seit 1934), und 28 Tage lang floß nicht ein Tropfen über die Fälle. Besucher waren bitter enttäuscht, doch die Natur ist nicht immer berechenbar.

Am Rio Alto Paraná, gut 150 Kilometer oberhalb des Zusammenflusses mit dem Rio Iguassu, liegt der Salto dos Sete Quedas oder Guairá. Trotz einer eher mittelmäßigen Fallhöhe von nur 34 Metern würde er den Einzug ins Buch der Rekorde schaffen, denn nach abstürzenden Wassermassen gemessen, ist er der größte Wasserfall der Erde. Auf fünf Kilometern Breite ergießen sich jede Sekunde 13 300 Kubikmeter über die Fallkante – ein Dom von der Größe der Londoner St. Pauls Kathedrale wäre in 0,6 Sekunden gefüllt!

Der größte Staudamm der Welt

In Itaipu, an der Grenze zwischen Paraguay und Brasilien, wird der Paraná, der fünftgrößte Strom der Erde, zur Energiegewinnung aufgestaut. Zu Beginn der Bauarbeiten wurden die Wassermassen über einen künstlich angelegten Kanal umgeleitet, und provisorische Staustufen ermöglichten die Arbeit am Hauptdamm. Auf der (brasilianischen) Ostseite errichtete man einen Sperrdamm, der das Wasser in dem neuen Stausee halten sollte, während auf der (paraguayischen) Westseite ein Überlaufkanal entstand. Dann wurden im Hauptdamm die 18 Turbinen des Wasserkraftwerks installiert. Nach Abschluß der Bauarbeiten sprengte man die provisorischen Staustufen und schloß die Schleusentore, um den Stausee zu füllen. Vierzig Tage dauerte es, bis sich der 160 Kilometer lange See, der eine Fläche von mehr als 1500 Quadratkilometern bedeckt, gebildet hatte. Nach vierzehn Jahren nahm das weltgrößte Wasserkraftwerk 1988 den Betrieb auf. Seine Generatoren liefern 12 600 Megawatt – genug, um ganz Paraguay und die brasilianischen Industriezentren und Millionenstädte Rio de Janeiro und São Paulo mit Strom zu versorgen.

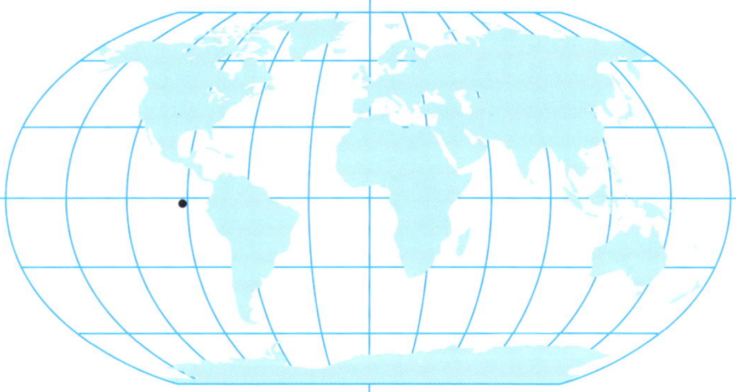

Ekuador

DIE GALAPAGOS-INSELN

Ein isoliert gelegener Archipel mit einzigartiger Fauna.

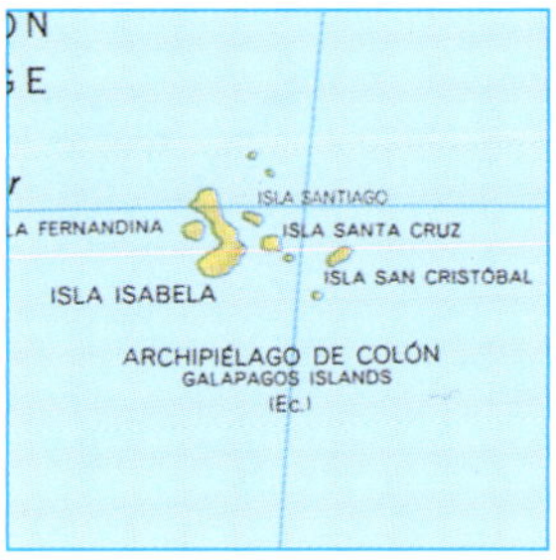

Die Galapagos-Inseln liegen fast am Äquator im östlichen Pazifik. Die nächsten Festlandküsten sind zwischen 800 und 1000 km entfernt.

Darwinfinken

Charles Darwins Evolutionstheorie basiert auf Beobachtungen, die er auf seiner Reise mit der *Beagle* machte, doch haben die Finken, denen er auf Galapagos begegnete, seine Inspiration besonders beflügelt. Sämtliche Darwin- oder Galapagosfinken stammen von einer einzigen Art ab, die durch Zufall aus Südamerika hierher gelangte. Hier entwickelte sie sich zu dreizehn Arten mit spezifischer Größe, Schnabelform und Gefiederfarbe, unterschiedlichem Gesang und Verhalten. Am anschaulichsten läßt sich die Adaption an den Schnabelformen nachvollziehen: Einige haben Kegelschnäbel, andere entwickelten einen langen, spitz zulaufenden Schnabel, und wieder andere besitzen kleine Insektenesser-Schnäbel. Der Stocherfink verfügt über einen speziell ausgebildeten Schnabel und ein eigenes Verhaltensmuster: Mit Hilfe eines Kaktusdorns stochert er in Ritzen und Spalten nach Larven.

Oben: Ein Galapagosbussard hat sich eine Riesenschildkröte als Reittier gewählt. Aufgenommen auf der Isla Isabela.

Rechts: Sieben verschiedene Arten von Meerechsen – den einzigen »seetauglichen« Leguanen – haben sich auf dieser Inselgruppe entwickelt.

Jeder Besucher der Galapagos ist von der Schönheit, Vielfalt und Einzigartigkeit dieser abgelegenen Inselwelt zutiefst beeindruckt. Nicht anders erging es schon Charles Darwin, den seine berühmte Reise auf der *Beagle* zu diesem Archipel führte, wo er entscheidende Anstöße für seine Evolutionstheorie erhielt.

Die Galapagos-Inseln entstanden aus Lavaansammlungen auf dem Meeresgrund. Der Archipel verläuft etwa dreihundert Kilometer weit in Nordsüdrichtung und besteht aus 15 Hauptinseln, 42 kleineren Eilanden und 26 Felsen, die zusammengenommen eine Fläche von 7800 Quadratkilometern bedekken. 96,6 Prozent davon bilden heute einen Nationalpark, zu dem weitere 80 000 Quadratkilometer Meeresreservat gehören. Es ist eine Inselwelt voller Kontraste: Die unfruchtbaren Küstensäume werden von Kakteen beherrscht, doch je höher man kommt, desto feuchter wird es, und die Regionen auf 200 bis 500 Meter tragen dichte, immergrüne Wälder, während auf den höchsten Hängen Riedgräser und Farne die Landschaft prägen.

Jegliche Flora und Fauna muß von Wind oder Wellen herangetragen worden sein, obwohl in jüngerer Zeit auch der Mensch mitgemischt haben dürfte. Viele Tierarten sind endemisch, kommen aber nicht einmal auf dem ganzen Archipel, sondern nur auf einzelnen Inseln vor. Nirgendwo sonst auf der Welt trifft man beispielsweise Meerechsen – Leguane, die einen Teil ihres Lebens im Meer verbringen, sich vorwiegend von Seetang ernähren und regelrechte Schwimmhäute entwickelt haben. Sieben Unterarten davon leben auf sieben verschiedenen Inseln. Auf sechs davon trifft man darüber hinaus auch Drusenköpfe (Galapagos-Landleguane).

Noch einem anderen Reptil verdankt der Archipel seine Berühmtheit: der Galapagos-Riesenschildkröte, die bis zu 180 Kilogramm auf die Waage bringen kann. 15 Unterarten füllen ökologische Nischen, in denen sie keine Konkurrenz zu fürchten haben. Trotzdem sind vier bereits ausgerottet, und ein einziges Männchen ist der letzte Vertreter einer fünften Unterart.

Vorwiegend im Wasser halten sich Galapagos-Seebär und -Seelöwe auf, zwei weitere endemische Arten, von denen einer tagsüber, der andere nachts aktiv ist. Fast noch bemerkenswerter sind zwei gleichfalls nur hier vorkommende Fledermausarten sowie drei einheimische Rattenspezies. Eine davon galt noch vor kurzem als schon vor Urzeiten ausgestorben.

Zur Vogelwelt der Inseln zählen sowohl Zugvögel, die wie zum Beispiel der Wellenalbatros hier brüten, als auch 28 endemische Landvogelarten. Mehr als 750 000 Seevogelpärchen nisten auf Galapagos, darunter Galapagos-Pinguin und Galapagos-Sturmvogel sowie die weltgrößte Kolonie von Maskentölpeln.

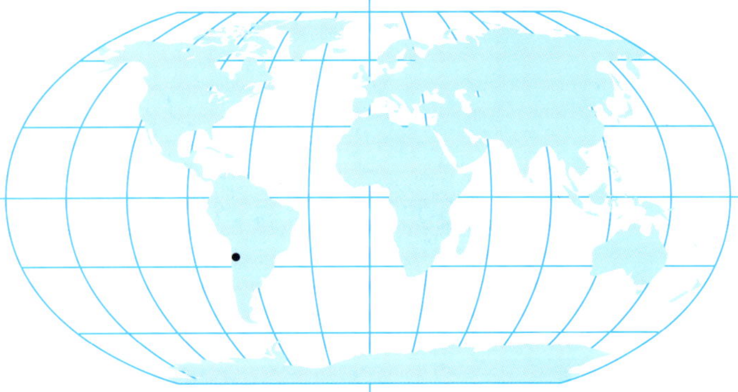

Chile

DIE ATACAMA-WÜSTE

Ein merkwürdig kalter und trockener Küstenstreifen zwischen Nordchile und Südperu.

Die Atacama-Wüste erstreckt sich entlang der nordchilenischen Küste zwischen den Anden und dem Pazifischen Ozean. Am günstigsten erreicht man die Region von Iquique, Tocopilla oder Antofagasta aus, wo es jeweils einen Flugplatz gibt. Die Wüste endet etwa 800 km nördlich von Santiago.

Rechts: Eine Lama-Herde knabbert an dem spärlichen Grün, das hier am Saum der Atacama-Wüste sprießt.

Im Westen vom Pazifischen Ozean und im Osten von den Anden begrenzt, verläuft die Atacama-Wüste rund tausend Kilometer weit in einem schmalen Band entlang der Küste Nordchiles. Das bis zu 2000 Meter hohe Bergland der Cordillera de la Costa fällt an seiner Westflanke steil zur Küste hin ab; stellenweise brandet das Meer gegen fast 500 Meter hohe Klippen. Die Wüste selbst liegt in einer Hochebene auf der Ostseite dieser Küstenkordillere und besteht zum Großteil aus Salztonebenen. Lediglich am Ostrand prägen Alluvialablagerungen das Bild: meist größere Anhäufungen von Geröll und Felsschutt, manchmal aber auch Sandflächen mit vereinzelten Dünen.

Die gesamte Region ist extrem trocken, und das wenige Wasser, das die trostlos-öde Wüste erreicht, verdunstet oder versickert fast augenblicklich. Für ihre Breitengrade ist die Atacama sehr kalt, im Sommer liegen die Durchschnittstemperaturen an der Küste unter zwanzig Grad Celsius, in der Wüste selbst sogar noch darunter.

Schuld an den niedrigen Temperaturen ist der Humboldstrom, eine von der Antarktis kommende kalte Meeresströmung, die dazu führt, daß sich die wärmeren Luftschichten über die kälteren schieben. Diese Inversionslage wiederum begünstigt häufige Nebel- und Schichtwolkenbildung, aber keinen Regen. Metereologische Aufzeichnungen zeigen, daß in den Küstenstädten Iquique und Antofagasta nur zwei- bis viermal im Jahrhundert (!) ergiebige Regenfälle niedergehen. Im Osten der Anden hingegen, im brasilianischen Amazonas-Becken, herrscht an Feuchtigkeit gewiß kein Mangel. Da die letzten Wolken an dem hohen Gebirge abregnen, gelangt kein Regen in die dahinter gelegene Atacama. Zwar gibt es in der Wüste artesische Quellen, die jedoch einen derart hohen Borgehalt aufweisen, daß sie sich nicht zur Bewässerung eignen. Trotzdem werden weite Gebiete mit Tamariskengewächsen bepflanzt, die auch mit stark salzhaltigem Boden zurechtkommen und ihre Wurzeln rasch zum Grundwasser hinabstrecken. Die Blätter der Tamarisken werden an Schafe verfüttert.

Die Atacama ist ausgesprochen dünn besiedelt, und als Haupterwerbsquelle der Bevölkerung wird Bergbau genannt. Im Norden der Region wurden Anfang unseres Jahrhunderts jährlich bis zu drei Millionen Tonnen Nitrat gefördert, was zu Territorialstreitigkeiten mit Peru und Bolivien führte. Heute sind diese Auseinandersetzungen Geschichte, und die Fördermenge ist auf unter 800 000 Tonnen gesunken, nachdem sich der Markt inzwischen fest in den Händen von Kunstdünger-Produzenten befindet.

Die reichen Kupfervorkommen der Region werden bei Chuquicamata (in den Anden) und bei Paposo (an der Küste) abgebaut. Vielerorts sind die Felsen mit einer grünen Patina überzogen – einem Atacamit genannten, durchscheinend grünen Mineral, das auch auf anderen Kupfererzlagerstätten in trockenen Klimazonen vorkommt.

Oben: Entlang der mineralreichen Flüsse, die die Wüste von den Anden aus ostwärts durchqueren, häufen sich Ablagerungen – das Wasser verdunstet, die Minerale bleiben auf der Strecke.

Wüsten der Welt

Die Entstehung einer Wüste hängt von mehreren Faktoren ab. Hoher atmosphärischer Druck bedingt die Kalahari, die Sahara und die arabischen Wüsten. Ihre Lage in der Mitte eines riesigen Kontinents ist für die Trockenheit der Gobi und anderer zentralasiatischer Wüsten verantwortlich. Die Mohave-Wüste im Westen der Vereinigten Staaten und die Patagonische Wüste liegen im Regenschatten der Rocky Mountains bzw. der Anden, während an den Westküsten Afrikas und Südamerikas kalte Strömungen eine wesentliche Rolle spielen.

Fast alle Wüstenzonen liegen zwischen 20 und 50 Grad nördlicher respektive südlicher Breite. Wüsten sind Regionen mit einer durchschnittlichen Niederschlagsmenge von weniger als 25 cm pro Jahr. Entgegen landläufiger Meinung bestehen Wüsten keineswegs immer aus Sand. Viel häufiger sind sogar Fels- und Steinschuttwüsten. Einige Wüsten tragen auch karges Grasland. Trotz unwirtlicher Bedingungen existiert in fast allen Wüstenregionen doch eine hervorragend angepaßte Flora und Fauna. Gänzlich ohne Leben sind nur die Eisgebiete der Antarktis.

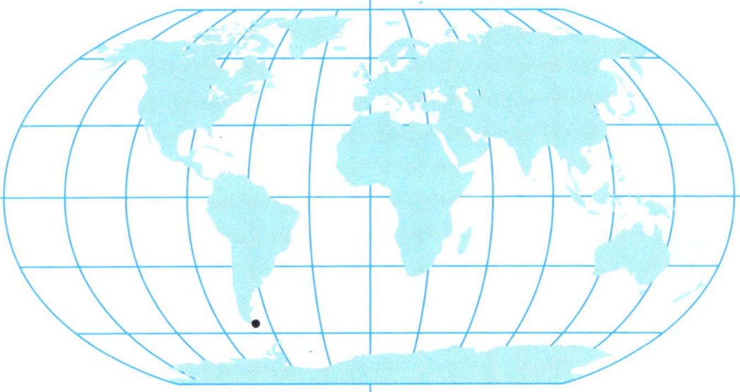

Chile/Argentinien

TIERRA DEL FUEGO

Feuerland – eine karge und gebirgige, nahezu menschenleere Wildnis im äußersten Süden Südamerikas.

Der Feuerland-Archipel (Tierra del Fuego) bildet die südlichste Spitze Südamerikas. Von großen internationalen Flughäfen wie Buenos Aires oder Santiago verkehren kleinere Maschinen nach Ushuaia, Porvenir und Rio Grande, die sich als Ausgangspunkt für eine Feuerland-Expedition anbieten.

Oben: Das majestätische Martial-Gebirge (Cerro Martial), das hinter Ushuaia im argentinischen Teil des Feuerland-Archipels aufragt, ist Teil eines eindrucksvollen Nationalparks.

Gegenüber: Herbststimmung am Lago Alto, der gleichfalls zum Nationalpark gehört.

Im Winter suchen eisige, aus der Antarktis kommende Stürme den nahezu menschenleeren Küstenstrich an der Südspitze Südamerikas heim, und obwohl die Sommer mit milderer Witterung verwöhnen, erinnern auch in der warmen Jahreszeit plötzlich aufziehende Orkane daran, daß Feuerland nicht weit von den eisigen Ufern Antarktikas entfernt liegt.

Siebzig Prozent des 74 000 Quadratkilometer großen Feuerland-Archipels gehören zu Chile, der Rest ist argentinisches Staatsgebiet. Feuerland oder, wie es auf spanisch heißt, Tierra del Fuego, bildet die Spitze des südamerikanischen Kontinents und reicht bis auf weniger als tausend Kilometer ans ewige Eis der Antarktis heran. Geologen haben Beweise dafür entdeckt, daß die Antarktische Halbinsel und Feuerland vor dem Auseinderdriften der Kontinente (vor 25 Millionen Jahren) sogar eine gemeinsame Landzunge formten, und auch Fossilienfunde deuten darauf hin, daß verschiedene in Südamerika vorkommende Tiere und Pflanzen einst auch Antarktika bevölkerten.

Als Entdecker des Feuerland-Archipels gilt der portugiesische Seefahrer Ferndando de Magellan, der 1520 für die spanische Krone Südamerika umsegelte und dabei die heute als Magellan-Straße bekannte Meerenge entdeckte und das Land südlich davon Tierra del Fuego taufte – nach den Feuern der Indianer, die überall entlang der Küste brannten. 1578 sichtete Sir Francis Drake die später von niederländischen Seeleuten Kap Hoorn genannte Inselgruppe. Kartographisch vermessen wurde Feuerland aber erst im 19. Jahrhundert, als die britische Admiralität zu diesem Zweck zwei Expeditionen aussandte. Die zweite leitete ein Kapitän Robert Fitzroy, der auf seiner *Beagle* einen Naturforscher mit an Bord haben wollte und für diese Aufgabe den damals gerade zweiundzwanzigjährigen Charles Darwin auswählte.

Am 27. Dezember 1831 setzte die *Beagle* in Plymouth Segel zu einer Reise, die fast fünf Jahre dauern sollte. Im Dezember 1832 erreichten sie Feuerland, wo Darwin an Land ging und die grandiose Schönheit der Gebirge und Gletscher rühmte. Der Naturforscher war auch sehr an den amerikanischen Ureinwohnern interessiert. Damals lebten dort schätzungsweise 3000 Yahgan-Indianer; aufgrund eingeschleppter Krankheiten und der Vernichtung ihrer natürlichen Lebensgrundlagen durch europäische Siedler ging ihre Zahl jedoch schon bald drastisch zurück. Darwin schilderte das karge Dasein dieses Volkes und beschrieb ausführlich, wie die Indianer in dem unwirtlichen Klima zu überleben suchten und häufig wohl nur knapp dem Hungertod entgingen. Weniger abgehärtet und auf das kalte Klima nur ungenügend vorbereitet waren die rund 300 spanischen Siedler, die um 1580, gut sechzig Kilometer vom heutigen Punta Arenas entfernt, eine Kolonie gründeten – und allesamt verhungerten.

Patagonien

Feuerland wird manchmal Patagonien zugerechnet, dem südlichsten Teil Südamerikas. In Patagonien, einem Land von wilder, ursprünglicher Schönheit, gibt es Gebirge mit Gletschern und einsamen Hochebenen. Geographisch gesehen, teilt sich die Region in zwei Großlandschaften: die südlichen Anden und das Tafelland, das in mehreren Schichtstufen von der Küste zum Vorland der Anden ansteigt und von zahlreichen grandiosen Schluchten durchschnitten wird. Allerdings führen nur noch wenige dieser von West nach Ost laufenden Canyons Wasser, denn die meisten Flüsse sind längst versiegt. An tiefen Stellen haben sich jedoch zuweilen Salzwasserteiche gebildet. Im chilenischen Teil Patagoniens haben Gletscher, die einst das ganze Land bedeckten, spektakuläre Fjorde in den Fels gegraben.

Die Anden

Die Anden, deren südliche Ausläufer die Landschaft West-Patagoniens prägen, verlaufen entlang der gesamten Westseite Südamerikas. Das Gebirgsmassiv ist rund 8800 Kilometer lang, an der breitesten Stelle (in Bolivien) 650 Kilometer breit, und sein höchster Gipfel, der Aconcagua, ist mit 6958 Metern zugleich der höchste Berg der westlichen Hemisphäre. Bewegungen in der Erdkruste lassen die Anden weiter wachsen – jedes Jahrzehnt einen guten Zentimeter. Aus der letzten Eiszeit haben sich Gletscher erhalten, die nach wie vor das Bild des Gebirges verändern, neue Trogtäler ausschürfen und neue Gipfel formen.

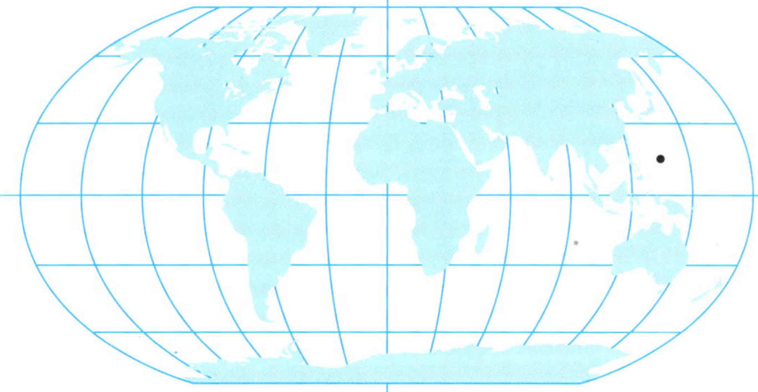

Pazifischer Ozean

DER MARIANEN-GRABEN

Eine Spalte im Meeresboden des Südpazifiks.

Das Zentrum des Marianengrabens liegt auf 15 Grad nördlicher Breite und 147 Grad 30 Minuten östlicher Länge. Allerdings deutet an der Meeresoberfläche nichts darauf hin, daß der Meeresboden hier einen tiefen Riß aufweist. Der Schiffsverkehr – vorwiegend Handelsschiffe zwischen den Philippinen und Nordamerika bzw. zwischen Japan und Australien – läuft störungsfrei darüber hinweg.

Rechts: Am Rand des Marianengrabens leben blasse Krabben, Mollusken und Seeanemonen.

Gegenüber: Die riesige Mundöffnung des Drachenfischs ermöglicht es diesem Tiefseebewohner, Beutetiere zu verschlingen, die größer sind als er selbst.

In unbekannte Räume vorzudringen, ist seit jeher ein Traum der Menschheit. Heute machen es technische Errungenschaften möglich, auch den Geheimnissen bislang unerreichbarer Regionen auf den Grund zu gehen und den Meeresboden und die Tiefseegräben zu erforschen. Mehr als 365 Millionen Quadratkilometer der Oberfläche unseres Planeten liegen unter Ozeanen mit einer durchschnittlichen Tiefe von 3,7 Kilometern. (Zum Vergleich: Alle Kontinente zusammen bedekken nur 63 Millionen Quadratkilometer.)

Tiefseeregionen von zwei bis sechs Kilometern Wassertiefe wurden dem Menschen erst vor kurzem zugänglich. An Stellen unterseeischer Vulkantätigkeit weiß man inzwischen von der Existenz mehr als sechstausend Meter tiefer »Gräben«. Solche Tiefseegräben kommen in allen Weltmeeren vor, doch liegen die meisten im Pazifik. Der tiefste von allen ist der Marianengraben, östlich der Philippinen: Neueste Messungen ergaben eine Tiefe von 10 924 Metern u. d. M.

Die Flora und Fauna dieser gigantischen Tiefen zu erforschen, bedeutet eine gewaltige Herausforderung. Der Druck dort unten beträgt mehr als 1100 Atmosphären, und trotz intensiver Bemühungen ist es bislang (noch?) nicht gelungen, in solche Tiefen vorzudringen. Die neuesten Titan-Tauchkapseln ermöglichen es gerade, Menschen bis auf sechs Kilometer abtauchen zu lassen, was kaum dem Grabenrand entspricht.

Doch der menschliche Forscherdrang ist unermüdlich, und so schickt man Greifer, Sensoren und seit kurzem auch Videokameras hinab, die von einer faszinierenden Tierwelt mit teils bekannten, teils völlig unbekannten Spezies berichten. Verglichen mit der Tiefseeregion ist die Artenvielfalt im Grabeninneren beschränkt, doch leben auch hier eine Reihe verschiedener See- und Schlangensterne, Spritzwürmer, Muscheln und Seegurken.

Kein noch so geringer Lichtstrahl dringt in diese Wassertiefen, doch zeigt sich bei künstlicher Beleuchtung, daß die hiesige Fauna nicht weniger spektakulär gefärbt ist als ihre Verwandtschaft in geringeren Tiefen. Viele Tierarten erreichen hier unten eine ungewöhnliche Größe: Rund um die Hydrothermal-Schlote hat man Seeanemonen gefunden, die – in geringeren Wassertiefen gerade einige Zentimeter lang – anderthalb Meter messen. Alleine ihre Tentakel werden knapp einen Meter lang. Dasselbe gilt für Röhrenwürmer, die hier ebenfalls auf ein Vielfaches ihrer gewöhnlichen Länge wachsen.

Heiße Tiefseequellen

Erst 1976 entdeckten Forscher die Existenz von Hydrothermal-Schloten. Unter dem Meeresboden befindliche Magmalagerstätten heizen Quellen auf, die dann ihrerseits das Wasser am Tiefseegrund von normalerweise zwei Grad Celsius auf bis zu 380 Grad Celsius erhitzen. Rund um diese Schlote hat sich eine interessante Fauna mit »Riesenformen« von Muscheln, Röhrenwürmern und Seeanemonen entwickelt.

Die heißen Tiefseequellen treten entweder als diffuse Emissionen (Temperaturen zwischen 5 und 250 Grad Celsius) oder als Hochtemperaturemissionen (270 bis 380 Grad Celsius) auf. Bei letzteren bilden sich durch Mineralablagerungen sogenannte »Schwarze Raucher«, manchmal auch »Weiße Raucher«, die milchweiße Wolken extrem heißer Flüssigkeit ausstoßen. Trotz der außerordentlich hohen Austrittstemperatur verflüchtigt sich diese jedoch rasch und kühlt überraschend schnell auf die Normaltemperatur von zwei Grad Celsius ab.

Zu den Tieren, die am Rand der Schwarzen Raucher leben und Temperaturen bis zu 320 Grad Celsius ertragen, gehören in Wohnröhren hausende Bartwürmer, Mies- und Venusmuscheln sowie Schnecken, die die Bakterien von den Seitenwänden der Schlote abweiden.

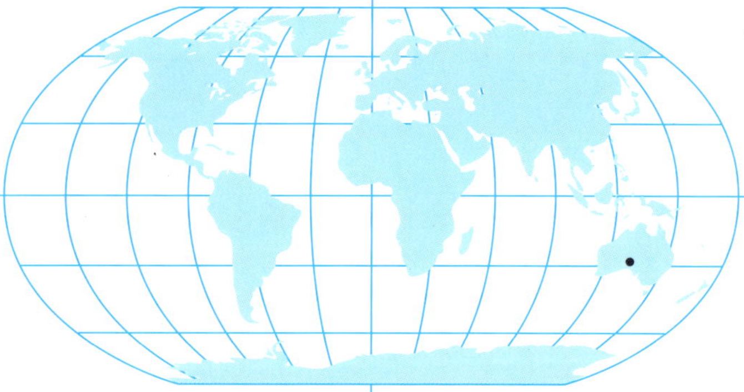

Australien

DIE OPAL-MINEN VON COOBER PEDY

Im australischen Outback findet man Edelsteine mit schillerndem Farbenspiel.

Coober Pedy liegt in der Stuart Range im Bundesland Südaustralien am Ostrand der Großen Victoria Wüste. Von Adelaide sind es über den Stuart Highway gut 900 Autokilometer. Die Eisenbahnstrecke Adelaide – Alice Springs führt in nicht allzu großer Entfernung vorbei.

Australien ist weltweit für seine reichen Bodenschätze bekannt, doch verdankt das Land seinen Ruhm vor allem einem Mineral: dem Opal. Nahezu neunzig Prozent aller Edelopale werden in Australien gefördert, und davon wiederum stammen rund drei Viertel aus dem Bundesland Südaustralien.

Ebenso typisch australisch wie der Opal selbst sind auch die Fördermethoden und der Lebensstil der Bergbaugemeinschaften.

Gewöhnliche Opale wurden in Australien schon 1849 entdeckt, doch erst 1915 fand man den ersten Edelopal – nämlich in Coober Pedy. 1930 und 1931 folgten weitere Funde in Andamooka und Mintabie, wo jeweils größere Vorkommen liegen. Obwohl die Gewinnung von Opalen nirgendwo in großem Umfang betrieben wird, steuert sie doch jährlich rund dreißig Millionen Dollar zum Haushalt Australiens bei.

Coober Pedy unterscheidet sich auf den ersten Blick kaum von anderen abgelegenen Bergbaugebieten. Staubige, unbefestigte Straßen durchqueren die Region, hie und da türmen sich Steinhalden, doch nirgendwo gibt es Bohrtürme, Förderkräne oder – das ist das wirklich Merkwürdige – ganz normale Häuser. Was dagegen auffällt, sind eine

Oben: Bei diesem prachtvollen Stein ist die Opaleszenz – jener regenbogenfarbige Schiller, der den Opal so wertvoll macht – besonders ausgeprägt.

Gegenüber: Der stolze Finder eines Rohopals – das kleine Stückchen Blau in dem Muttergestein auf Anhieb zu erkennen, erfordert gute Augen.

Menge seltsamer runder Hügel mit einem kreisförmigen Loch in der Mitte, die an Miniatur-Vulkane erinnern.

Wer die Opal-Minen und die Digger von Coober Pedy kennenlernen will, muß sich im wahrsten Sinne des Wortes unter die Erde begeben, und die kleinen Hügel sind Eingänge zu diesem unterirdischen Reich. Die meisten Opale liegen in den oberen zwanzig Metern der Erdschicht, doch reichen viele Minen bei weitem nicht so tief hinab. Jeder Digger sucht auf einem abgesteckten Platz, nicht größer als fünfzig mal fünfzig Meter, auf dem er mehr oder minder wahllos Bohrlöcher und Schächte gräbt, immer in der Hoffnung, eines Tages auf eine ergiebige Gesteinsader zu stoßen, die ihn zu einem reichen Mann macht. Immer wieder hört man Geschichten von Männern, die nach Coober Pedy kamen, um nach Opalen zu suchen, einige Monate lang glücklos schürften und schließlich wieder abzogen, nachdem ihnen das Geld ausgegangen war. Ein wirkliches Vermögen zu machen, gelingt freilich nur ganz wenigen, die meisten Digger fristen ein eher karges Dasein, können ihren Lebensunterhalt aber problemlos bestreiten.

Die Sonne brennt unerbittlich auf die Wüste, doch in fünf oder mehr Meter Tiefe wird die Temperatur erträglich. Schon die ersten Opalsucher kamen deshalb auf die Idee, sich unterirdische Wohnungen einzurichten, die noch dazu billig waren. Auch die modernen Digger leben in solchen »dugout« genannten Unterkünften, die sehr geräumig sind und allen möglichen modernen Komfort aufweisen. Dennoch ist das Leben auf den Opal-Feldern denkbar anstrengend, und viele Digger kehren früher oder später wieder in die Zivilisation zurück.

Entstehung von Opalen

Durch Gesteinsschichten herabgesickertes Grundwasser ist häufig ausgesprochen reich an Mineralen, die sich an anderer Stelle wieder ablagern. Das gängigste Beispiel hierfür sind Stalagmiten und Stalagtiten, Tropfsteine, die sich in Kalksteinhöhlen bilden. Unter bestimmten Bedingungen kommt es gelegentlich aber auch zu konzentrierten Mineralablagerungen in Hohlräumen oder Adern. Opale bilden sich aus siliciumhaltigem Wasser und sind vermutlich eine Abart von Kieselgel und daher auch beträchtlich weicher als Quarz. Während des Verfestigungsprozesses werden winzig kleine Kugeln des Minerals Cristobalit in die Kieselgelmasse eingelagert, auf deren Reflexionserscheinungen das schillernde Farbenspiel des Edelopals beruht. Kieselsäurehaltiges Wasser tritt häufig in Form von heißen Quellen aus dem Boden, weshalb viele Opallagerstätten in der Nähe solch Quellen liegen. Allerdings darf man Opallagerstätten nicht automatisch mit Edelopalvorkommen gleichsetzen. Opale gibt es nämlich in vielen verschiedenen Qualitäten. Das Farbspektrum reicht von den seltenen und entsprechend kostbaren Schwarzen Opalen bis hin zu fast weißen Steinen, bekannt sind freilich auch die roten oder orangeroten Feueropale. Gute Edelopale zeigen beim Drehen ein prächtiges Farbenspiel, Feueropale von Edelsteinqualität scheinen wie von flackernden Flammen belebt. Als Schmuckstein werden sie meist zu Cabochons geschliffen.

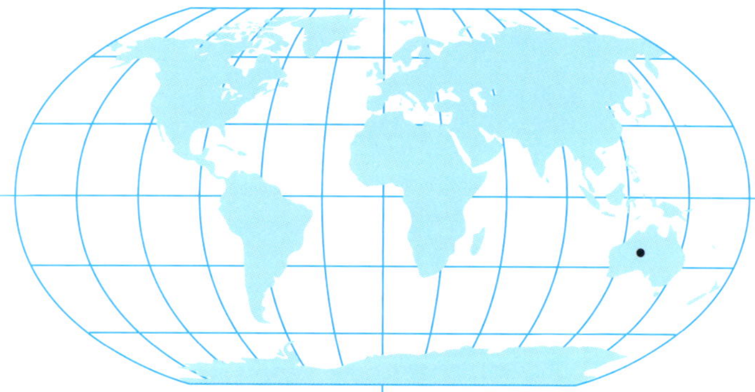

Australien

AYERS ROCK UND MOUNT OLGA

Der größte Monolith der Erde erhebt sich aus der Weite der zentralaustralischen Wüste.

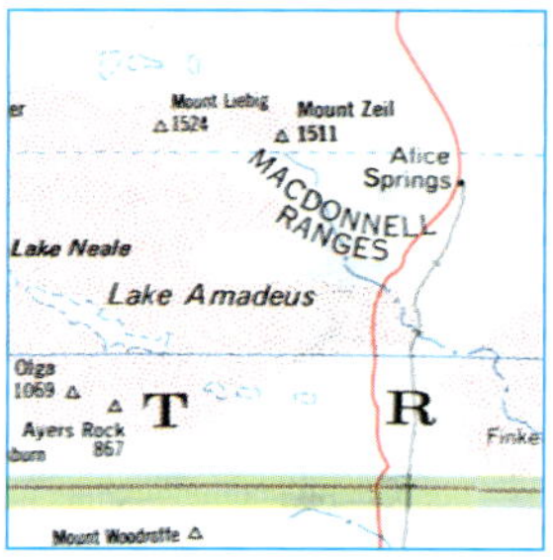

Nach Alice Springs gelangt man mit Auto, Zug oder Flugzeug von Adelaide aus. Der Uluru-Nationalpark liegt etwa 400 km südlich. Es bestehen aber auch direkte Straßen- und Flugverbindungen zum Ayers Rock.

Ayers Rock steht in der südwestlichen Ecke des Northern Territory, mitten im trockenen, roten Herzen des australischen Kontinents. 2,5 Kilometer lang, 1,5 Kilometer breit und 350 Meter hoch, ist der gigantische orangebraune Felsblock der größte freistehende Monolith unseres Planeten.

Staubige Outback-Straßen führen von Alice Springs zu den Motels am Fuße des Inselbergs, die es Besuchern erlauben, ihn zu erklimmen und das wechselhafte Farbspiel zu bestaunen, das er allmorgend- und allabendlich im Licht der schräg stehenden Sonne bietet. Bei Sonnenuntergang scheint der Fels für kurze Zeit von innen heraus zu leuchten, bevor er sich für die Nacht in eine unheimliche schwarze Silhouette verwandelt. Frühaufsteher kommen in den Genuß eines besonders spektakulären Schauspiels, da die Natur dann alle Pastelltöne hervorzaubert.

Der Aufstieg ist nicht besonders schwierig, unter der brütenden Hitze der australischen

Rechts: Im Licht der untergehenden Sonne erstrahlt der gigantische Sandsteinblock in einem tiefen, leuchtenden Orangerot.

Wüste jedoch anstrengend und nicht ungefährlich. Wer den Monolith erklimmen will, muß ausreichend Trinkwasser mitnehmen, einen Kopfschutz tragen und sich gegen die starke ultraviolette Strahlung eincremen.

Der erste Weiße am Ayers Rock war der Australienforscher Ernest Giles, der 1872 diesen Teil der Wüste durchquerte. Lange bevor die ersten Europäer nach Australien kamen, war der rote Monolith den Aborigines bekannt. Sie nannten den Berg Uluru, verehrten ihn als Heiligtum und schmückten ihn mit Felszeichnungen.

Ayers Rock ist vor allem wegen seiner Monumentalität berühmt, der rund 25 Kilometer westlich gelegene Mount Olga wegen seiner Schönheit. Diesen einst wohl genauso mächtigen Felsblock verwandelten die Erosionskräfte in eine Gruppe kleinerer Inselberge – eine faszinierende Landschaft gedrängt stehender Miniatur-Monolithe. Mount Olga (1069 Meter ü. d. M.) überragt die umliegende Wüste um knapp 500 Meter. Die etwa dreißig rundgeschliffenen Felskuppen (von Ernest Giles nach der spanischen Königin Olga benannt), heißen bei den Aborigines sehr treffend Katajuta: Berg der vielen Köpfe.

Oben: Die steilwandigen Inselberge der Olgas, Australiens zweitberühmteste Felsformation, erinnern an halb im Sand versunkene Riesenschädel.

Das Bild dieser überschaubaren, nicht einmal dreißig Quadratkilometer großen Hügellandschaft wird von tiefen Schluchten geprägt, die sintflutartige Regenfälle im Laufe vieler Jahrmillionen aus dem weichen Stein geschnitten haben. Da diese schmalen, von steil aufragenden Felswänden flankierten Wege fast immer im Schatten liegen, bieten sie Zuflucht in einer Wüste, auf die die Sonne das ganze Jahr über unerbittlich herabbrennt.

Geologische Vergangenheit

Ayers Rock und die Olgas bestehen aus Tillit, Ablagerungen eiszeitlicher Gletscherströme, was in Anbetracht ihrer Lage inmitten einer heißen Trockenwüste schwer vorstellbar erscheint. Doch als der Inselberg vor 680 Millionen Jahren entstand, lag Australien in wesentlich höheren und somit kälteren Breiten. Ähnliche, während früher Eiszeiten entstandene Gesteine findet man in vielen Ländern der südlichen Hemisphäre. Sie gelten als Zeugen dafür, daß es in der erdgeschichtlichen Vergangenheit verschiedentlich Eiszeiten gegeben hat, und geben darüber hinaus Aufschluß über die frühere Lage der Kontinente.

Die Gesteinsschichten des Ayers Rock sind fast exakt senkrecht gelagert, während die der Olga Mountains nahezu horizontale Schichtung aufweisen, was auch die unterschiedliche Verwitterung der beiden Massive erklärt. Beide Regionen wurden vor allem von zwei Erosionskräften geformt: Temperaturschwankungen und Regen. Zwar liegt die durchschnittliche jährliche Niederschlagsmenge bei wenigen Zentimetern, doch gehen diese gewöhnlich in Form seltener, aber heftiger Gewittergüsse nieder, die alles lockere Gestein von den Felswänden herabspülen. Dies wird verstärkt durch die extremen Temperaturunterschiede zwischen sehr heißen Tagen und eiskalten Nächten, die das Gestein auf Dauer brüchig machen.

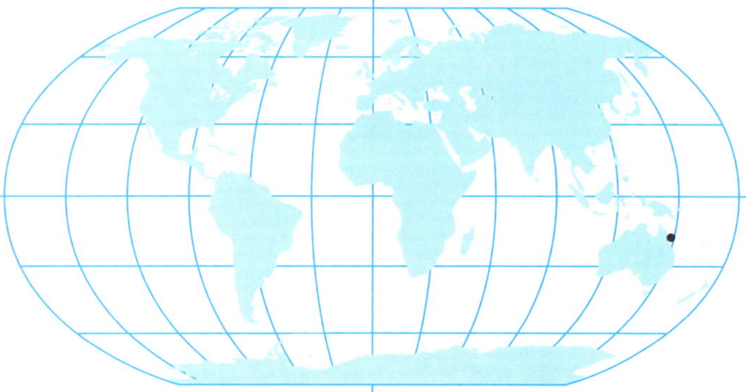

Australien

DAS GROSSE BARRIERE-RIFF

Das weltgrößte Gebirge aus Korallenkalk.

Das Große Barriere-Riff reicht von Lady Elliot Island im Süden bis zur Spitz der Halbinsel Cape York im Norden. Viele Ausflugsbüros bieten organisierte Touren zu den Riffen und Cays (Koralleninseln). Einige besonders gefährdete Zonen sind jedoch geschützt und für Besucher gesperrt.

Die Entdeckung des Großen Barriere-Riffs

Der britische Seefahrer James Cook entdeckte das Riff 1770 auf seiner legendären Reise während der Vermessung der australischen Ostküste. Fast hätte diese Entdeckung das Ende der Expedition bedeutet, denn Cook war, ohne es zu bemerken, fast tausend Kilometer weit auf der Binnenseite des Riffs nordwärts gesegelt. Erst auf der Höhe von Cape Tribulation bemerkte er den Riffgürtel auf der dem Meer zugewandten Seite, der ihm leicht zum Verhängnis hätte werden können. Schließlich passierte das Unvermeidliche, und die *Endeavour* lief auf ein kleines Riff auf. Erst nach zweimonatigen Arbeiten war das Schiff wieder seetüchtig, und Cook konnte seine Fahrt fortsetzen.

Oben: Viele Riffbewohner, wie der Korallenbarsch, fallen durch leuchtende Färbung auf.

Gegenüber: Wie ein dunkelgrünes Juwel ragt die kleine Green Island vor Cairns aus der türkisblauen See.

Das Große Barriere-Riff ist mehr als 2000 Kilometer lang und verläuft mehr oder weniger parallel zur Ostküste Australiens. Es zählt biologisch und geologisch, aber auch landschaftlich zu den herrlichsten Naturwundern unseres Planeten. Es ist fast unmöglich, bei seiner Beschreibung nicht ins Schwärmen zu geraten, und ohne Superlative kommt man schon gar nicht aus.

Das gesamte Riffsystem besteht aus rund 2900 Korallenbänken von sehr unterschiedlicher Größe (0,01 bis 100 Quadratkilometer), mehr als 300 Cays oder Korallenkalkinseln, von denen etwa hundert dichte Vegetation tragen, und weiteren 600 Inseln, um die sich zum Teil eigene kleine Saumriffe gebildet haben. Insgesamt bedeckt das Riff eine Meeresfläche von fast 350 000 Quadratkilometern und ist damit größer als beispielsweise Großbritannien.

Die Baumeister dieses grandiosen Naturwunderwerks sind Steinkorallen, winzige, primitive Polypen, die vom Aussehen her an Seeanemonen erinnern und in riesigen Kolonien leben. Die Weichkörper der Steinkorallenpolypen sitzen in Außenskeletten aus Kalkstein, die das Gerüst des Riffs bilden. Ein lebendes Riff ist das Produkt jahrtausendelangen Lebens und Sterbens: Jede Kalksteinbank besteht aus den kahlen Skeletten vergangener Korallengenerationen, auf denen neue Tochterpolypen gewachsen sind.

Um überleben zu können, benötigen die Tiere relativ konstante Wassertemperaturen zwischen 22 und 28 Grad Celsius, ein Lebensraum, der zugleich eines der komplexesten Ökosysteme wenn nicht das artenreichste überhaupt beherbergt. Im Großen Barriere-Riff leben über 400 Arten von Stein- und Weichkorallen. Die stockbildenden Riffkorallen – darunter Mäanderkoralle oder Neptunsgehirn, Pilz- und Dornkoralle – treten in vielen verschiedenen Formen und Größen auf und variieren in den Farben von Rot und Gelb bis hin zu Schwarz. Zu ihnen gesellen sich mehr als 4000 Mollusken: Schnecken und Muscheln, Tintenfische, Schwämme, Seeanemonen, Würmer, Krebstiere und Stachelhäuter.

Korallenriffe sind der bevorzugte Lebensraum einer Vielzahl von Fischen. Im und um das Große Barriere-Riff herum hat man mehr als 1500 Arten gezählt – ein im wahrsten Sinne des Wortes kunterbuntes Kaleidoskop. Auch große und gefährliche Fische wie die berüchtigten Killer- und Buckelwale werden hier häufig gesichtet, und wer Glück hat, kann auch einen Blick auf eine Meeresschildkröte erhaschen. Sechs der sieben noch nicht ausgerotteten – wenn auch vom Aussterben akut bedrohten – Arten sind hier zu Hause und legen ihre Eier auf den unter Naturschutz stehenden Koralleninseln ab. Die berühmten Dugongs (Gabelschwanzseekühe) haben in den Seegrasbetten der seichten Wasserflächen rund um das Riff vorläufig eine letzte Zuflucht gefunden.

Nicht vergessen werden darf die gefiederte Fauna. Auf den Cays nisten über 240 Wat- und Meeresvogelarten, darunter Sturmtaucher, Tropik- und Fregattvögel, sechs Seeschwalbenspezies (mit Australischer und Noddiseeschwalbe) sowie See- und Fischadler.

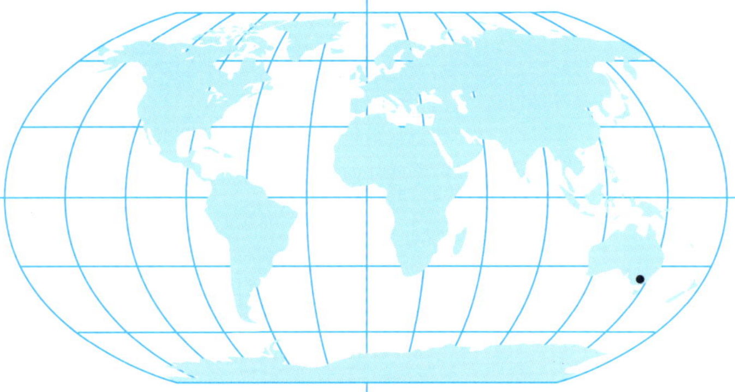

DAS SCHNABELTIER

In den Uferzonen der Flüsse und Ströme Südostaustraliens und Tasmaniens trifft man auf eierlegende Säugetiere.

Ohne einen ortskundigen Führer gelingt es kaum, diese scheuen Tiere vor die Kamera zu bekommen. Adelaide und Melbourne sind geeignete Ausgangspunkte für alle, die diese seltenen, geschützten Geschöpfe einmal mit eigenen Augen sehen wollen.

Der Ameisenigel

Heute gibt es noch zwei Gattungen Ameisenigel, die zusammen mit dem Schnabeltier die Ordnung Monotrematen (Kloakentiere) bilden. Der Langschnabeligel kommt ausschließlich auf Neuguinea vor, während man den Kurzschnabeligel in Australien und Tasmanien antrifft. Beide ernähren sich fast ausschließlich von Ameisen und Termiten. Obwohl er im heißen und trockenen Herzen Australiens beheimatet ist, besitzt der Kurzschnabeligel keine Schweißdrüsen; um der brütenden Hitze auszuweichen, verbringt er die Tage in tiefen unterirdischen Bauten. Wie das Schnabeltier, sein nächster Verwandter, besitzen Ameisenigel an der Schnauze hochempfindliche Sensoren, die ihnen das Aufspüren der Beute erleichtern. Da Termiten mehr Wasser enthalten als Ameisen, stehen sie bei den wüstenbewohnenden Ameisenigeln besonders hoch im Kurs.

Rechts: Das Schnabeltier gilt als wichtiges Verbindungsglied in der Evolutionskette.

Gegenüber: Auch der Kurzschnabeligel ist ein eierlegendes Säugetier.

Schnabeltiere bewohnen die Uferzonen stehender und fließender Süßgewässer und sind an diesen Lebensraum angepaßt. Der schlanke, stromlinienförmige Körper trägt ein dichtes, dunkelbraunes Haarkleid, die bekrallten Füße sind mit Schwimmhäuten ausgerüstet, die beiden hinteren dienen zudem als Ruder. Der biberartige Schwanz wird als Stabilisator eingesetzt. Unter Wasser kann das Schnabeltier Augen und Nasenlöcher verschließen; Ohrmuscheln besitzt es keine. Charakteristisches und auffälligstes Merkmal ist der große, flache Entenschnabel mit besonders ausgeprägtem Tastsinn, mit dessen Hilfe es sogar die schwachen elektromagnetischen Felder der Beutetiere ausmachen kann. Mit diesem Schnabel wühlt es den Schlamm am Grund der Flüsse auf und sammelt die kleinen Krebse, Larven und Schnecken ein. Obwohl es keine Zähne besitzt, sind die mit Hornleisten verstärkten Schnabelkanten kräftig genug, um die harten Schalen der erbeuteten Mollusken zu knacken.

Zusammen mit den zwei noch existierenden Ameisenigel-Gattungen bildet das Schnabeltier die Ordnung der Monotrematen – eine der ältesten Säugetierordnungen überhaupt. Fossilienfunde deuten darauf hin, daß sich die ersten Säugetiere vor 210 Millionen Jahren entwickelten. Es waren kleine, nachtaktive Nager, die vermutlich lebende Junge zur Welt brachten. Die Vorfahren der heutigen eierlegenden Säugetiere (Monotrematen) tauchten vor etwa 140 Millionen Jahren auf, noch bevor sich der riesige Urkontinent Gondwanaland teilte. Fossilien von Kloakentieren wurden in Südamerika entdeckt, wo sie augenscheinlich nicht lange überlebten. Die frühe Abspaltung Australiens vom Hauptkontinent bedeutete dagegen, daß die Konkurrenz mit anderen, plazentalen Säugetieren geringer war. Als lebende Beispiele eines bedeutenden Evolutionsstadiums repräsentieren Schnabeltier und Ameisenigel heute die Entwicklungsstufe vom Reptil zum Säugetier.

Das Schnabeltier-Weibchen legt zwei bis drei ledrigweiße, weichschalige Eier in eine Nesthöhle im Uferbereich und brütet sie dort

aus. Nach etwa zehn Tagen schlüpfen die Jungen und beginnen dann die am Milchfeld (es gibt keine Zitzen) von Drüsen abgesonderte Muttermilch aufzulecken. Rund vier Monate dauert es, bis sie ihren vollen Pelz haben und die Brutkammer verlassen dürfen.

Die übrigen Monotrematen und Beuteltiere, die keine Eier legen, ihre Jungen aber ebenfalls in einem sehr frühen Entwicklungsstadium zur Welt bringen, besitzen Bruttaschen. Darin haben die Kleinen immer die richtige Temperatur und können trinken, ohne die Mutter an ein Nest zu binden. Wie im Lehrbuch lassen sich so die einzelnen Schritte der Evolution nachvollziehen: von der eierlegenden Schnabeltier-Mutter ohne Beutel und Zitzen über den Ameisenigel mit Beutel, aber noch ohne Zitzen, hin zu den Beuteltieren mit Bruttasche und Zitzen.

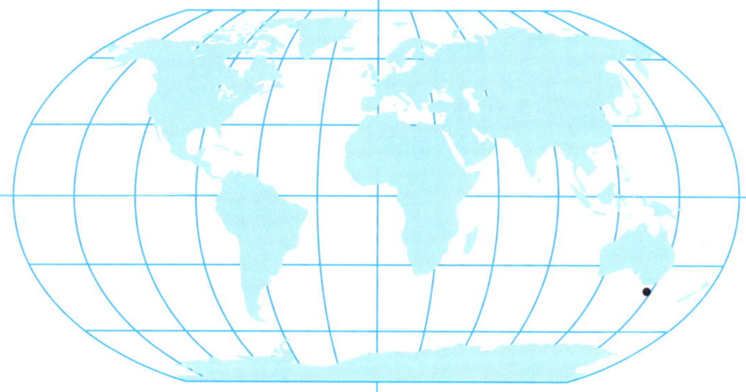

Australien

TASMANIEN

Reste eines unvorstellbar großen urzeitlichen Regenwaldes bedecken rund ein Viertel der Fläche Tasmaniens.

Durch die Bass Strait vom fünften Kontinent getrennt, liegt Tasmanien vor der Südostküste Australiens. Mit dem Flugzeug ist es vom Festland aus nur ein Katzensprung nach Devonport, Hobart oder Launceston; zwischen Melbourne und Devonport verkehrt auch eine Fähre.

Ausgestorben?

Offiziell ist der Tasmanische Tiger ausgestorben oder, genauer gesagt, vom Menschen ausgerottet. Der Beutelwolf starb in Australien schon vor rund 3000 Jahren aus, weil er der Konkurrenz mit dem von den Aborigines eingeführten Dingo nicht gewachsen war. Auf Tasmanien lebten noch Anfang unseres Jahrhunderts einige Exemplare, doch gilt er seit 1936 auch hier für ausgerottet. Es gibt Leute, die behaupten, irgendwo in den unwegsamen Weiten der Wildnis einen Tasmanischen Tiger gesichtet zu haben, zuverlässig sind solche Erzählungen jedoch nie. Der Tasmanische Tiger ist oder war etwas kleiner als ein Wolf, mit mächtigem Hundeschädel, riesigem Rachen und dem Schwanz eines Känguruhs. Den Namen »Tiger« verdankte er den dunklen Tigerstreifen seines Fells.

Rechts: Wie riesige grüne Samtkissen wirken die Polsterpflanzen des entlegenen South West Nationalparks.

Gegenüber: Der Tasmanische Teufel, ein aasfressender Beutelmarder, ist inzwischen vom Aussterben bedroht.

Vor 250 Millionen Jahren bildete Tasmanien zusammen mit dem restlichen Australien, Neuseeland, Antarktika, Südamerika, Afrika und Indien den Urkontinent Gondwanaland, der den halben Erdkreis bedeckte und riesige Flächen gemäßigten Regenwalds trug. Die letzten Reste dieses Urwalds findet man heute in Tasmanien. Rund 11 000 Quadratkilometer davon stehen als Tasmanian Wilderness World Heritage Site unter Naturschutz.

Unberührte Naturlandschaften werden immer seltener, und dieses Stück Regenwald ist eine Wildnis von unschätzbarem Wert, die es um jeden Preis zu bewahren gilt. Die Schutzzone reicht von der Küste bis tief ins gebirgige Herz Tasmaniens (die höchsten Gipfel ragen 1600 Meter hoch). Fast unmittelbar am Meer beginnt die Zone des gemäßigten Küstenregenwalds mit immergrünen und laubabwerfenden Bäumen. Das feuchte und dabei milde Klima bekommt vielen Arten, die hier ungewöhnlich groß werden und allerfeinste Holzqualitäten liefern – ein Punkt, der dem Wald freilich bisher hauptsächlich geschadet hat, weil bereits weite Teile abgeholzt wurden.

Der gemäßigte oder temperierte Regenwald Tasmaniens unterscheidet sich stark von seinem tropischen Gegenstück: Hier gedeihen nur wenige Baumarten – selten sind es mehr als acht –, doch gibt es üppiges Unterholz, eine Vielzahl von Epiphyten, und Moose und Farne bilden einen dichten Teppich. Vorherrschende Baumgattung ist die Myrtenbuche, die zusammen mit King Billy- und Huon-Kiefer, die mehr als 2000 Jahre alt werden kann, ein echtes Stück urzeitlichen Regenwaldes überliefert. An einigen Stellen ragen auch Eukalyptusbäume auf, die höchsten Blütenpflanzen der Erde, deren Kronendach sich erst neunzig und mehr Meter über dem Erdboden schließt. In den höhergelegenen Regionen trotzen niederere Pflanzen und verkrüppelte Bäume Kälte und Wind.

Der frühzeitigen Abspaltung Australiens von Gondwanaland verdanken wir heute die Existenz von Beutel- und Kloakentieren, und Tasmanien, das sich später wiederum von Australien löste, verfügt über eine einzigartige Flora und Fauna mit vielen endemischen Arten – darunter vier Beuteltiere: Tasmanischer Teufel, Tasmanische Känguruhratte, Tasmanisches Bennettkänguruh und der inzwischen selbst hier ausgerottete Tasmanische Tiger oder Beutelwolf. Besondere Erwähnung verdient auch der leuchtend gefärbte Orangebauchsittich, die seltenste der rund 150 Vogelarten Australiens.

Neuseeland

ROTORUA

Eine neuseeländische Vulkanlandschaft mit Geysiren, blubbernden Schlammtümpeln, heißen Quellen und in vielen Farben leuchtenden Seen.

Rotorua liegt knapp 200 km südöstlich von Auckland und gut 400 km nördlich von Wellington. Der Ort ist mit dem Auto, aber auch auf dem Luftweg gut zu erreichen; der Flugplatz von Rotokawa befindet sich 8 km nordöstlich von Rotorua.

Die Geothermalquellen von Rotorua locken alljährlich eine unübersehbare Zahl von Besuchern an, und seit einiger Zeit gibt es mit der Maori-Siedlung und dem Maori Arts and Crafts Institute zwei weitere Touristenattraktionen, die Einblick in das Leben der neuseeländischen Ureinwohner bieten. Seit jeher haben die Maori die heißen Quellen zum Kochen, Waschen und Heizen benutzt, doch sollen die schwefelhaltigen Wasser auch Heilkräfte besitzen, weshalb viele Arthritis- und Rheumakranke hier Linderung suchen.

Überall in Rotorua stößt man auf postvulkanische Aktivitäten, und dementsprechend zahlreich sind die Kurhotels. Eines davon, das 1908 eröffnete Bath House, strahlt noch heute das Flair der Jahrhundertwende aus. Ein beliebter Bootsausflug führt auf die Insel Mokoia im Rotorua-See, wo ein Bad im Hinemoa Hot Pool lockt. Am Stadtrand liegt das Thermalgebiet Whakarewarewa mit der sogenannten Geyser Flat, wo der Pohutu, die größte Springquelle Neuseelands, gewöhnlich alle zwanzig Minuten eine dreißig Meter hohe Dampf- und Wasserfontäne in die Luft schleudert. Vor einer Eruption des Pohutu wird – quasi als Einstimmung auf das Hauptereignis und um die Aufmerksamkeit des Publikums zu wecken – meist der kleinere »Prince of Wales Feathers«-Geysir aktiv. Ganz in der Nähe blubbern mehrere nach Schwefel stinkende Schlammtümpel; wer hier kalte Füße bekommt, ist selbst schuld, denn der Boden ist Tag und Nacht richtiggehend heiß.

Etwa zehn Kilometer südöstlich von Rotorua (zu erreichen auf dem Highway 5) liegen in einem Vulkankrater die berühmten blauen und grünen Seen von Waimangu. Das in der Tiefe erhitzte Wasser löst auf seinem Weg an die Oberfläche Minerale aus dem Gestein, die den Seen ihre Farbe geben, und weil die Seen höchstwahrscheinlich aus unterschiedlichen Quellen gespeist werden, zeigen sie verschiedene Färbungen. Eisenoxide haben dem Gestein rund um die Teiche eine kontrastierende rote Tönung verliehen, und an manchen Stellen ist der Boden gelb gefärbt, was von Schwefelablagerungen herrührt.

Im 19. Jahrhundert waren in leuchtendem Weiß und Rosé schimmernde Sinterterrassen von fünf Hektar Ausdehnung, die wie eine gigantische Marmortreppe zum Wasserspiegel hinabführten, die große Attraktion von Waimangu. Leider wurden sie am 10. Juni 1886 beim Ausbruch eines in der Nähe liegenden Vulkans zerstört. Dafür erschien 1900 eine neue Springquelle, der Waimunga Geysir, der einige Jahre lang gewaltige Mengen Schlamm, Dampf und Wasser bis zu 450 Meter hoch spuckte. Nach vier Jahren ließ die Kraft seiner Eruptionen nach, und seit 1908 gilt auch er als erloschen.

Oben: Vom Waiotapu, dem »Champagner-See«, steigt Dampf auf. Die Wassertemperatur des Sees beträgt beständig 75 Grad Celsius.

Gegenüber: Geysire stoßen spektakuläre Heißwasserfontänen aus dem schwefelhaltigen Gestein von Rotorua.

Heiße Quellen und Geysire

Für heiße Quellen gibt es drei Grundvoraussetzungen: ausreichend Grundwasser, eine Hitzequelle und einen passenden Schlot, durch den das Wasser zur Erdoberfläche aufsteigen kann. In Neuseeland sorgt das feuchte Klima für einen hohen Grundwasserspiegel, und das flüssige Gestein tief unter der Erde dient als Heizplatte. Im Anschluß an einen Vulkanausbruch läuft flüssige Lava häufig zurück in die Magmakammer und hinterläßt dabei Kluften im Gestein, die sich mit Wasser füllen können. Ist der Weg zwischen Grundwasserspiegel und Erdoberfläche frei, steigt das Wasser leise blubbernd nach oben – es entsteht eine heiße Quelle. Geysire (Springquellen) funktionieren im Prinzip ähnlich, doch drängt das Wasser hier nicht gleichmäßig empor, sondern schießt in mehr oder weniger regelmäßigen Abständen in Form heißer Wasserfontänen nach oben. Der wesentliche Unterschied zu einer heißen Quelle besteht darin, daß der Weg nach oben hier partiell versperrt ist. Beim Aufheizen dehnt sich das Wasser in der Kaverne aus. Stößt es dabei auf ein Hindernis, steigt der Druck weiter an, bis er schließlich ausreicht, die Sperre zu durchbrechen, und das Wasser nach oben drängt. Die Druckminderung führt dazu, daß das restliche Wasser augenblicklich zu kochen beginnt, was wiederum verstärkte Dampfentwicklung bedingt, die sich explosionsartig Luft macht und eine hohe Dampf- und Wasserfontäne in die Höhe jagt: der Geysir spuckt.

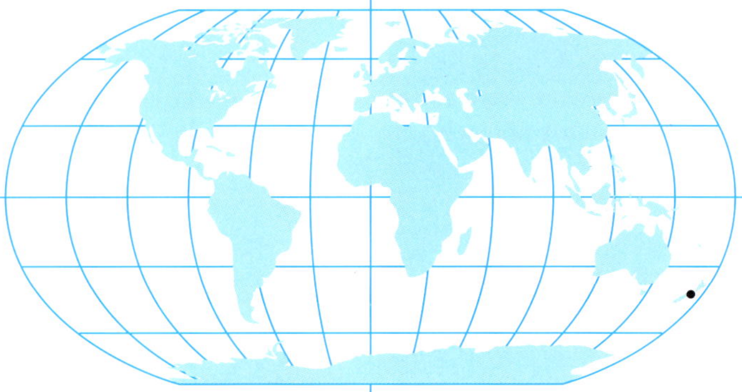

Neuseeland

GLETSCHER DER NEUSEELÄNDI-SCHEN ALPEN

Eisströme, die bis in den Regenwald hinabreichen.

Die Neuseeländischen Alpen verlaufen in etwa parallel zur Westküste der Südinsel. Die Gletscherzunge des Tasman Glacier liegt gut 250 km von Christchurch entfernt und ist mit dem Auto bequem zu erreichen. Zum Westland Nationalpark fährt man von Westport aus ebenfalls rund 250 km, doch besteht auch eine Flugverbindung nach Christchurch.

Die Neuseeländischen Alpen verlaufen in etwa parallel zur Westküste der Südinsel Neuseelands, und ihr höchster Punkt, der Gipfel des Mount Cook (3764 Meter), liegt nur rund dreißig Kilometer vom Ozean entfernt. Im Osten fällt das Land wesentlich flacher über die Canterbury Plains ab; hier sind es 130 Kilometer bis zur Pazifikküste. Die Westwinde bringen feuchte Luft von der Tasman-See, die an den Bergen aufsteigt und in dem Gebirgszug als Schnee niedergeht und so die zahlreichen Eisströme speist (die bekann-

Rechts: Eine Gruppe von Bergsteigern erkundet die Spalten des Franz-Josef-Gletschers.

Gegenüber: Die Gletscherzunge des Fox Glacier reicht bis tief in das Waldgebiet hinein.

testen sind Tasman-, Fox- und Franz-Josef-Gletscher).

Kurz und steil abfallend, stürzen die Gletscher auf der Westflanke des Gebirges wie gefrorene Katarakte hinab in den subtropischen Regenwald. Der faszinierende Kontrast zwischen blauschimmernden Eismassen und üppigen grünen Bäumen dürfte auf der Erde einmalig sein. Die Gletscher der Westflanke entsprechen dagegen eher dem gewohnten Bild: Im oberen Teil sind auch sie steil und von Spalten durchzogen, laufen dann aber weiter unten gemächlich aus; der Tasman-Gletscher reicht fast bis in die zentrale Ebene hinein.

Fox- und Franz-Josef-Gletscher fließen nach Westen, letzterer elf Kilometer weit, obwohl beide in den letzten Jahren deutlich zurückgegangen sind. Keine 15 Kilometer voneinander entfernt, liegen beide auf dem Gebiet des Westland Nationalpark, einer 88 000 Hektar großen Schutzzone mit steil aufragenden Gipfeln, Schneefeldern, Gletschern, Waldgebieten, Flüssen und Seen. Im klaren Wasser des Lake Mathieson spiegeln sich die mächtigen Gipfel von Mount Cook, Mount Tasman und La Perouse.

Der Tasman-Gletscher, mitunter als »Krönung« des Mount Cook gepriesen, bietet einen wahrhaft majestätischen Anblick. Der Eisstrom schiebt sich in einer schmalen Gletscherzunge 27 Kilometer weit talwärts. Stellenweise über 600 Meter mächtig, ist er mit einer Gesamtfläche von 52 Quadratkilometern der größte Eisstrom Neuseelands und darüber hinaus einer der weltweit schnellsten: 50 bis 65 Zentimeter bewegt er sich täglich vorwärts. Trotz dieser hohen Fließgeschwindigkeit ist der Tasman-Gletscher langfristig zum Rückzug verdammt. Seine Zunge befindet sich keine 800 Meter über dem Meeresspiegel, wo die Temperaturen relativ hoch liegen, und sein Fluß kann mit der Schmelz- und Verdunstungsquote nicht Schritt halten.

Klimawechsel in Neuseeland

Wie alle Kontinente hat auch Neuseeland im Laufe der Erdgeschichte verschiedentlich Klimaveränderungen erfahren. Zu den natürlichen Schwankungen, die das Weltklima als ganzes betreffen, kommen Veränderungen aufgrund der Kontinentaldrift, die die tektonischen Platten in ständiger Bewegung hält.
Vor mehr als 500 Millionen Jahren war Neuseeland Teil des riesigen Superkontinents Gondwanaland und lag an dessen Ostrand zwischen Australien, Tasmanien und Antarktika, damals rund 35 Breitengrade nördlich des Äquators. Im Laufe der nächsten 250 Millionen Jahre driftete Gondwanaland südwärts, bis Australien und Neuseeland in die Nähe des Südpols rückten und über weite Teile vergletscherten. Weitere Rotationsbewegungen brachten Neuseeland 120 Millionen Jahre später wieder in subtropische Regionen, in denen die Eisfelder schmolzen. Etwa um diese Zeit begann der Superkontinent auseinanderzubrechen, doch bevor die heutigen Kontinente entstanden, wurde Neuseeland – immer noch mit Antarktika verbunden – wieder südwärts geschoben. Vor etwa achtzig Millionen Jahren öffnete sich die Tasman-See zwischen Australien und Neuseeland, und zwanzig Millionen Jahre später begann sich Neuseeland auch von Antarktika zu lösen und nordwärts zu driften, während sich Antarktika entgegengesetzt bewegte und schließlich seine heutige Position am Südpol erreichte. Während der letzten Eiszeit bildeten sich auf Neuseeland erneut Gletscher, die sich jedoch vor rund 10 000 Jahren zurückzuziehen begannen. Vermutlich werden sie im Zuge der globalen Aufheizung gänzlich verschwinden.

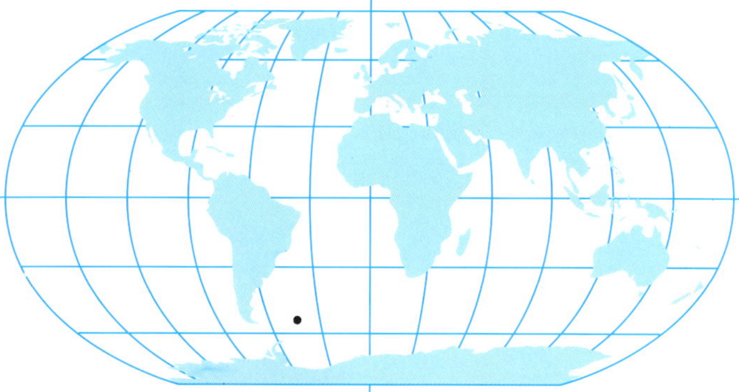

Südpolarmeer

BLAUE WALE

Die Chancen, eines der größten Tiere der Welt überhaupt zu Gesicht zu bekommen, stehen im Südpolarmeer relativ gut.

Blauwale wandern jedes Frühjahr in die planktonreichen Gewässer der Polarmeere und kehren im Herbst in die wärmeren Regionen des Indischen, Pazifischen oder Atlantischen Ozeans zurück.

Der Blauwal ist das bei weitem größte Säugetier, das jemals auf unserem Planeten gelebt hat. Ausgewachsene Tiere erreichen leicht das Doppelte des Gewichts, das ein Brachiosaurus (der gewaltigste Dinosaurier) auf die Waage gebracht haben dürfte – in etwa soviel wie dreißig Elefantenbullen.

Im Durchschnitt 26 Meter lang (ein ungewöhnlich großes Exemplar maß 33,5 Meter), wiegt ein Blauwal rund 150 Tonnen. Ein Tier von solcher Körpermasse benötigt riesige Mengen Futter, und tatsächlich verbraucht ein erwachsener Blauwal etwa eine Million Kalorien am Tag, was rund einer Tonne Krill, seiner Hauptnahrung, entspricht. Um diesen aufzunehmen, schwimmt der Wal in einen Schwarm der winzigen Krebstierchen hinein und und füllt das Maul mit Wasser und Krill.

Dann preßt er mit der Zunge das Wasser durch die als Seihvorrichtung dienenden Barten – langgestreckte Hornplatten, die auf beiden Mundseiten vom Gaumen herabhängen und den Krill zurückhalten. Die Zunge eines Blauwals ist über drei Meter dick und schwerer als ein Elefant.

Einst waren Blauwale in allen Weltmeeren verbreitet, und man schätzt, daß allein im Südpolarmeer 250 000 Tiere lebten. Übermäßige Bejagung hat diesen Bestand vermutlich auf weit weniger als ein Prozent dieser Zahl reduziert. Es ist ungemein schwer, zu schätzen, wie viele große Wale heute existieren, und es wird angenommen, daß die Zahl der Blauwale in der Antarktika zwischen einigen Hundert bis etwa 11 000 schwankt. Welche von diesen Angaben auch zutreffend sein mögen, sie ändern nichts an der Tatsache, daß es zuwenig Wale gibt. Denn obwohl der Blauwal heute zu den geschützten Arten gehört, erholt sich die Population nur sehr zögernd.

Blauwale wandern über weite Entfernungen. Im Sommer bevorzugen sie die planktonreichen Polarmeere und wagen sich bis in die Treibeiszone vor, wo sie sich an den riesigen Krillschwärmen sattfressen. Vor Wintereinbruch schwimmen sie dann in die warmen äquatorialen Gewässer zurück. Man weiß von Walen, die in nur 47 Tagen mehr als dreitausend Kilometer zurückgelegt haben. Unterwegs fasten die Tiere und zehren manchmal monatelang von den angesammelten Fettreserven.

Elf Monate nach der Paarung bringt der weibliche Blauwal ein Junges zur Welt, das rund sieben Meter lang und zwei Tonnen schwer ist. Das Kleine trinkt am Tag mehr als eine halbe Tonne Milch, verdoppelt dafür aber auch innerhalb einer Woche sein Gewicht. Mit vier bis sechs Jahren sind Blauwale mehr oder weniger ausgewachsen und geschlechtsreif.

Einzeln oder in Paaren durchstreifen Blauwale die Weltmeere. Trotz (oder wegen?) ihres Einzelgängertums können sie sich über unvorstellbar weite Entfernungen hinweg durch »singende« Laute verständigen, die mit 188 Dezibel lauter sind als ein Düsenflugzeug. Die Töne werden bis zu dreißig Sekunden lang gehalten und sind noch in mehr als anderthalb Kilometern Entfernung wahrnehmbar.

Oben links: Der Blauwal muß zum Luftholen regelmäßig auftauchen.

Oben rechts: Krillkrebse sind die Hauptnahrung des Wals.

Gegenüber: Im Winterquartier vor der Küste Mexikos kommt ein Blauwal zum Luftholen an die Oberfläche.

Rettung in letzter Minute

Blauwale wurden fast bis zur Ausrottung harpuniert; ihr Bestand ging innerhalb relativ kurzer Zeit von über 250 000 auf knapp 2000 Tiere zurück. Seit 1967 dürfen sie nicht mehr gejagt werden, doch viele andere Walarten sind noch immer bedroht. Immerhin konnten Naturschützer 1994 durchsetzen, die antarktischen Gewässer als Walschutzgebiet auszuweisen.

Krill – Futter für die Riesen

Das Südpolarmeer ist sehr reich an Zooplankton (im Wasser schwebenden tierischen Organismen), wobei der winzige Krillkrebs (*Euphausia superba*) knapp die Hälfte der Biomasse ausmacht. Blauwale des Südpolarmeers ernähren sich fast ausschließlich von Euphausia, während die Giganten der nördlichen Polregionen ähnliche Arten wie Meganyctiphanes und Thysanoessa verspeisen. Krill tritt in riesigen Schwärmen auf, die die Wasserschichten manchmal in eine rötlichbraune Suppe verwandeln. Mit dem Rückgang der krillfressenden Wale ist ein Ungleichgewicht entstanden, in das der Mensch nun wiederum eingreift – nachdem er die Riesen der Ozeane fast ausgerottet hat.

Antarktis

DAS ROSS-SCHELFEIS

Die größte schwimmende Eistafel der Antarktis.

Das Ross-Schelfeis erreicht man am besten von Neuseeland aus mit dem Flugzeug oder Schiff, das Nachschub zur U.S. McMurdo Station oder zur New Zealand Scott Base bringt. Es verkehren auch Kreuzfahrtschiffe, von denen aus man jedoch kaum mehr als die hohe Eiswand sieht.

Barriere und Highway

Als Robert Scott und Ernest Shackleton um die Jahrhundertwende die Antarktis erkundeten, sprachen sie von dem Schelfeis zwar noch als der »Barriere«, doch wurde es für zum Highway in den Süden. Während seiner Discovery-Expedition (1901–03) marschierte Scott 400 Meilen über die Eistafel und stellte einen neuen »Südrekord« auf. Shackleton und seine Leute entdeckten zwar den Beardmore-Gletscher, der über das Transantarktische Gebirge zum Polarplateau hinaufführt, drangen aber nicht bis zum Pol vor. Diese Ehre blieb dem Norweger Roald Amundsen vorbehalten, der vier Jahre später aufbrach und die Route über den Axel-Heiberg-Gletscher wählte.

Rechts: Das Ross-Schelfeis ist eine unüberwindbare Barriere.

Gegenüber: Die ersten Antarktis-Forscher verglichen die Eiswand des Schelfs mit den Weißen Klippen von Dover.

Auf seiner zweiten großen Forschungsreise 1772–75 gelang es Captain James Cook zwar, Antarktika relativ nahe zu umsegeln, den Kontinent selbst bekam er jedoch nicht zu Gesicht, da ihm Packeis den Weg versperrte. Der erste, der den Packeisgürtel erfolgreich bezwang, war Captain James Clark Ross, ein erfahrener Arktisforscher, der bis zur heutigen Ross-See vordrang. Er entdeckte Ross Island und östlich davon eine gewaltige Eiswand, die er »Victoria-Barriere« taufte und mit den Klippen von Dover verglich.

Wie jeder spätere Besucher der Region, war Ross zutiefst beeindruckt. Bis zu sechzig Meter hoch ragten die Eisklippen vor ihm senkrecht in die Höhe und versperrten jeden weiteren Blick nach Süden. Ross konnte es nicht sehen, aber heute wissen wir, daß das Ross-Schelfeis eine auf der Oberseite vollkommen flache, nahezu dreieckige Eistafel ist, deren Mächtigkeit zwischen knapp 200 Metern (an der Abbruchkante zum Meer hin) und rund 1300 Metern (am Übergang zum Festland) variiert. Mit 543 000 Quadratkilometern Fläche übertrifft es Spanien an Größe, und da es schwimmt, hebt und senkt es sich mit den Gezeiten. Riesige Stücke davon brechen als Tafeleisberge ab, der größte bekannte maß 350 mal 100 Kilometer und war somit größer als Belgien.

Das Eisschelf wird von Gletschern genährt. Viele, wie der Beardmore-Gletscher, fließen durch das Transantarktische Gebirge, doch die Eisströme aus dem Mary-Byrd-Land liefern möglicherweise sogar noch mehr Eis. In

den 1950er Jahren entdeckte die Besatzung eines Schiffes in der Ross-See an der Seite eines Eisbergs die Reste einer Hütte, die rund dreißig Jahre zuvor als Teil der Forschungsstation von Admiral Byrd errichtet worden war.

Das Eisschelf ist größtenteils kompakt, mit nur wenigen Spalten, und dadurch relativ leicht zu befahren. Doch hängt das Vorankommen stark vom Zustand der Oberfläche ab. Weicher Neuschnee erschwert die Fahrt, gleichgültig ob der Schlitten von Menschen, Hunden oder einem Raupenfahrzeug gezogen wird. Auch Sastrugi – vom Wind in die Schneedecke gefräste Schneisen – sind gefürchtete Hindernisse. Besonders ärgerlich ist es, wenn sich die Rinnen mit Schnee gefüllt haben, so daß der Weg eben erscheint, Schlitten und Traktoren aber ins Schwimmen kommen.

Schelfeis

Zur Bildung von Schelfeis kommt es gewöhnlich, wenn abfließendes Inlandeis – ohne abzubrechen – in eine Bucht mündet. Die Gletscher fließen dann über die sogenannte »grounding line«, den Übergang zum Festland, hinaus und verbinden sich zu einer einzigen mächtigen schwimmenden Eisdecke, die so lange weiterwächst, bis sie die Bucht vollständig ausfüllt. Jenseits der Mündung der Bucht wird die Eisplatte dann aber instabil und bricht in großen Stücken ab – es kalben Tafeleisberge.

Da Schelfeis an seiner Unterseite schmilzt, ist es zugleich die Quelle des kalten Tiefenwassers, das auf dem Grund der Ozeane nordwärts strömt und schließlich in den tropischen Meeren aufsteigt und diese mit Sauerstoff versorgt. Obwohl natürlich von oben Schnee auf die Eisplatte fällt, wird sie insgesamt zum offenen Meer hin doch immer dünner. An der Abbruchkante mißt das Ross-Schelfeis noch knapp 200 Meter, die Eisklippen selbst ragen durchschnittlich dreißig Meter aus dem Wasser.

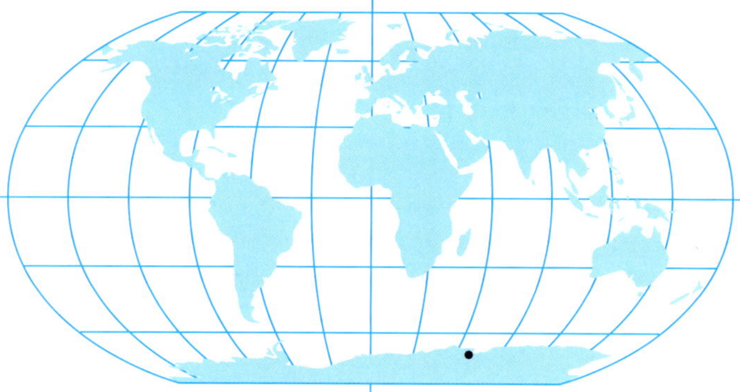

Antarktis

DER LAMBERT-GLETSCHER

Der größte und längste Eisstrom der Erde.

Der Lambert-Gletscher fließt fast genau nordwärts durch das Prinz-Charles-Gebirge in die Prydz-Bucht. Einige Expeditionsschiffe fahren an dieser Region vorbei, doch um den Gletscher zu sehen, fliegt man am besten mit dem Hubschrauber ins Landesinnere .

Der Lambert-Gletscher ist mit großer Wahrscheinlichkeit der größte Eisstrom der Erde. Auf seinem Weg durch das Prinz-Charles-Gebirge erreicht er stellenweise eine Breite von mehr als sechzig Kilometern und ist – seine ins Meer hinaus reichende Zunge, das Amery-Schelfeis, mit eingerechnet – gut 700 Kilometer lang. Sein Einzugsgebiet umfaßt rund ein Fünftel des antarktischen Inlandeises, was bedeutet, daß etwa 12 Prozent der gesamten Süßwasservorkommen der Erde durch den Lambert-Gletscher fließen. Dabei fällt es schwer, diesen gigantischen Gletscher überhaupt als Eisstrom zu erkennen, weil er ganz einfach zu groß ist. Man braucht dazu schon Satellitenaufnahmen.

Gletscher wandern langsam. Der schnellste der Welt, der Jakobshavn Isbrae in Grönland, hat eine Fließgeschwindigkeit von sieben Kilometern pro Jahr. Demgegenüber kommt der Lambert-Gletscher nur 230 Meter jährlich voran, beschleunigt sich zur Amery-Abbruchkante hin aber immerhin auf 620 Meter. So gering diese Zahl scheinen mag, schiebt der Gletscher doch jährlich 35 Kubikkilometer Eis ins offene Meer!

Aus genügend großer Entfernung gesehen, weist die Oberfläche eines solchen Gletschers

Links: Die Abbruchkante eines Gletschers bietet ein grandioses Naturschauspiel: hier ein Eisstrom bei Point Wild auf Elephant Island.

Antarktische Gletscher

Die Gletscher der Antarktis sind schon allein deshalb die mächtigsten der Erde, weil sie von der größten Inlandeismasse unseres Planeten gespeist werden. Erreicht ein Gletscher die Küste in einer geschützten Bucht, beginnt er in der Regel zu schwimmen und formt ein Eisschelf. Mündet er dagegen direkt ins offene Meer, wird die Gletscherzunge meist sehr rasch instabil, und der Gletscher »kalbt« Eisberge. Der Erebus-Gletscher, der in den McMurdo Sound mündet, ragt manchmal allerdings bis zu zehn Kilometer weit vor, bevor er abbricht.
Die bekanntesten Eisschelfe – das Ross-Schelfeis und das Flichner-Schelfeis – sind so riesig, daß sie von mehreren Gletschern mit Eis versorgt werden. Der Rutford-Gletscher, der an den Ellesworth Mountains vorbei in die südwestliche Ecke des Ronne-Eisschelfs fließt, ist in seinem oberen Teil rund 1600 Meter mächtig und damit die dickste sich bewegende Eismasse überhaupt.

Fließrillen auf, die – wie Pinselstriche auf einem riesigen Ölgemälde – die Fließrichtung anzeigen. Am Gletscher selbst sind die Rillen nicht erkennbar, befinden sich jedoch häufig in der Nähe von Gletscherspalten. Diese entstehen bei unterschiedlicher Fließgeschwindigkeit der Eismassen, können aber auch durch Unebenheiten im Gletscherbett oder andere Hindernisse bedingt sein. Besonders häufig kommt es zur Spaltenbildung an Stellen mit steilem Gefälle. Wie bei Flüssen Wasserfälle, bilden sich hier sogenannte Eisfälle. Einige Gletscherspalten unterhalb der Gillock-Insel (die der Gletscher auf seinem Weg ins Amery-Schelfeis umgehen muß) sind über 400 Meter breit und bis zu vierzig Kilometer lang – größer als mancher alpine Gletscher.

Diese gewaltigen Spalten werden häufig durch dünnere Schneedecken überbrückt und stellen für Reisende ein gewisses Gefahrenpotential dar. Meist sind sie jedoch sicher zu überqueren, denn selbst das Gewicht eines Raupenfahrzeugs ist minimal, verglichen mit dem der gewaltigen Schneemassen der natürlichen Brücke. Die Trans-Antarktik-Expedition von Sir Vivian Fuchs (1955–58) passierte verschiedene solcher Schneebrücken. Fuchs' Aufzeichnungen zufolge bestand Gefahr immer nur bei kleineren Spalten an den Brückenenden. Ansonsten kommt man auf Gletschern relativ gut voran, vorausgesetzt, man kennt – und meidet – besonders spaltenreiche Regionen.

Ähnlich den großen Strömen Afrikas, auf denen im 19. Jahrhundert die Forscher ins Innere des unbekannten Kontinents vordrangen, bieten sich die Gletscher als Zugang in die riesige Eiswüste Antarktikas an. Ernest Shackleton entdeckte den Beardmore-Gletscher, der vom Ross-Schelfeis direkt in südliche Richtung führt und den auch Captain Robert Scott und seine Begleiter auf ihrer vom Unglück verfolgten Expedition zum Südpol wählten.

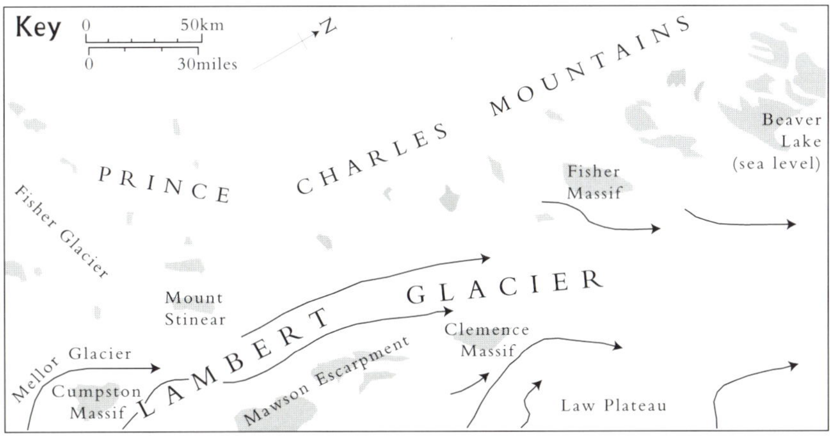

Links: Zwei Satellitenaufnahmen der letzten 300 Kilometer des Lambert-Gletschers vor seiner Einmündung in das Amery-Schelfeis (ganz rechts). Der Beaver Lake liegt auf Meereshöhe, sein Wasserspiegel steigt und fällt mit den Gezeiten. Die Pfeile auf dem Diagramm (unten) zeigen die Fließrichtung der Eismassen.

Antarktis

MOUNT EREBUS

Ein Vulkan bewacht den Weg zum Südpol.

Der Mount Erebus liegt im Norden der Ross-Insel am Rand der Ross-See. Flugzeuge und Schiffe, die die amerikanische Forschungsstation McMurdo mit Nachschub versorgen, passieren den Feuerberg. Aber auch von Expeditionsschiffen aus, die zu den Hütten von Scott und Shackleton verkehren, hat man bei gutem Wetter hervorragende Sicht.

Am 9. Januar 1841 verließen James Clark Ross und Francis Crozier mit ihren Schiffen HMS *Erebus* und HMS *Terror* die Packeiszone und segelten in die Gewässer der heutigen Ross-See. Drei Tage später erblickten sie ein mächtiges Gebirgsmassiv mit bis zu 2500 Meter hohen Gipfeln, das Ross »Admiralty Range« taufte. Die Schiffe setzten ihren Weg nach Süden fort, und am 28. Januar sah die Mannschaft zu ihrem großen

Rechts: Eine dünne Rauchfahne verkündet, daß der Mount Erebus – hier jenseits der Treibeiszone – noch immer aktiv ist.

Gegenüber: Der berühmte Antarktisforscher Shackleton erbaute seine Hütte mit Blick auf den Mount Erebus.

Erstaunen, wie der Schiffsarzt der *Erebus*, Robert McCormick, berichtete, einen gewaltigen Vulkan, der gerade Feuer spuckte. Er erhielt den Namen Mount Erebus; ein kleinerer, erloschener Krater östlich davon wurde Mount Terror genannt.

Zu jener Zeit steckte die Geologie noch in den Kinderschuhen, und ein aktiver Feuerberg inmitten eines Kontinents aus Eis und Schnee schien fast unvorstellbar. Moderne Wissenschaftler sind von derartigen Phänomenen keineswegs mehr überrascht, denn inzwischen weiß man , daß der Ursprung von Vulkanen überhaupt nichts mit dem Klima zu tun hat. Eruptivgesteine sind in Antarktika häufig zu finden, vielfach jedoch sehr alt, so daß die Eruptionen, denen sie entstammen, schon erfolgten, bevor der Kontinent seine heutige Lage am Südpol erreichte. Gestein vulkanischen Ursprungs kann wichtige Informationen über die Geschichte der Kontinente liefern. Das geologisch junge Vulkangebiet im Bereich der Ross-See und die damit verwandten Feuerberge im Marie-Byrd-Land belegen lediglich, daß vor nicht allzu langer Zeit in Antarktika Kontinentalbewegungen stattfanden.

Verständlicherweise lockte der Mount Erebus schon früh Forscher und wagemutige Bergsteiger auf die Ross-Insel. Im Rahmen von Ernest Shackletons Nimrod-Expedition (1907–09) erklomm eine Gruppe von sechs Männern unter Führung des fünfzigjährigen Professors Edgeworth David den Berg. Am 10. März 1908 erreichten sie den 3794 Meter hohen Gipfel, wo sie einen 800 Meter großen und 275 Meter tiefen Krater vorfanden, in dessen Mitte ein kleiner Lavasee lag, den es noch heute gibt.

In der Saison von 1974 auf 1975 schlug eine Gruppe neuseeländischer Geologen im Hauptkrater des Mount Erebus ein Lager auf, doch die unerwartete Heftigkeit einer Eruption verhinderte die Fortsetzung der Expedition. Am 17. September 1984 brach der Vulkan erneut aus und schleuderte große Gesteinsbrocken in die Luft.

Aber nicht nur Geologen treibt es immer wieder zum Mount Erebus. Er ist auch ein Anziehungspunkt für Fotografen, die den Berg in all seinen Stimmungen aufnehmen wollen. Früher haben die Forscher den Vulkan auf Aquarellen dargestellt. Einer der kunstfertigsten von ihnen war Edward Wilson, der Captain Scotts Expeditionen als Schiffsarzt und Naturforscher begleitete. Botaniker interessieren sich vor allem für den Tramway Ridge an den Flanken des Feuerbergs, wo Fumarolen den Boden erwärmen, der eine überraschend reiche Vegetation trägt.

Antarktische Vulkane

In Antarktika gibt es viele Vulkane, von denen einige in den vergangenen 200 Jahren aktiv waren; viele davon liegen auf Inseln im Südpolarmeer. Die meisten Eruptionen dürften unbemerkt geblieben sein, weil kein Mensch in der Nähe war, dem sie aufgefallen wären. Die einzigen Forschungsstationen im Gefahrenbereich eines Feuerbergs befinden sich auf Deception Island. Am Gipfel des Mount Melbourne, auf der anderen Seite des McMurdo Sound der Ross-Insel gegenüber gelegen, sind Fumarolen zu beobachten. Die Kombination aus Dampf und Temperaturen weit unter Null hat zarte Eisgebilde geformt, und trotz der großen Höhe existiert rund um die Fumarolen eine reiche Bakterienflora.

1893 berichtete der Norweger C. A. Larsen, der entlang der Ostküste der Antarktischen Halbinsel zum Weddell-Meer segelte, er habe vulkanische Aktivitäten bei Seal Nunataks beobachtet. Über Jahrzehnte hinweg argumentierten skeptische Geologen, was Larsen gesehen habe, sei nichts anderes als eine gewöhnliche Wolke gewesen, doch in jüngerer Zeit haben Forschungsteams tatsächlich Fumarolen in dieser Region ausmachen können.

Einen Vulkanausbruch zu beobachten, ist immer ein Erlebnis, doch der Kontrast zwischen rotglühender Gesteinsschmelze und eisblauem Schnee macht Eruptionen in der Antarktis ganz besonders spektakulär.

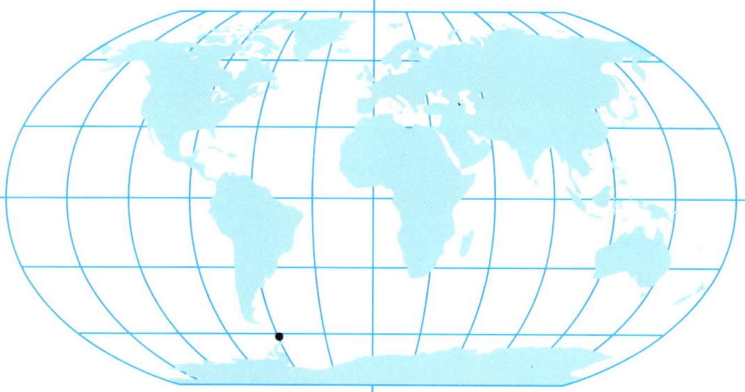

Antarktis

DECEPTION ISLAND

Ein natürlicher Hafen in einem aktiven Vulkan.

Deception Island liegt vor der Südküste der Livingston-Insel in der Bransfield Strait. Die Insel gehört zu den South Shetland Islands und wird regelmäßig von Forschungsschiffen angelaufen. Im südlichen Sommer der Antarktischen Halbinsel kommen sogar Privatyachten hierher.

Rechts: Das Halbrund des Kraterrandes von Deception Island bildet ein geschütztes natürliches Hafenbecken – Stützpunkt für Polarforscher, aber auch Walfänger und Robbenjäger.

Deception Island, eine der South Shetland Islands, ist in etwa hufeisenförmig, im Süden zum Meer hin offen. Die Randgebirge sind der Rest eines uralten Vulkankraters, in dessen Caldera das Meerwasser eindrang und auf dessen Kraterrand sich immer wieder kleinere Schlote gebildet haben, die die Form der Insel noch ausbauen. An der Subduktionszone der Ozeanplatte gelegen, sind die South Shetland Islands – wie übrigens auch die Brandfield Strait – vulkanischen Ursprungs. Auch Penguin Island und Bridgeman Island sind verhältnismäßig junge Feuerberge, im Gegensatz zu Deception Island aber nicht mehr aktiv.

Die Kunde von der Entdeckung der South Shetland Islands 1819 machte rasch die Runde, und schon bald kamen die ersten Robbenfänger, um die tierreichen Strände abzugrasen, denn die bisherigen Fangplätze im Nordpolargebiet waren unergiebig geworden. Hauptjagdtier war die Pelzrobbe, und es wurden jährlich bis zu einer Viertelmillion Tiere erschlagen, mit der Folge, daß durch die Robbenschlächterei schon kurze Zeit später der Bestand fast völlig ausgerottet war. Weitere Beutezüge der Robbenfänger erübrigten sich damit. Doch das Rad der Geschichte läßt sich nicht zurückdrehen: Deception Island war entdeckt und stand nicht nur friedlicher Arbeit nachgehenden Polforschern offen, sondern eben auch Robbenschlägern und Walfängern.

Walfangschiffe hatten das Südpolarmeer schon im 18. Jahrhundert befahren. 1904 setzte der Walfang, ausgehend von Südgeorgien, ein, und 1905 kam es zur ersten Walfangexpedition in die antarktischen Gewässer. Jedoch erst 1912 wurde eine erste Küstenstation auf Deception Island eingerichtet: Aktieselskabet Hektor. Für die Walfangsaison 1911–12 und 1912–13 hatte die Regierung der Falklandinseln einen eigenen Schiedsmann bestellt, der während der Fangsaison auf Deception Island die Vorgänge überwachte. 1931 wurde der Walfang von der Insel aus eingestellt. Schon wesentlich früher war auf Deception Island eine Poststation eingerich-

tet worden, der erste Stempel datiert vom März 1913. Am 16. November 1928 war die Insel Ausgangspunkt für den ersten motorisierten Flug in die Antarktis. Sir Hubert Wilkins unternahm von hier aus mehrere Flüge über die Antarktische Halbinsel, schaffte es jedoch wegen der begrenzten Reichweite der damaligen Flugzeuge nicht, bis zur Ross-See vorzustoßen.

1944 richtete Großbritannien auf Deception Island eine Forschungsstation ein, 1948 und 1955 folgten Argentinien und Chile. Die argentinische Station wurde im Dezember 1967 beim Ausbruch eines Vulkans in der nordwestlichen Ecke von Port Foster verschüttet, und man evakuierte die Insel. Schon im folgenden Sommer kehren jedoch einige Forscher zurück, um den Schaden zu begutachten. 1969 und 1970 folgten weitere Eruptionen, in deren Folge die chilenische Basis unter einem dichten Ascheregen in sich zusammenbrach. Ein Strom aus Schlamm, Asche und Eisblöcken wälzte sich auf die britische Forschungsstation zu und brachte eine Wand zum Einsturz. Erdbeben erschütterten das Land und ließen Öltanks auslaufen. Wieder konnten sich alle Leute auf ein rechtzeitig zu Hilfe geeiltes Schiff retten.

Heute erfreut sich Deception Island des regen Besuchs von Touristen, die hier nicht nur einen spektakulären Feuerberg bestaunen, sondern auch in dem vulkanisch aufgeheizten Wasser von Port Foster ein Bad nehmen können. An einigen Stellen wird das Wasser in der Tat sehr heiß, und manchmal werden Krillkrebschen, die zu dicht an einem der unterseeischen Schlote vorbeigeschwommen sind, an Land gespült – bereits fertig gekocht.

Oben: Touristen genießen ein Bad in den heißen Quellen von Deception Island.

Entdeckung von Deception Island und des antarktischen Kontinents

Deception Island gehört zu den South Shetland Islands, die deshalb so heißen, weil sie auf demselben Breitengrad liegen wie die schottischen Shetlands – die einen freilich südliche Breite, die andere nördliche. William Smith entdeckte sie im Februar 1819, als seine *Williams* während der Fahrt um Kap Hoorn abgetrieben wurde. Möglicherweise wurden die Inseln bereits 1599 von dem Niederländer Dirck Gherritz gesichtet, und es ist auch vorstellbar, daß amerikanische Pelzjäger von ihrer Existenz wußten, dies aber aus taktischen Gründen für sich behielten. Unter dem Kommando von Edward Bransfield stach Smith mit der *Williams* kurz nach seiner Entdeckung erneut in See, um die Inselgruppe im arktischen Sommer 1819–20 genau zu vermessen. Am 29. Januar 1820 hatten sie Deception Island vor sich, und schon einen Tag später Trinity Land, die heutige Trinity-Halbinsel. Sie waren also möglicherweise die ersten, die das antarktische Festland erblickten. Möglicherweise; denn am 27. Januar 1820 notierte der russische Kapitän Thaddeus von Bellingshausen im Logbuch der *Wostock* seine Position mit 69° 21' südl. Br., 2° 14' westl. L. und beschrieb eine Hügelkette aus Schnee. Wahrscheinlich hatte er die Küste von Dronning Maud Land gesichtet, erkannte sie aber nicht als Festland und versuchte auch nicht, dem Küstenverlauf zu folgen.

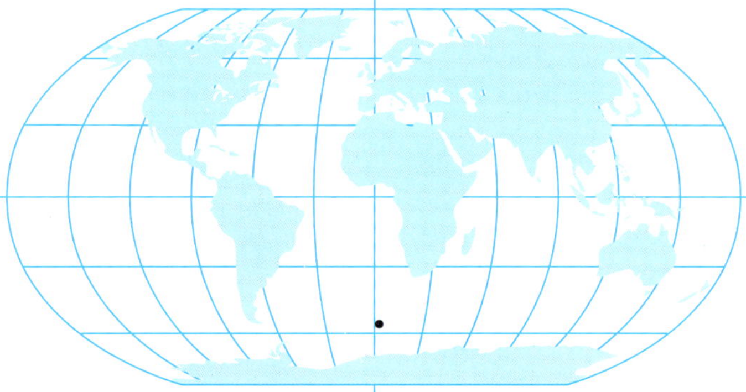

Antarktis

DIE BOUVETINSEL

Bouvetøya – die abgelegenste Insel der Erde.

Die Bouvetinsel (Bouvetøya) ist nur auf dem Wasserweg zu erreichen, und zwar nach einer langen und stürmischen Fahrt. Einige Privatyachten und diverse Expeditionsschiffe wagen sich von Zeit zu Zeit an die Insel heran, doch ist eine Landung meist nicht möglich.

Rechts: Mächtige Eismassen und eisige, orkanartige Winde machen Bouvetøya zu einer der unwirtlichsten Inseln unseres Planeten.

Gegenüber: Die kleinen braunen Flecken auf dem von Stürmen umtosten Küstenstrich sind Seehunde.

Natürlich läßt der Gedanke an die entlegenste Insel der Erde jedes Forscherherz höher schlagen, doch bei Bouvetøya, einsam im Südatlantik gelegen, vergeht einem die Abenteuerlust recht bald, denn das Eiland ist ein wahrlich unwirtlicher Ort. Die Insel besteht aus einem aktiven Vulkan mit steilen Flanken und liegt das ganze Jahr unter einer mächtigen Eisdecke. Auch das Wetter ist wenig verlockend; meist gelingt nicht einmal die Landung. Verschlägt es doch einmal einen Menschen auf die Bouvetinsel, kann er sich über mangelnde Einsamkeit nicht beklagen: Das nächste Stück Festland ist die 1700 Kilometer südlich gelegene menschenleere Antarktisküste von Dronning-Maud-Land, und nach Kapstadt in Südafrika sind es 2600 Kilometer in nordöstliche Richtung.

Die Insel wurde am 1. Januar 1739 von dem französischen Seefahrer Jean-Baptiste Charles Bouvet de Lozier entdeckt, der sich auf der Suche nach einem geheimnisvollen tropischen Paradies in diese frostigen Gefilde verirrt hatte. Aufgrund anhaltenden Nebels konnte

Bouvet nicht an Land gehen, glaubte jedoch, die Spitze des südlichen Kontinents gefunden zu haben. Jedenfalls notierte er Längen- und Breitengrade des Eilands und segelte heimwärts. Verschiedene Forscher, darunter so berühmte Seefahrer wie James Cook und James Clark Ross, versuchten später, die Insel zu finden. Sie alle aber mußten erfolglos aufgeben, denn Bouvet hatte – wie andere Seefahrer seiner Zeit – keine Instrumente besessen, den Längengrad exakt zu bestimmen. Ein verläßliches Chronometer war noch nicht erfunden, und ohne genaue Ortsbestimmung ist es nahezu unmöglich, die winzige, nur

57 Quadratkilometer große und nicht einmal tausend Meter hohe Insel zu finden.

Jahrzehntelang lang bezweifelte man gar die Existenz von Bouvetøya, bis 1808 zwei englische Walfänger, James Lindsay und Thomas Hopper, sie wiederentdeckten. 1822 betrat der Amerikaner Benjamin Morrell als erster die Insel und taufte sie zu Ehren ihres Erstentdeckers Bouvetinsel. Am 16. Dezember 1825 entdeckte auch der britische Robbenfänger George Norris die Insel, nannte sie Liverpool Island und nahm sie für den englischen König Georg IV. in Besitz. Norris behauptete, noch ein zweites, kleineres Eiland vulkanischen Ursprungs gesehen zu haben, dem er den Namen Thompson Island gab. Da dieses Eiland seither jedoch nie mehr gesichtet wurde, hat es entweder nie existiert oder versank 1895 oder 1896 bei einem Vulkanausbruch im Meer. Alle »Wiederentdecker« definierten die Position von Bouvetøya neu, doch erst 1898–99 gelang einer deutschen Tiefsee-Expedition die exakte Bestimmung der Daten: 54° 26' südl. Breite, 3° 24' westl. Länge – was von Bouvets Angaben (28° 30' östl. Länge) erheblich abweicht.

Flora und Fauna von Bouvetøya sind für die Region typisch, weil aber fast das gesamte Land schneebedeckt ist, gedeihen kaum Pflanzen. Pinguine und Seehunde hingegen halten sich häufig hier auf, was im 19. und frühen 20. Jahrhundert viele Robbenschläger anlockte, die Jagd auf Seebären und Elefantenrobben machten. Ansonsten kommen kaum Menschen in die Nähe der Insel, und niemand hat je dort überwintert. Das abgelegenste Stück Land unserer Erde dürfte wohl noch lange auch eines der einsamsten bleiben.

Bouvetøya im 20. Jahrhundert

In der Geschichte ihrer Entdeckung unterscheidet sich die Bouvetinsel wenig von anderen Inseln des arktischen Raums. Das änderte sich im 20. Jahrhundert: 1926 verkaufte das British Colonial Office die Walfanglizenz für Bouvetøya an ein norwegisches Unternehmen, worauf am 1. Dezember 1927 die norwegische Christensen-Expedition Anspruch auf die Insel geltend machte. Die Mitglieder der Expedition bauten eine Hütte, vermaßen und kartierten die Insel und stellten in den Gewässern ozeanographische Beobachtungen an. Am 23. Januar 1928 annektierte Norwegen Bouvetøya, und am 19. November des gleichen Jahres verzichtete Großbritannien offiziell zugunsten Norwegens auf jegliche Gebietsansprüche. 1928–29 versuchte eine zweite norwegische Expedition, auf der Insel eine Wetterstation zu errichten, fand jedoch keinen geeigneten Platz. Die ältere Hütte hatten Orkane zerstört. Einer dritten Expedition gelang 1929–30 der Bau einer neuen Hütte, und sie machte auch erste Luftaufnahmen von der Insel. 1955 scheiterte der Versuch einer südafrikanischen Gruppe, eine Wetterstation einzurichten. Weitere Expeditionen haben die Bouvetinsel seither zu Forschungszwecken besucht, doch erst 1978–79 gelang es, eine kleine Forschungsstation einzurichten, die über zehn Wochen hinweg besetzt blieb.

REGISTER

BILDNACHWEIS

Die Automobile Association dankt folgenden Fotografen, Archiven und Verbänden für ihre Unterstützung bei der Gestaltung dieses Buches:

ARDEA LONDON 37 Europäischer Wisent (J. P. Femero), Weiße Pelikane, 54/55 El Torcal de Antequera (J. Mason), 55 Serrania de Ronda (J. Mason), 57 Baikal-Robben, 59 Hermelin (M. Iijima), 64 Szetschuan (K. & L. Laidler), 65 Riesenpanda (K. & L. Laidler), 150/151 Meteor Crater (F. Gohier), 154 Fledermäuse (J. Mason), 188/189 Schnabeltier (P. Morris), 192 Waiotapu Champagne Lake (J. P. Ferrero), 202/203 Mount Erebus Lake (J. P. Ferrero); **AA PHOTO LIBRARY** 16/17, 17 (E. Ellington), 50/51 (R. Surman), 63 (P. Aithie); **BRITSOCK-IFA LTD** 193 Geysier, Rotorua; **BRUCE COLEMAN LTD**
12/13 Island (E. Pott), 13 Namaskard (A. Price), 18/19 Giant's Causeway (J. Murray), 19 Staffa (A. G. Potts), 20 Blume (J. Murray), 21 The Burren (P. Clement), 24/25 (J. Van de Kam), 32/33 Gorge du Verdon (J. Fry), 41 Gletscher, 42/3 Matterhorn (H. Merten), 43 Alpen (H. Reinhard), 48/49 Erdpyramiden (H. Reinhard), 61 Pamukkale (S. Prato), 70 Sundarbans-Tiger-Reservat (G. Cubitt), 71 Tiger, Kanha-Reservat (G. Cubitt), 74/75 Himalaya, 75 Everest & Naptse (D. & M. Plage), 78/79, 79 Fudschijama, 80/81, 81 (F. Bruemmer), 82/83 Keli Mutu (A. Compost), 84/85 Anak Krakatau (A. Compost), 85 Nashorn (A. Compost), 87 Krokodil, 89 Sahara (P. Ward), 90/91 Great Rift Valley (C. Fedriksson), 97 Mount Kenya (M. F. Kahl), 103a Coco de mer (F. Lanting), 103b Seychellennuß (H. P. Merten), 104 Fischer (O. Langrand), 106/107 Betsiboka River (K. Wothe), Lemuren (C. Zuber), 110/111 Namib (G. Cubitt), 111 Käfer (C. Hughes), 112/113 (F. Davey), 114/115 Tafelberg (G. Cubitt), 116/117 Big Hole, Kimberley (G. Cubitt), 119 Hütte (O. Langrand), 130/131 Niagara-Fälle, 131b Niagara-Fälle (J. Langsbury), 136/137 Devil's Tower (M. P. L. Fogden), 137 Mitten Rocks, Monument Valley (J. Cowan), 139 Dinosaur NM (J. Foot Productions), 140/141 Yosemite NP (H. Reinhard), 141 Yosemite NP (K. Gunnar), 142/143 Checkerboard Mesa (B. & C. Calhoun), 148a Zabrisky Point, Death Valley (B. & C. Calhoun), 148/149 Mohn (B. & C. Calhoun), 152/153 Blue Mesa (M. Freeman), 162/163 Hawaii, 170/171 Regenwald (L. C. Marigo), 171 Piranha (J. Burton), 174 Riesenschildkröte (U. Hirsch), 184/185 Ayers Rock (P. R. Wilkinson), 185 Die Olgas (D. Austen), 191 Tasmanischer Tiger (J. Cancalosi), 201 Elephant Island (E. Pott); **ROBERT ESTALL PHOTOGRAPHS** 132/133; **MARY EVANS PICTURE LIBRARY** 131a Niagara-Fälle; **DR. J. E. FRANCIS** 120/121; **L. GOULD/OXFORD SCIENTIFIC FILMS** 159a; **ROBERT HARDING PICTURE LIBRARY** 49 Dolomiten, 66/67, 69, 76, 83 Keli Mutu, 144/145 Grand Canyon; **HEDGEHOG HOUSE NEW ZEALAND** 194/195 Franz-Josef-Gletscher, 196/197 Blauwale (Tui de Roy); **HUTCHINSON LIBRARY** 68/69 Gelber Fluß, 73 Demra Bustee, Bangladesch, 100/101 Zaïre-Fluß, 164/165 Pitch Lake, Trinidad; **BAERBEL LUCCHITTA, US GEOLOGICAL SURVEY, FLAGSTAFF, AZ** 200/201 Lambert Gletscher